"十三五"国家重点出版物出版规划项目

高等教育网络空间安全规划教材

信息内容安全管理及应用

李建华　主编

林　祥　马颖华　副主编

伍　军　吴　鹏　孙锬锋

苏贵洋　张文军　王士林　参编

李生红　潘　理　刘功申

机 械 工 业 出 版 社

本书从概念、技术、应用三个角度出发，介绍了信息内容安全领域的基础知识，包括信息内容安全的概念、管理理论和应用模型、管理应用体系；详细介绍了该领域所处理的各类媒体信息，包括文本、图像、音频等的特点和处理方法，以及互联网信息获取的技术；介绍了各类媒体信息的进一步智能处理的各类算法，以及社交网络的分析模型；在最后给出了两个应用系统案例。本书每章均配有习题，以指导读者深入地进行学习。

本书既可作为高等学校信息安全、网络空间安全等专业的内容安全课程的教材，也可作为电子商务或电子政务从业人员在内容安全领域的入门书籍。

本书配有授课电子课件，需要的教师可登录 www.cmpedu.com 免费注册，审核通过后下载，或联系编辑索取（微信：15910938545，电话：010 -88379739）。

图书在版编目（CIP）数据

信息内容安全管理及应用/李建华主编．—北京：机械工业出版社，2021.5
（2025.1 重印）
"十三五"国家重点出版物出版规划项目
高等教育网络空间安全规划教材
ISBN 978-7-111-68104-5

Ⅰ.①信…　Ⅱ.①李…　Ⅲ.①信息安全-高等学校-教材　Ⅳ.①TP309

中国版本图书馆 CIP 数据核字（2021）第 076167 号

机械工业出版社（北京市百万庄大街 22 号　邮政编码 100037）
策划编辑：郝建伟　责任编辑：郝建伟　侯　颖
责任校对：张艳霞　责任印制：邓　博

北京盛通数码印刷有限公司印刷

2025 年 1 月第 1 版·第 3 次印刷
184mm×260mm · 15.75 印张 · 387 千字
标准书号：ISBN 978-7-111-68104-5
定价：65.00 元

电话服务　　　　　　　　　　网络服务
客服电话：010-88361066　　　机 工 官 网：www.cmpbook.com
　　　　　010-88379833　　　机 工 官 博：weibo.com/cmp1952
　　　　　010-68326294　　　金 书 网：www.golden-book.com
封底无防伪标均为盗版　　机工教育服务网：www.cmpedu.com

高等教育网络空间安全规划教材
编委会成员名单

前　　言

众所周知，当今世界发生过很多安全事件，如"9·11"恐怖袭击、伦敦公交系统连环爆炸案、巴厘岛恐怖袭击、孟买恐怖袭击等。在这种环境下，计算机被认为是解决此类安全问题的一个工具，例如，它被广泛用来收集和分析情报，以期建立严密的防控恐怖袭击的网络。

此外，互联网的发展还暴露了其他一些安全隐患，对于个人，甚至整个社会都有影响。例如，"人肉搜索"等网络暴力事件，暗网中存在的非法隐私信息买卖，虚假新闻在社交网络中的传播对社会的分裂，极端思想的传播等。由于网络信息传播的速度快、范围广，计算机技术必然起到关键的作用。

这些计算机安全中的新型问题，大多是公共或私有信息的内容所带来的风险。这些风险中有些是商业风险，有些是个人或者组织的危机，有些则是社会的安全风险。相比于传统的信息安全问题，如通信安全、计算机安全、计算机网络和软/硬件设备关系紧密的安全问题，对此类风险的评估以及加强安全防护是一类新的信息安全问题，我们把它称为信息内容安全，或称为内容安全。本书就是对此类问题的分析以及对相关技术的总结和介绍。

本书有三大目标。第一个目标是强调信息内容安全与计算机安全、目前被广泛使用的信息安全等是不同的领域。计算机安全技术通过密码学、存取控制等手段保护数据的保密性和完整性，但在互联网环境中的信息内容安全是基于信息公开的前提和开放的环境下，由信息的内容所引发的一系列风险。所以，对此类安全问题需要有与其他的安全问题不同的解决思路。

第二个目标是探讨信息自身的特点和特征。随着计算机技术的发展，信息的格式多种多样。信息可以大体分为文本信息、视频信息、音频信息、图像信息、数字信息等多种类型，对于各类信息的处理方法根据其内容的差异也有很大的不同。要了解信息内容安全技术，首先需要熟悉各类信息的格式、特点、特征及其处理技术。

第三个目标是总结现阶段信息内容安全技术及其在各个领域中的应用。信息内容安全作为一个全新的安全课题，暂时还没有非常系统和完整的理论体系。另外，由于信息内容安全和其他计算机安全研究领域的存在环境和存在目的不同，使其无法直接借用之前的计算机安全体系或者策略等成果。从现有的信息内容安全系统出发，了解这些系统的原理和作用，希望以点概面地介绍目前阶段信息内容安全领域的进展。

本书可分为四大部分：第1章和第2章构成了第一部分，介绍信息内容安全的基本概念；第二部分为第3~6章，介绍信息获取的基本技术，以及信息预处理的各项基础技术；第三部分为第7~10章，介绍信息的分析处理技术，包括机器学习算法以及深度学习算法和社交网络分析方法；第四部分为第11章和第12章，针对当前较为典型且应用较为广泛的两种信息内容安全应用系统做了详细的介绍。

本书体现了信息安全类专业课程改革和实践的方向。作为教材，建议授课学时为32小时。

本书由李建华担任主编，林祥、马颖华担任副主编。参加本书编写工作的还有伍军、吴鹏、孙锬锋、苏贵洋、张文军、王士林、李生红、潘理和刘功申。其中第1章由伍军编写；第2、3、12章由林祥编写；第4、5、6、11章由张文军、王士林、苏贵洋、刘功申、李生红编写，由马颖华统稿；第7章由苏贵洋、王士林共同编写；第8章由孙锬锋编写；第9章由马颖华编写；第10章由吴鹏、潘理编写。

由于时间仓促，书中难免存在不妥之处，敬请读者批评指正。为了使本书能够随着信息内容安全的不断发展而得到改进，希望得到各位读者的支持和帮助，热切盼望收到您宝贵的意见。

本书的顺利出版要感谢机械工业出版社在本书的编写过程中给予的支持，以及教育部高等学校网络空间安全专业教学指导委员会信息安全类专业课程教学改革与实践课题组对包括本教材在内的"信息内容安全管理理论体系及基于应用的教学实践"的支持。感谢教育部、上海交通大学对信息内容安全领域的重视和大力支持，这些支持是我们在内容安全这个全新的领域不断探索的动力源泉。

李建华

目　　录

第1章 绪　　论

信息内容安全是日益受到越来越多的重视并得到不断发展的领域, 它跨越多媒体信息处理、安全管理、计算机网络、网络应用等多个研究领域, 直接和间接地应用各个研究领域的最新研究成果, 结合信息内容安全管理的具体需求, 发展出具有自己特点的研究方向和应用。本章是对信息内容安全的一个全面介绍, 从信息内容安全的产生和发展背景、应用环境和研究现状及其意义等角度展开介绍。本章是学习本书后续内容的必要准备。

1.1　信息内容安全概述

互联网 (Internet) 起源于 20 世纪 60 年代末 70 年代初。几十年来, 互联网迅速发展, 拉近了人与人之间的距离, 促进了全世界范围内信息的传播, 对科学研究、工商各行业发展乃至人们的日常生活方式都带来了深远影响。自 20 世纪 90 年代以来, 我国互联网也经历了从无到有、从小到大的跨越式发展过程。根据中国互联网络信息中心 (CNNIC) 发布的第 47 次《中国互联网络发展状况统计报告》, 到 2020 年 12 月, 我国网民规模达 9.89 亿, 手机网民规模达 9.86 亿, 互联网普及率达 70.4%。互联网朝着开放性、异构性、移动性、动态性、并发性的方向发展。通过不断演化, 产生了下一代互联网、5G 移动通信网络、移动互联网、物联网等新型网络形式以及云计算等服务模式。同时, 随着工业 4.0 影响全球和我国实施 "互联网+" 行动, 互联网与各个行业的融合也日益加深, 创造了巨大的经济效益和社会效益, 已经成为人们获取信息、互相交流、协同工作的重要途径。

伴随社会信息化和网络化的发展, 全球数据正在呈现爆炸式增长, 数据内容成为互联网的中心关注点。有统计表明, 在每一分钟里, Facebook 用户会新共享约 83.5 KB 内容、Twitter 用户会新发出超过 10 万条推特、YouTube 用户会上传约 48 小时的新视频、Instagram

用户会共享约 3600 张新照片，2020 年的全球信息总量预计达 40 ZB。互联网中的数据和内容已经引起了学术界和产业界的广泛关注。2014 年 Gartner 新技术成熟周期分析报告显示，大数据技术正在逐步演化成生产力，已经成为诸多重要 IT 技术和应用领域的核心。近年来，各国已从国家战略视角高度重视通过互联网获取、掌握威胁国家政治、经济、文化乃至军事安全的情报信息。随着 5G 在全球范围内的部署以及 6G 技术的发展，到 2030 年，预计有万亿级智能设备接入网络，每秒太比特级的数据量将被处理，这将进一步促进数据驱动型网络和社会的形成与发展。

在信息化已成为世界发展趋势的背景下，互联网有着应用极为广泛、发展规模最大、特别贴近人们生活等众多特点。一方面，互联网创造了巨大的经济效益和社会效益，新兴的网络公司在互联网上建立业务迅速发展，传统行业也纷纷将自身的业务和网络应用结合起来，互联网已经成为人们获取信息、互相交流、协同工作的重要途径；另一方面，互联网也带来了一些负面影响，如色情、反动等不良信息在网络上大量传播，发送垃圾电子邮件等不正当行为泛滥，利用网络传播电影、音乐、软件的侵犯版权行为，甚至通过网络钓鱼方式欺诈网络用户，以及使用网络暴力和组织网络恐怖主义活动等，这些行为完全背离了互联网设计的初衷，也不符合广大网络用户的利益。因此，在建设信息化社会过程中，提高信息安全保障水平，提高对互联网各种不良信息的监测判别能力，是评判国家信息技术水平的重要一环，也是顺利建设信息化社会的坚实技术基础。

互联网上各种不良信息流传以及不规范行为的产生原因可归结为两类：一类是由于在互联网爆炸性发展的过程中，相关方面的法律法规和管理措施未能同步发展。在互联网发展的初期阶段，用户数量很少，多数是学术研究人员，网络也没有用于商业用途，网络安全的问题并不突出。如今这些情况都已经发生了巨大的变化，一些原有网络模式不再适应现在的情况；另外一类原因是互联网作为一个新生事物，为人们提供了便利的获取与发布信息的新途径，制造出前所未有的思想碰撞场所，互联网相对于传统媒体，更容易出现一些另类、新奇、不易理解或不符合规范的行为，互联网将整个世界变成了"地球村"，持有各种思想、观点的人聚集在一起，这也将是一个长期存在的客观现实。面对这种挑战，一方面，人们不应因噎废食，因为互联网上存在的一些不良现象而畏惧或排斥新技术和新事物；另一方面，应当通过法律与技术等多方面措施来限制与消除这些不良现象，让互联网更好地为人民服务，发挥更大的效用，使得人人都能更高效、更自由地使用互联网进行信息沟通。

信息内容安全（Content-based Information Security）作为对上述问题的回答，是研究利用计算机从包含海量信息并且迅速变化的网络中对特定安全主题相关信息进行自动获取、识别和分析的技术。根据它所处的网络环境，也称为网络内容安全（Content-based Network Security）。信息内容安全是管理信息传播的重要手段，属于网络安全系统的核心理论与关键组成部分，对提高网络使用效率、净化网络空间、保障社会稳定具有重大意义。

信息化是当今世界发展的大趋势，是推动社会进步的重要力量。大力推进信息化，是覆盖我国现代化建设全局的战略举措，也是贯彻落实科学发展观和建设创新型国家的迫切需要与必然选择。信息内容安全作为网络安全中智能信息处理的核心技术，为先进网络文化建设，加强社会主义先进文化的网上传播提供了技术支撑，属于国家信息安全保障体系的重要组成部分。因此，信息内容安全研究不仅具有重要的学术意义，也具有重要的社会意义。

1.2　信息内容威胁

从内容安全要解决的主要问题及其解决方案来看，与计算机安全一样，其主要建立在保密性、完整性和可用性之上。由于随着安全问题所处的环境不同，对安全问题的解释会有很大不同，本书主要从互联网角度来分析内容安全的几大问题。

在分析内容安全的问题之前，首先要搞清楚对安全的威胁来自何方。传统计算机安全面临的威胁有泄露（指对信息的非授权访问）、欺骗、破坏和篡夺。在互联网信息共享环境中，同样发现内容安全所面临的威胁有泄露、欺骗、破坏和篡夺，如图 1-1 所示。下面对这些威胁进行详细的描述。

在局域网连上互联网时，局域网内的敏感信息有可能被泄露到互联网中。由于局域网的信息可能保存在不同的系统之中，无法进行也不可能实现可控的安全管理。安全管理的缺失造成了互联网信息内容的安全面临着各方面的威胁。

首先，互联网中有大量公开的信息，如某人的姓名、工作单位、住宅地址、电话号码等。由于这些公开信息的获取成本非常低，在某些情况下，这些信息会被整合，并可能会被滥用，例如，某些公司会将这些数据作为商业信息出售，还有些诈骗集团会利用这些信息进行诈骗。所以，互联网上的信息泄露还可以指将特定信息向特定相关人或组织进行传播，以妨碍特定相关人或组织的正常生活或运行。

其次，互联网的开放性和自主性导致信息由各个组织自发生成并共享到互联网中，这带

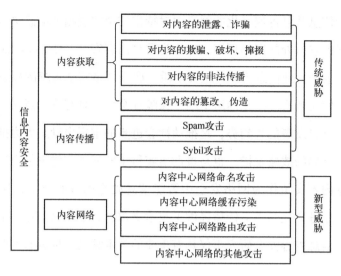

图 1-1 典型的信息内容安全威胁

来了很多欺骗的威胁。互联网的地址和 WWW 的内容都存在伪造的可能。这些是互联网中无法保证信息完整性（尤其是信息来源）造成的。

再次，信息还会被非法传播。在很多网络中发现具有知识产权的音乐和电影被广泛地传播，造成了知识产权被践踏的问题。

最后，信息在传播过程中也可能被篡改。篡改信息的目的可能是消除信息的来源，使之无法跟踪，也可能是伪造信息的内容。此外，信息篡改后还会包含病毒或者木马，这些有害于计算机系统和数据的代码将不仅对所在的信息载体带来破坏，还会直接危害到软/硬件系统的安全。

随着 Facebook、Twitter、微博等在线社交媒体平台的发展，人们交流、沟通、获取信息的方式产生了巨大变革。个人用户由传统的内容接收者转变为内容的创造者和传播者。在此过程中，除了上述基于保密性、完整性、可用性的安全问题，网络空间还面临着恶意用户制造传播恶意内容所带来的潜在安全威胁。下面分别介绍几种典型的互联网恶意用户行为威胁。

例如，Spam 用户的恶意行为通常出现在邮件或者网页中，该行为表现为向一些合法的用户发布广告、色情、钓鱼等恶意信息。Spam 用户行为的主要攻击方法是通过创建大量的虚假账号，在邮件或者网页中推荐一些网页链接来欺骗诱导用户进入推荐的网站或恶意的网站。最早的 Spam 行为始于邮件系统，可以追溯到互联网的产生。早在 1978 年，第一个邮件 Spam 就对阿帕网的几百个用户进行了攻击。近年来，无论是国外的 Twitter，还是国内的微博，同样也受到 Spam 行为的困扰。那些曾经在电子邮件领域横行的 Spam 用户找到了新的乐土，在开放式在线社交网络上将恶意内容快速而大规模地传播出去。该方式比起传统的定点群发邮件的传播方式更加有效。在线社交平台上的 Spam 行为毫无疑问会破坏平台环境，威胁平台用户的隐私和财产安全。Sybil 攻击是目前兴起的另一种恶意攻击方式，即由少数节点控制多个虚假身份，并利用这些身份控制或影响网络的大量正常个体的行为以达到冗余备份的目的。Sybil 攻击最早出现在无线通信领域中。2002 年，美国学者 Douceur 第一次在点对点网络环境中提出了 Sybil 攻击的概念。这种攻击将破坏分布式存储系统中的冗余机制，达到削弱网络的冗余性、降低网络健壮性、监视或干扰网络正常活动等目的。后来，学者们发现 Sybil 攻击对传感器网络中的路由机制同样存在着威胁。在线社交网络用户之间缺乏物理上的接触，这成为 Sybil 攻击在在线社交平台盛行的一个有利条件。Facebook 的一个调查报告表明，超过 83,000,000 个 Facebook 用户都可能是 Sybil 用户。Sybil 用户在以信任为基础的社交网络上的恶意行为更加隐蔽，使得社交平台所面临的威胁愈加严峻。

由于现有互联网体系结构的不足，下一代网络对高度可扩展的组网结构和高效的内容分发机制的需求正在急速增长。内容中心网络（Content Centric Network，CCN）通过提供面向内容本身的网络协议，包括以内容为中心的订阅机制和语义主导的命名、路由与缓存策略，在解决当前基于 IP 地址进行联网的模式上体现出了巨大的潜力。以内容为中心的未来互联网旨在将内容名称而不是 IP 地址作为传输内容的标识符，从而实现信息的路由。内容中心网络更适合大数据的内容分发，可以在网络层实现高效的检索机制。事实上，内容中心网络为未来互联网带来了许多好处。首先，互联网中以信息为中心的内容将包含底层信息的内容、属性和关系，从而引入大量语义和情感特征。因此，可以实施更多优化表示来增强网络性能。其次，信息中心网络在大数据内容分发过程中能够提供更智能的分析，这种分析可以以提高未来互联网智能水平的方式进行。由于其快速、高效、可靠的数据传输优势，以信息为中心的未来互联网成为支撑第五代（5G）移动通信技术、自动驾驶车联网、新型智能电网等场景的一项有前途的技术。内容中心网络具有许多独特的属性，如位置独立命名、网络内缓存、基于名称的路由和内置安全性。在内容中心网络体系结构中，除了可能对网络流量产生影响的旧式攻击之外，还出现了新的攻击。内容中心网络将安全模型从保护转发路径更改为保护内容，使其可以为所有网络节点使用，因此内容中心网络攻击可以分为命名、路由、缓存和其他攻击。

命名攻击可以分为监视列表和嗅探攻击。命名攻击允许攻击者审查和过滤内容。攻击者还可以获取有关内容流行性和用户兴趣的私人信息。考虑到信息中心网络的数据是根据名称进行路由和缓存的，发布者在向网络中发布内容时会依据相关的命名规则，将数据的有关属性、特征和内容包装为数据名称，从而暴露在网络中；订阅者再向网络中发布请求时，也会依次将所需要数据的相关信息包装为数据名称，并将其以兴趣包的形式发布到网络中。因此，数据名称本身携带了内容信息。通过对名称中暴露出的信息进行挖掘和延展，攻击者可以从其中获得有关内容的信息，并通过语义方面的模糊化和替换，对需求进行混淆，从而可以将并非订阅者真实需要的内容发送给对方，以达到不同目的的欺骗攻击。监控列表攻击中，攻击者具有预定义的想要过滤或删除的内容名称列表，攻击者监视网络链接以执行实时过滤。在与预定义列表匹配的情况下，攻击者可以删除请求或记录请求者的信息。此外，攻击者可能会尝试删除匹配的内容本身。与监控列表攻击中的预定义列表不同，嗅探攻击中的攻击者监视网络以检查数据是否应该被标记以便过滤或消除它。如果数据包含指定的关键字，则嗅探攻击者标记该数据。

内容中心网络的常见路由攻击是指恶意发布者和订阅者可以发布和订阅无效的内容或路由。此类攻击可分为分布式拒绝服务（Distributed Denial of Service，DDoS）和欺骗攻击。其中，DDoS攻击可分为资源耗尽和时间攻击，欺骗攻击可分为阻塞攻击、劫持攻击和拦截攻击。在路由相关攻击中，以分布式拒绝服务攻击造成的危害影响最大。传统网络的DDoS攻击多表现为：控制许多终端系统的攻击者向网络发送大量恶意请求，以耗尽路由设备资源，如内存和处理能力等。而在内容中心网络中，攻击者旨在填充内容中心网络路由表，为合法用户造成DDoS，这类攻击又称兴趣洪泛攻击。这是因为攻击者可以针对可用和不可用的内容来发送这些恶意请求。被攻击的路由器试图满足这些恶意请求并将其转发到相邻的路由器，从而使恶意请求在网络中被传播。在这种情况下，满足合法请求需要较长的响应时间。如果响应时间超过特定阈值，则合法请求不会被满足。这种攻击的影响在内容中心网络中会被逐渐放大，因为合法用户会不断重新传输不满意的请求，从而造成了网络的额外过载，可能引起拒绝服务、资源耗尽、路径渗透、隐私泄露等，对内容中心网络造成较大威胁。

内容中心网络缓存容易受到不同类型的攻击，这些攻击会污染或破坏缓存系统，此外，还有缓存内容和未缓存内容之间的差异，这些攻击会侵犯信息中心网络的隐私。在常见的缓存攻击情形下，攻击者不断发送随机或不流行的请求到内容中心网络中，通过更改内容流行度来破坏内容中心网络的缓存。这些恶意请求会强制缓存系统存储最不流行的内容，并驱逐流行内容。通常，当用户首次请求某个内容时，内容中心网络会从原始源中获取内容以响应用户请求。如果其他用户再次请求相同的内容，则第二个用户将从路由器中获取最近的可用副本（而不是原始源）。如果攻击者成功使网络缓存了不流行的内容，而第二个用户请求相同的内容，则第二个用户将从原始数据源获取内容，而不是最近的可用副本。第二个用户的请求在攻击情况下将重新遍历第一个用户的请求的整个路径，极大地降低了内容中心网络的分发效率。内容中心网络中的缓存攻击可能引发拒绝服务、隐私泄露、缓存污染等。

内容中心网络的其他攻击包括在传输过程中攻击者未经授权地访问或更改内容，试图破坏签名者的密钥，并充当合法的发布者。网络内缓存属性可最大化这些类型的攻击，因为可以从多个位置访问内容。

1.3 信息内容安全的特点及其与相关学科的联系

信息内容安全具有信息抽取与处理量大、攻击种类丰富等特点，而这些特点也是内容安全要解决的主要问题与挑战。信息内容安全的特点使得相关研究对特定学科有了更深刻的联系和更广泛的要求。

1. 信息内容安全的特点

1）信息提取与处理量大。正处于内容爆炸性增长的互联网、电信网、电视网等各类网络包含了琳琅满目、内容迥异的各式信息。在网络媒体信息与网络通信信息遍布世界各个角落的今天，面向海量网络信息实现全面或有针对性的内容获取，已经成为信息内容安全研究领域中的重要课题。信息内容的表示及其特征项的选取是数据挖掘、信息检索的一个基本问题，它把从信息中抽取出的特征词进行量化来表示文本信息。将一个无结构的原始信息内容转化为结构化的计算机可以识别处理的信息，即对信息内容进行科学的抽象，建立它的数学模型，用以描述和代替信息内容。使计算机能够通过对这种模型的计算和操作来实现对信息内容的识别。在内容安全领域，信息过滤提供信息的有效流动，可以消除或者减少信息过量、信息混乱、信息滥用造成的危害。但在目前仍然处于较为初级的研究阶段，为用户剔除不合适的信息是当前内容安全领域信息过滤的主要任务之一。

2）攻击种类丰富。传统计算机安全面临的威胁有泄露（指对信息的非授权访问）、欺骗、破坏和篡夺。内容中心网络具有许多独特的属性，如位置独立命名、网络内缓存、基于名称的路由和内置安全性。在信息内容安全问题中，除了可能对网络流量产生影响的旧式攻击之外，还出现了多种形式的新的攻击，例如，传统 DDoS 攻击演变而来的兴趣包泛洪攻击，以及来自其网络架构的新型内容攻击。

2. 与相关学科的关系

信息内容安全的特点使其相关研究对特定学科有了更深刻的联系和更广泛的要求。

首先，信息内容安全以网络为主要研究载体，报纸、杂志、广播、电视等传播媒体形式也涉及内容安全问题，对于所处理信息的判定方法和标准在原理上是一致的，然而在具体实现技术方面，网络内容存储在计算机上，更方便于利用计算机自动处理。而且由于网络信息抽取与处理量大的特点，信息发布来源众多不易确认，使其对自动处理有了更强烈的需求和更大的挑战。

其次，信息内容安全和计算机与网络系统安全相比较，着重强调的是网络上传输信息的内容安全问题，不直接等同于硬件设备、操作系统和应用软件的安全问题，计算机与网络系统的正常工作为信息内容安全系统的正常运行提供了基础。

最后，信息内容安全属于通用网络内容分析技术的一个分支，特征选取、数据挖掘、机器学习、信息论和统计学等多学科的研究促进了信息分析技术的发展，这些学科同样也为信息内容安全的研究提供了技术支持。信息内容安全关注于安全相关的内容分析，在处理对象与研究方法的侧重点、对数据吞吐量以及对处理结果响应速度等方面的要求有其自身的特点。

信息内容安全威胁攻击种类丰富的特点要求多学科共同提供技术支持与分析处理协助。作为新兴边缘交叉学科，信息内容安全与自动处理、计算机系统、机器学习、信息论等许多学科有着密切的联系。

1.4 信息内容安全的研究现状

下面分别从科研项目、规定标准与相关产品方面，对信息内容安全的研究现状进行了总结。

1.4.1 代表性项目

随着互联网应用的日益广泛，网上安全问题也逐渐突出，各国政府先后提高了对信息内容安全问题的重视。

9·11恐怖袭击事件后，FBI局长 Robert S. Mueller 在议会听证会上发言，认为政府花费了过多的精力用于案件的侦查，以致没有足够的资源用于预防案件的发生。Robert 认为这是由于他们虽然获得了大量数据，却没有把数据整合并进行深度分析的能力。在此之后，FBI加大了对如下领域的研究力度：整合不同来源、不同格式数据的技术；犯罪及恐怖活动相关的网络链接分析与可视化技术；能够对信息进行监控、检索、分析并做出主动响应的 Agent 技术；海量信息（TB 级别）存储文档、网页和电子邮件的文本挖掘技术；利用神经网络对可能的犯罪活动或者恐怖袭击进行预测的技术；利用机器学习算法抽取罪犯描述特征与犯罪活动关系结构图技术；等等。

可见，信息内容安全影响的范围并不仅仅局限于虚拟网络，而是与其他方面的安全问题密切联系、相互影响。由于信息内容安全研究部分涉及国家安全等敏感问题，因而相关资料较难获得，本书收集到的政府主导的部分代表性项目见表 1-1。

表 1-1 政府主导的研究项目

国　别	单　位	项目名称	简　介
美国	FBI	Carnivore	该项目是网络信息嗅探软件，将通过该服务器的所有电子邮件全部"吞"进去后，再筛选出指定对象的特定犯罪嫌疑人的电子邮件，然后将其保存到自己的存储设备中，最后调查人员阅读被筛选出来的电子邮件检举犯人。与相关软件配合可实现信息还原与内容分析，主要用于监测互联网进行恐怖活动、儿童色情与卖淫业、间谍活动、信息战和网络欺诈行为等。其运行于 Windows 平台，2005 年 1 月后停止
美国	FBI	Strikeback	该项目与联邦教育部合作，查询可疑学生信息。每年有数百名学生信息被查询。此为五年期计划，已结束
多国	UKUSA	ECHELON	该项目由美国主导，与英国、澳大利亚、加拿大以及新西兰的情报机构联合操纵。是世界上最大的网络通信数据监听与分析系统。通过广播天线的广泛系统和监视卫星通信的卫星来收集信息，并且通过嗅探设备来收集因特网上的数据包通信。监听世界范围内的无线电波、卫星通信、电话、传真、电子邮件等信息后，应用计算机技术进行自动分析。每天截获的信息量约 30 亿条。ECHELON 最初用于监控苏联和东欧的军事和外交活动，现在重点监控恐怖活动和毒品交易的相关信息
英国	GCHQ	Tempora	GCHQ 采用的新技术能够从光缆网络获取海量数据并储存长达 30 天，目的是尽可能多地获取网络和电话通信信息（这些信息包括通话记录、电子邮件、登录信息及网民的上网记录）

国 别	单 位	项目名称	简 介
美国	CIA	Oasis	该项目以语音识别技术为核心，用于将电话、电视、广播、网络上面的音频信息转换为文本信息，以便检索。Oasis 系统目前只能识别英语，下一步的目标是实现对阿拉伯语和汉语的识别
美国	DARPA	EELD	该项目研究如何从海量的网络信息中发现有可能威胁国家安全的关键信息抽取技术
美国	DHS	ADVISE	该项目建立在前述 ECHELON 项目的基础上，通过数据挖掘技术，对互联网上的新闻网站、网志（Blog）、电子邮件（Email）进行分析，发现其中各种网络标识之间的关系。该计划的目的在于尽早发现恐怖分子可能发动的恐怖活动。数据的三维可视化展示是该项目的一个特点，它提供了一种新型的数据展示方式

由科研机构主导的部分研究项目见表 1-2。

表 1-2 研究机构主导的研究项目

单 位	项目名称	简 介
UCLA	PRIVATE KEYWORD SEARCH ON STREAMING DATA	该项目放置多台服务器于网络各处，收集网络上特定信息后传回信息处理中心，减轻了将所有信息直接传回信息处理中心的负担。项目特点在于这些放在信息源附近的机器，没有集中式服务器的物理和系统安全性，有可能被敌对方获取，在这种情况下，该系统利用同态加密（Homomorphic Encryption）实现了编码混淆（Code Obfuscation）。该技术保证了机器上面安装的软件不会被逆向工程，即敌对方无法利用缴获的服务器来获取该服务器过滤的明确规则。另外，由于预先滤除了大量信息，系统在安全和隐私方面也取得了较好均衡 https://www.iacr.org/archive/crypto2005/36210217/36210217.pdf
Autonomy	IDOL Server	该项目是用途广泛的文本信息挖掘工具，具有语义级别的检索、文本分类与推送等功能。支持多种自然语言，利用信息论相关知识进行文本特征的抽取，利用贝叶斯理论进行分类。在 FBI 与 CIA 中有广泛应用 http://www.autonomy.com/content/Products/IDOL/index.en.html
Secure Computing	SmartFilter	该项目用于阻止网络间谍软件与网络钓鱼软件对网络用户的侵害。在军事与民事领域都有应用
NICTA	SAFE	该项目是澳大利亚国家信息与通信技术研究中心的紧急状态灵活应对系统计划，该项目通过人脸识别等机器视觉技术来分析可能的异常行为，从而实现预先判断，以阻止恐怖主义活动
Cornell	Sorting facts and opinions for homeland security	该项目由美国国土安全部资助，康奈尔大学联合匹兹堡大学和犹他大学负责实施。重点是通过信息抽取等多种自然语言理解与机器学习技术，从收集到的文本中判断各种信息所包含的观点。并且研究如何寻找信息的可能来源，利用这些信息进行辅助决策 http://www.eurekalert.org/pub_releases/2006-09/cuns-sfa092206.php

1.4.2 信息内容安全相关规定

为应对新技术、新应用可能带来的危害，加强内容安全监管，培育积极健康、向上向善的网络文化，国家互联网信息办公室出台了《网络信息内容生态治理规定》。根据我国目前的内容安全治理现状，分别从监管治理、技术、标准、人才四个方面进行剖析。其中，监管治理主要包含两个方面：一是相关法律法规的制定，二是内容服务平台开展的治理措施。

为解决日益复杂的不良网络信息内容，推动我国内容识别产业与技术发展，在国家网信办与中国通信标准化协会的指导下，分别成立了中国人工智能产业发展联盟网信技术委员会（下面简称"网信技术委员会"）与CCSA TC602工作组。工作组围绕开展网络空间治理、用户数据和权益保护、知识产权保护、公安信息化、国际交流等领域，开展新技术研究和标准推进，宣贯标准以及相关法律、法规、政策方针，进行技术、产品、服务的标准符合性验证。围绕"内容鉴别""行为鉴别""威胁情报"等网络治理技术和手段，开展相关产品、服务的标准预研，建立网络治理能力评估体系。工作组与公安、合作企业、政府部门展开深度合作，开展相关政策研究、标准制定等工作，为内容治理提供治理技术支撑以及监管保障。工作组在2019年第一批内容识别服务系统评测工作基础上，联合网信技术委员会，于2020年1月启动了第二批内容识别服务系统的评估测试工作。

网信技术委员会致力于开展人工智能等技术和产业发展动态跟踪研究、国内外监管政策及应对建议研究，起草、制定服务和应用标准、技术标准、数据标准等，制定和推广落实行业自律准则。委员会联合中国移动、腾讯、阿里云、网易、金山云、中科软等单位发起《内容安全管理和评估行业倡议》和《互联网新闻信息算法推荐行业自律公约》旨在推动互联网新闻信息算法，推荐运营主体以及信息服务提供者自觉遵守相关法律法规，弘扬核心价值观，规范市场秩序，探索有效的安全自评估办法。委员会针对深度伪造展开监测技术研究、案例征集、评估规范编制，针对内容安全和内容监测进行评估规范研究与制定，联合网易、阿里、腾讯、金山等企业从系统基本信息披露、系统成熟度、服务质量评估三个维度进行评估测试。委员会组织行业专家进行技术研讨，经过六七次的会议讨论，历时一年最终完成内容识别服务系统的系列评估规范的制定，分别从完整性、开放性、可靠性、易用性等方面综合评判系统的成熟度，同时制定针对内容识别服务系统的文本、图片、视频（点播、直播）、语音领域的功能以及性能指标要求，完善不同领域的内容评估标准。

1.4.3 信息内容安全产品

信息内容安全产品主要分为防病毒产品、邮件扫描产品和网络过滤产品。国外产品主要包括 SurfControl 公司的 Web Filter、Blue Coar 公司的 Proxy SG 等。国内目前主要有任天行的 NET110、卓尔的 InfoGate、中新赛克的网络内容安全大数据分析平台等。内容安全代表性产品列表见表 1-3。

表 1-3 内容安全代表性产品列表

单 位	产品名称	简 介
SurfControl	Web Filter	该产品是 SurfControl 提供给客户的网页过滤工具，让客户灵活地根据自身的业务需求，了解和管理互联网的使用情况。SurfControl 为客户免遭有害及不适当的网络内容威胁提供了最大程度的保障，它将高质量的内容识别，适应性的推理技术，灵活的配置及全面的报告分析融合为一体。它是行业内规模最大且最精确的内容数据库，收集了超过 1700 万条网址及 30 亿个网页
Blue Coat	Proxy SG	Proxy SG 设备是应用交付网络（ADN）基础架构的一部分，具有完全的应用可视性、加速性和安全性。支持 ADN 的 Proxy SG 是一个可扩展交付平台，用来保障 Web 通信的安全和加快业务应用的交付。Proxy SG 支持对内容、用户、程序和协议进行灵活的策略控制。Proxy SG 提供对 Web 流量的全面控制，包含以下功能：强大的用户身份认证、Web 过滤、深入检查内容中是否有数据损坏或存在威胁、SSL 流量的检查和认证、内容缓存和流量优化、带宽管理、流媒体分流和缓存、按协议的方法级控制以及过滤、删除或替代 Web 内容。带有 WebPulse（协作式云防御）的 Proxy SG 联合了 6200 万用户对 Web 应用威胁的感知与响应，应用云服务智能集合创造了提供最佳现场控制功能的混合设计
任子行	NET110	Net110 系统系列产品是任子行网络技术股份有限公司推出 10 年之久的、迄今为止比较先进的互联网安全审计软件和对应管理系统，是一套功能完善、效果显著，并符合时代特性的、与时俱进的专业领域专用型审计系统。该系统对上网人员实行多维认证检索，实名访问追踪，高效获取、还原精确数据，配合相关管理部门进行事后的追溯取证提供了必要的技术支撑
卓尔	InfoGate	卓尔 InfoGate UTM 安全网关是我国首家推出的整合式模块化内容过滤安全网关产品，达到国际先进技术水平，填补了我国在 UTM 技术研发领域的空白
中新赛克	网络内容安全大数据分析平台	网络内容安全大数据分析平台以客户业务为中心，以时空数据为基础，整合时空信息、社会管理等数据资源，构建业务流程可视化、数据全方位立体分析的大数据系统。该系统包括数据采集、数据预处理、数据存储和分析、数据应用、业务可视化展现五个层级

1.5 信息内容安全研究的意义

信息内容安全研究在信息化社会的建设过程中有着广泛的应用。根据考察层次对象不同，可分为如下几个方面。

首先，提高个人以及网站的网络使用效率。网络用户经常遇到垃圾邮件、流氓软件等恶意干扰，网站也存在用户发布一些广告或恶意言论的问题。信息内容安全研究有望提供技术上的解决方案，包括对电子邮件、论坛、Blog 回复和聊天室等进行信息过滤，通过预先过滤不良信息，减少手工处理各类无用信息所花费的时间与精力，有效提高网络的使用效率。

其次，净化网络空间。互联网的迅猛发展，适应了广大群众日益丰富的文化生活需求，也成为人们获取信息、生活娱乐、互动交流的新兴媒体。然而，在互联网快速发展的同时，也存在着传播各种不良信息的现象，例如，传播格调低下的文字与图片、侵犯知识产权的盗版影音与软件的流传、不负责任地传播未证实的消息，甚至别有用心地散布虚假消息以制造恐慌气氛。同时，随着网络的发展，上网的未成年人也越来越多，少年儿童是国家的未来和希望。营造健康、文明的网络文化环境，有利于青少年的身心健康。清除不健康信息已成为社会的共同呼唤和强烈要求，这对信息内容安全相关课题的研究提出了迫切需要。

从建设国家信息安全保障体系的角度看，随着时代的发展，安全问题也拓展到网络这个看不见摸不着的虚拟世界，提高国家信息安全保障能力是保障国家安全的重要环节。互联网作为信息传播和知识扩散的新式载体，加剧了各种思想文化的激荡与碰撞。各种观点与宣传在互联网上长期共存，互相影响，是一个客观现实。各种违法犯罪活动也利用网络作为自己活动的新场所，出现了各种网络诈骗活动与网络恐怖主义活动。上述种种情况，都需要更为完善的信息处理技术，尽早以及尽量准确地发现以提高保护能力，降低各种不良活动发生的可能性，并减小其带来的损失。

1.6 小结

信息内容安全是信息安全领域一个较新的研究方面，它跨越多媒体信息处理、安全管理、计算机网络、网络应用等多个研究领域，直接和间接地应用各个研究领域的最新研究成果，结合信息内容安全管理的具体需求，发展出具有自己特点的研究方向和应用。作为网络安全中智能信息处理的核心技术，信息内容安全为先进网络文化建设和社会主义先进文化的网络传播提供了技术支撑，具有重要的学术意义和社会意义。随着网络在社会生活中占据越来越重要的地位，以及不断涌现出的各种类型的信息内容安全具体应用，信息内容安全及其管理理论必将受到越来越多的重视，在日常生活和国家信息安全保障等方面也将起到越来越重要的作用。

1.7 思考题

1. 信息内容安全的主要技术有哪些？

2. 信息内容安全技术上的发展能否解决所有的信息内容安全问题？

3. 除计算机技术之外，还有哪些领域需要协同工作，才能更好地保障信息内容的安全？

4. 有序的疏导是解决水患的最好方法，同理，对于信息内容安全，有哪些方法（包括技术、管理、法律等多个方面）可以对信息内容安全的隐患进行有效的疏导？

5. 信息内容安全威胁主要有哪些？

6. 与经典的 TCP/IP 网络架构相比，内容中心网络架构有哪些不同？又有哪些优势？

7. 针对内容中心网络架构的常见攻击有哪些？简要说明每种攻击方式，这些攻击方式中哪些是针对内容中心网络所特有的？

第 2 章　信息内容安全管理

近年来，随着网络技术的发展与移动设备的大规模普及，互联网已经成为人们日常生活中获取信息的最重要途径。根据中国互联网络信息中心（CNNIC）的统计数据显示，截至2020年3月，我国网民规模已达9.04亿人，互联网普及率达64.5%。人们已经习惯于从网络上获取自己所需要的资讯、娱乐、购物、工作等信息，并对其已经具备了一定的信任度，这意味着网络内容对人们日常生活的影响正在持续加大。

传统的传媒产业也在不断向互联网平台迁移，社交媒体的兴起使得传统的中心化信息发布平台受到了严重冲击，自媒体成为目前最快速也是最广泛的网络内容来源之一。但是，自媒体去中心化的特点导致了其所发布的内容无法受到合理监管，其中频繁出现暴力、色情、反动等非法言论，爆发网络内容安全事件而损害清朗的网络空间。

与此同时，随着移动互联网技术从4G时代向5G转变，手机摄像的普及与音/视频智能处理算法的发展，包括短视频在内的多媒体内容，正在不断取代传统的以文字信息为主的网络传播内容。这意味着，传统的以自然语言处理技术为核心的内容安全监管技术受到了挑战，这对未来信息内容安全管理与应用技术的发展提出了全新挑战。

我国正处于实现中华民族伟大复兴的关键历史时期，也因此面临着重大的外部挑战。在大国崛起和国家竞争的背景下，存在着大量网络舆情引导内容被有组织、有计划地传播，大量被恶意编造、夸大的谣言以及虚假的信息被主动传播，这与过去主要以自发形式出现的网络内容传播模式产生了很大区别。面对严峻的社会发展形势，如何实现我国网络空间信息内容安全的有效管理、防护以及对抗是未来重要的研究课题，有必要深入研究信息内容安全管理基础理论，构建完善的信息内容安全管理应用模型，从而打造全面的信息内容安全管理应用体系。

2.1 信息内容安全管理基础理论

信息内容安全管理的基础理论包括信息内容安全管理的基础定义，狭义及广义层面上的信息内容安全管理应用内涵与外延，以及信息内容安全管理应用有别于与其他学科的显著特征。

2.1.1 信息内容安全管理的定义

信息内容安全管理是在互联网传播的海量数据信息中，通过各种数据采集、分析方法对特定主题相关的信息进行获取、识别和分析，从而实现对互联网传播内容的安全性进行保障，其中所提及的安全性同时包括传统信息安全性能，如机密性、完整性与不可抵赖性等，以及合法合规意义上的社会公共安全性。

因此，现有研究及应用在研讨信息内容安全管理的概念时，一般会将其分为狭义和广义两类。狭义层面上的信息内容安全管理，与传统的信息安全关联更为紧密，是基于内容的访问控制，包括对网络协议内容的恢复、基于网络数据包深度检测的流量监控、基于内容的反垃圾邮件技术等。广义层面上的信息内容安全管理，与现代传播学的关系更为紧密，是面向互联网传播的内容管理问题。一般认为，在媒体信息内容制作、发布、传播和存储等环节，对信息内容及其使用者行为进行防护、管理及控制，都属于网络空间信息内容安全管理的范畴。而其中主要涉及的技术包括主题信息发布监控、舆情监测与社团发掘等。

事实上，随着互联网对日常生活的不断渗透，广义层面上的信息内容安全管理的内涵正在不断丰富，已经成为当前信息内容安全管理研究的主要方向。其具体包含网络全媒体大数据感知采集、大数据分布式存储与索引、多源异构大数据演化推理、大数据信息传播风险识别预测，以及信息内容引导效果量化评估等方面的基础研究范畴。

1. 网络全媒体大数据感知采集

广义层面上的信息内容安全管理，首要任务就是面向网络全媒体大数据，建设数据内容统一采集与结构存储的体系标准及系统架构。网络环境下特定信息包括文本、图像和音/视频等诸多数据类型，来自各类网络媒体的同模态信息也存在不同的特点。从不同类型网络媒体收集来的信息虽然理论上可以相互补充和验证，但由于其信息的类型各异、结构复杂，从而导致在网络环境下的大数据感知采集与协同存储变得非常复杂。

2. 大数据分布式存储与索引

与通过搜索引擎的大规模并行访问、快速页面定位访问的目的不同，信息内容安全管理更关注对网络全媒体大数据进行基于语义的分布式存储与索引。因此，与传统的大数据平台不同，信息内容安全管理不仅需要存储和管理海量的异构数据，还需要对大数据进行语义分析、建立相应的语义模型、存储和管理不同类型数据之间的语义联系，进而实现基于语义的大数据信息关联融合和高效访问检索。

3. 多源异构大数据演化推理

网络全媒体大数据演化规律与具体环境有关，现有的网络信息传播模型多是基于传统社会网络提出的，而近年来兴起的在线社交网络等网络新媒体打破了传统社会网络的信息传播方式。网络新媒体人际结构具有扁平化的特点，其中的个体通常表现出较强的个体意识，信息依赖于人与人之间的好友关系进行传播，通过人与人之间的关系影响人与信息的关系，而人与信息的关系又会反作用于人与人之间的关系。这种信息传播特点有别于传统社会网络中以信息内容为主体的传播方式，因此针对大数据演化机理的抽象分析是实现多源异构大数据演化推理的关键。

4. 大数据信息传播风险识别预测

信息内容安全管理还需重点研究基于数据挖掘的危机预测机制和方法，应用数据挖掘方法对于特定主题事件大数据知识库进行分析和处理，从而发现大量隐含在显性情报知识中先前未知且有实际应用价值的要素、要点，用以预警可能发生的信息内容安全风险，从而为管理者进行危机管理提供辅助决策支持。

5. 信息内容引导效果量化评估

在实现大数据信息传播风险识别预警后，信息内容安全管理往往需要进一步开展特定主题事件的内容引导与信息反制工作。相对地，信息内容对抗过程建模、内容引导与信息反制收益量化，以及内容引导与信息反制中最大化信息影响力的方法研究，是实现网络多媒体大数据信息内容引导效果量化评估的核心理论基础。

2.1.2 信息内容安全管理的应用特征

信息内容安全管理作为网络空间安全的一个分支，以快速发展变化的互联网平台作为载体，具有数据处理量大、交叉学科多及对象快速变化等许多与其他学科显著不同的特点，而这些特点也正是信息内容安全管理应用发展的重要挑战。

1. 数据处理量大

与传统的信息安全领域相比，网络内容安全所面对的处理数据极为庞大。根据统计数据显示，2018 年全球共计产生了 33ZB 的数据，即 33 万亿 GB，如全球平均每天发出约 2811 亿封电子邮件。如何高效、准确地在如此海量的数据中，找寻到所需要的特定主题的信息内容，是信息内容安全管理应用面临的第一个难题。

2. 交叉学科多

信息内容安全管理不仅与自然语言处理、数字图像处理等传统数据处理技术密切相关，同时也与大量非计算机学科密切相关。信息内容安全管理应用需要研究者对法学、传播学、心理学、社会学等领域也有一定的了解，才能实现对庞大、复杂的网络传播内容的安全性进行有效管理。

3. 对象快速变化

当今网络传播内容正在发生深刻变化，传统的以文本为主要形式的传播内容正在被音/视频、游戏等多媒体信息取代。与此同时，人工智能技术的快速发展，使得当前传播的内容不再是"所见即所得"，大量通过技术修改甚至伪造的内容正在被传播，而且大量自动化生成的评论反馈也使得内容发布方无法获得真实的用户反馈。大量新兴技术的应用，导致信息内容安全管理应用的对象正在发生快速变化，进一步增加了管理应用的难度。

2.2　信息内容安全管理应用模型

针对网络的信息内容安全管理与监控是我国建立网络信息安全保障体系的重要手段之一，也是网络管理监控体系的核心建设内容。随着各类网络内容安全威胁的不断凸显，我国网信、公安、安全、保密、宣传、文化乃至军队等各个网络内容安全监管与应用职能部门，都加大了在网络内容安全管理与监控方面的投入力度，先后启动了各种业务目标和功能形态不尽相同的网络信息内容安全监管与应用系统建设。仔细分析目前已经投入使用和即将建设的网络内容安全监管与应用系统，可以发现其中管理应用的技术共性需求相对明确。

首先，各类网络信息内容安全监管与应用系统都提出了对于网络中发布、传输、浏览内容的全面获取。事实上，在目前的互联网内容传输机制中，网络媒体内容需要经过发布、传输和浏览三个环节。为了进行进一步的内容分析和访问控制，首先需要对网络中的内容资源进行有效的获取。在该环节中，信息的来源基本可以分为三类：第一类是网络中公开发布的信息，一般是通过网络服务器以 Web 方式发布的媒体内容；第二类是网络中传输的信息，一般而言，在传输过程中，内容以"片段序列"的方式在网络中进行实时传输，而在智能化网络内容分析理解管控引擎系统中为进行内容分析和访问控制，必须实现对这样一类信息的即时捕获和协议还原；第三类是通过其他各种手段获得的数字内容资源，都可作为信息内容安全管理应用环节内容分析和访问控制的重要依据。

其次，各类网络信息内容安全监管与应用系统都提出了对于内容资源的整合、协同分析和知识挖掘。尽管各类网络信息内容安全监管与应用系统提出的对于网络内容资源最终的分析结论各异，但是从核心技术角度的深度分析不难发现，其本质核心是对网络非结构化内容的整合、协同分析和知识挖掘。网络中的内容资源通常都是以多媒体组件的方式呈现（最常见的形式就是网页），而对于这样一类对象的内容分析和知识挖掘，一直以来是数据挖掘领域的研究重点。与一般的结构化数据库对象挖掘不同，对于多媒体组件的内容挖掘需要完成对于文本语义的理解和分析、图像语义的抽取和分析，以及音/视频流媒体语义的抽取和分析等。在各类网络信息内容安全监管与应用系统中，都提出了对于以网页方式呈现的多媒体组件的主题提取、内容分类等。因此，尽管最终潜在的具体表现形式多是网络媒体信息的热点分析、焦点分析、关注课题、有趣情报等，其技术实质仍然是在网络条件下的多媒体组件内容挖掘与知识挖掘。

最后，在已投入使用的网络信息内容安全监管与应用系统中，都提出了对于网络信息资源的基于内容的访问控制或信息对话框。根据各个管理职能部门的职能不同，以及网络信息内容安全监管与应用系统用户期望功能的个性化，在相当多的网络信息内容安全监管与应用系统中都提出了根据终端用户访问资源的内容和访问模式进行行为的控制。早期传统意义上的黑/白名单阻断的方式，已被证明在灵活性和准确性方面都存在着明显的不足。同时，在访问控制的方式和方法上，随着网络内容的发布与传输和浏览技术的不断进步，对于访问控制方式的灵活性和多样性也提出了更高要求。简单的阻断已经不能完全满足网络内容安全管理监控的需求，更多的是需要通过为不同访问者提供个性化合适版本的内容，或是有针对性地开展网络舆情引导，这样才能够从根本上提升网络信息内容安全管理应用的颗粒度和灵活度。因此，在目前各类网络信息内容安全监管与应用系统建设中，也需要对高性能的、组播式的、多模式的且多策略的内容访问控制与信息内容对抗技术进行突破。

由此可见，尽管各类网络内容安全监管与应用系统在目标功能和系统形态方面各不相同，但其在核心技术模型方面具有高度的相似性。因此，总结各类网络内容安全监管与应用系统在系统流程与数据流程方面的共性特征，展开对于信息获取、信息分析和访问控制等核心技术的研发与整合，形成以智能化网络内容分析理解管控引擎为代表的网络媒体信息内容安全管理应用模型，具有高度的可行性和迫切的必要性。

2.2.1　智能化网络内容分析理解管控引擎的基础框架

在智能化网络内容分析理解管控引擎中，主要包括对于网络发布和传输内容的协议恢复与主动获取，对于网络媒体内容库归一化仓储的基础上的深入分析与知识挖掘，以及在访问模式和内容分析知识基础上的实时访问控制与信息对抗。智能化网络内容分析理解管控引擎的基础框架如图2-1所示。

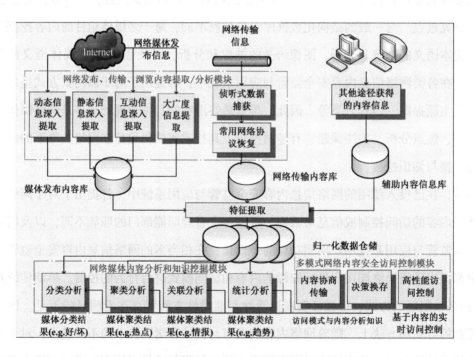

图2-1　智能化网络内容分析理解管控引擎的基础框架

网络媒体内容标识及网络发布与传输的比特流，是智能化网络内容分析理解管控引擎的整体输入，首先流入网络发布、传输、浏览内容提取/分析模块。网络发布、传输、浏览内容提取/分析模块，分别针对网络媒体内容标识和网络比特流进行不同形式的内容获取与分析。针对网络媒体内容标识，网络发布、传输、浏览内容提取/分析模块将展开针对远端网络媒体发布内容的深入智能化提取，期望在本地引擎内部形成对于远端媒体内容的充分镜像；针对网络发布与传输的比特流，网络发布、传输、浏览内容提取/分析模块将展开以HTTP为代表的网络交互应用协议内容恢复。

智能化网络内容分析理解管控引擎中的网络媒体内容分析和知识挖掘模块，将网络发布、传输、浏览内容提取/分析模块的输出作为其输入，由该模块实施对于网络内容资源的深度分析。针对网络发布、传输、浏览内容提取/分析模块已完成预处理的网络媒体内容数据，采用数据仓储与数据挖掘技术进行分类、聚类和关联分析，期望得到各种不同的分类知识与关联知识。同时，对于未经处理的原始网络媒体内容本身，进行基于文本语义、图像内容以及动画内容理解、音/视频流媒体内容理解等的协同分析。

最后，智能化网络内容分析理解管控引擎的多模式网络内容安全访问控制模块，将网络媒体内容分析和知识挖掘模块的输出作为其输入，由多模式网络内容安全访问控制模块进行基于内容的多模式访问控制。通过上一步网络媒体内容分析和知识挖掘模块的工作，已对网络用户正在访问的内容资源和远端网络媒体的发布资源，都进行了有效而准确的分析。特别地，其中的分类分析结果将为多模式网络内容安全访问控制模块提供重要的依据。多模式网络内容安全访问控制模块针对网络媒体对象的分类结果和策略结果，根据预设动作准则对传输/访问内容进行透明变换或阻断，或者进行有针对性的信息对抗内容发布。

2.2.2　智能化网络内容分析理解管控引擎的工作机制

智能化网络内容分析理解管控引擎系统的工作机制如图2-2所示。其中，网络公开大数据数据流由图中实心箭头表示；各功能模块网络发布、传输、浏览内容提取/分析模块、网络媒体内容分析和知识挖掘模块与多模式网络内容安全访问控制模块间的数据交互由图中空心箭头表示。

在网络发布、传输、浏览内容提取/分析模块与网络媒体内容分析和知识挖掘模块之间，通过网络组件模版识别与嵌入式对象识别共同组成的网络内容资源库进行互动。需要说明的是，网络内容资源库不仅仅是结构化的数据库，同时还必须包括对于原始网络媒体内容资源的结构化标识与原始素材。在此基础上，网络媒体内容分析和知识挖掘模块对获取的信息进

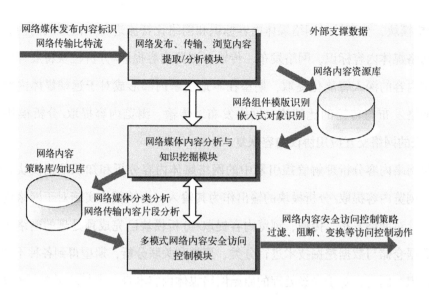

图 2-2　智能化网络内容分析理解管控引擎工作机制

行基于版式的分析和嵌入内容的分析，并将结果转交给网络发布、传输、浏览内容提取/分析模块，为该模块做进一步的深入提取提供准确信息。

在网络媒体内容分析和知识挖掘模块与多模式网络内容安全访问控制模块间，通过网络媒体分类分析和网络传输内容片段分析共同组成的网络内容策略库/知识库进行互动。网络媒体内容分析和知识挖掘模块将获取的信息进行基于片段的内容分析和分类分析，其结论将成为多模式网络内容安全访问控制模块的重要决策依据。

最后需要说明的是，由于国家网络内容安全管理职能部门加大了对网络发布、传输与浏览各环节内容管理监控的力度，各网络运营与管理单位也相应加强了对内部网络用户的基于内容的访问控制。可以预见的是，随着国家各项相关政策、法规的建立与健全，网络运营者对于使用者的行为将进行更加准确和灵活的监管。

2.2.3　智能化网络内容分析理解管控引擎的应用范例

本小节选取基于构建网络上有害信息发现与预警系统为例，重点讲解信息内容安全管理应用模型的应用范例。网上有害信息发现与预警系统可进一步细分为大数据采集存储层、融合分析层以及表达应用层三个层次，具体包括：多通道泛在网络多模态发布内容感知采集，多模态大数据内容结构化存储，网上离散文本、图像及视频的信息特征抽取与表达，多媒体信息特征智能快速比对，以及网上有害信息自动告警等方面的核心关键技术。具体如图 2-3 所示。

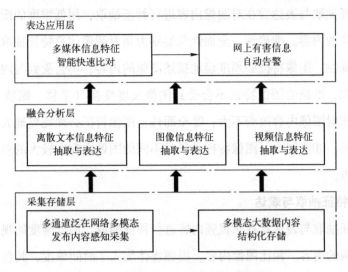

图 2-3　网上有害信息发现与预警系统

1. 多通道泛在网络多模态发布内容感知采集

多通道泛在网络多模态发布内容感知采集，全面涵盖传统网络媒体、网络新媒体和移动互联网媒体，是重点突破网络客户端尤其是智能移动终端 APP 内流转信息的统一采集技术，为网络空间内容资源的深度利用提供了全面的数据基础。

2. 多模态大数据内容结构化存储

与通用搜索引擎的大规模并行访问、快速页面定位访问的目的不同，网络空间内容资源的深度利用更关注对全媒体特定主题事件大数据进行分布式结构存储和索引。因此，不仅需要存储和管理海量的异构数据，还需要对大数据进行语义分析，存储和管理不同类型数据之间的语义联系，构建分布式结构存储的网络有害信息数据（仓）库。

3. 离散文本信息特征抽取与表达

离散语义的网络文本信息非常类似于自然语言处理领域的对话（Dialog）识别及处理技术，不同的是，后者在同一篇文档中，而前者分散在不同时间、不同地点。相关基础研究工作的共性难题是远程指代、主题矛盾等。同时，离散语义复原、网络行为识别等，同样未得到很好的解决。鉴于此，研究创新性的基于离散语义分析的离散文本信息特征分析识别技术，用于重点解决如何进行网络离散文本状态跟踪及复原、适合网络文本的自动分词和句法分析、如何选择和表达离散语义的特征、如何构建适合于网络文本的专用知识库等技术难点。

4. 图像信息特征抽取与表达

图像信息特征抽取与表达旨在对图像内容进行特征抽取，用低维度的图像信息特征来描述和表达整个图像的内容。准确性、全面性和鉴别力是对图像信息特征抽取的三大要求，具体表现为：①准确性：图像特征必须准确地描述图像的内容，不会受到与内容无关图像编辑操作的影响，例如，准确的图像特征不会受到图像尺度变换（平移、缩放、旋转等）的影响，因为该类操作对图像内容改变不大；②全面性：图像特征必须完整地表达图像内容，而不是图像某一局部；③鉴别力：图像特征必须对不同的图像内容有较大的差异，能够直接体现图像内容的特点。

5. 视频信息特征抽取与表达

视频信息特征抽取与表达旨在对视频内容进行特征抽取，用低维度的视频信息特征来描述和表达整个视频的内容。相比图像内容，视频媒体加入了时间维度，其包含的信息量更为丰富，从而进一步提升了对其内容准确描述的难度。鉴于此，视频信息特征抽取与表达具体包括：①基于内容的视频镜头分割技术，能够将整段视频分割成若干个视频镜头；②基于视频镜头的特征抽取与表达技术，能够针对每一个视频镜头，抽取相应的视频特征，反映视频镜头的内容与特点。准确性、全面性和鉴别力，同样是对视频镜头特征抽取的三大要求。

6. 多媒体信息特征智能快速比对与有害信息自动告警

在获取特征之后，需要对特征进行快速、准确的比对，进而能够判断待检测图像、视频是否为数据库中暴恐、反动等类型的有害内容，同时对检测为有害内容的信息进行多平台及时告警。时间效率和智能比对准确性，属于智能比对与自动告警环节的两大明确要求。

2.3 信息内容安全管理应用体系

智能化网络内容分析理解管控引擎属于典型的信息内容安全管理应用模型范例，基于相关基础理论支撑，本节重点从信息内容安全管理应用体系组成与关键技术支撑两个方面展开，讲解信息内容安全管理应用体系架构。

2.3.1 信息内容安全管理应用体系的组成

作为网络空间安全学科的重要分支，网络信息内容安全管理同样也继承了该一级学科的技术与管理并重的特点。因此，网络信息内容安全管理体系包含理论技术和技术管理两个组成部分，具体如图 2-4 所示。

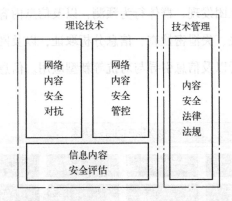

图 2-4　网络信息内容安全管理应用体系

信息内容安全管理应用体系中的理论技术部分，可以进一步细分为信息内容安全评估、网络内容安全管控和网络内容安全对抗三个主要部分。

1. 信息内容安全评估

基于技术管理部分所给出的评价标准，利用多种内容感知技术，对网络信息内容的安全性进行评估。该部分也是网络内容安全保障的基础与前提。

2. 网络内容安全管控

通过基于内容的访问控制技术以及内容过滤技术，使系统在信息内容安全评估结果的基础上对网络传播内容进行管控，防止非法内容的传播以及有价值的内容遭到泄露。

3. 网络内容安全对抗

该部分主要立足于传播学，当由于内容边界的模糊化、内容传播的去中心化，导致内容安全管理无法彻底管控非法信息时，网络安全管理体系需要通过利用对抗信息内容来实现对网络内容安全的进一步防护。

信息内容安全管理体系中的技术管理部分由大量各层级的信息内容安全法律、法规及条例共同组成，以此为指导方针，对后续技术部分的实际应用进行策略指导。

2.3.2　信息内容安全管理应用的关键技术支撑

为了切实实现信息内容安全评估、网络内容安全管控和网络内容安全对抗，在信息内容安全管理应用技术体系中，需要基础层完成常用网络交互协议数据恢复、网络公开流转大数据主动获取，以及多源异构大数据结构存储等；预处理层实现多媒体信息编码格式归一化、加密数据破解、隐藏信息识别与抽取以及信息数据清洗等；分析层完成多媒体信息特征抽取与表达，传统数据挖掘、社团发现、群体行为预测，以及信息内容理解与智能分析等；应用层实现传统的内容安全网关、失泄密检查、信息分析取证，以及网络舆情监测与预警、公开大数据搜索、网上情报分析以及信息引导与对抗等新型应用。信息内容安全管理应用技术体系组成如图2-5所示。

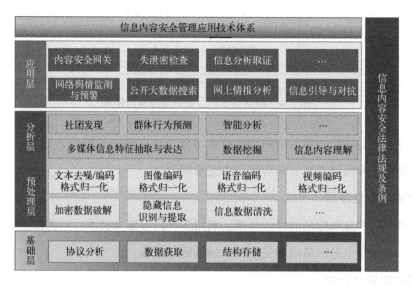

图2-5　信息内容安全管理应用技术体系组成

基于信息内容安全管理应用技术体系组成的分析不难发现，云计算与大数据、非结构化内容感知、内容真实性鉴定，以及社交网络发现等现阶段前沿关键技术，是完成网络信息内容安全的评估、管控和对抗的共性关键技术与重要支撑保障。与此同时，随着网络和计算机技术的不断发展，上述共性关键技术和重要支撑保障也在与时俱进地不断演变与改进。

1. 云计算与大数据技术

在当前海量内容被产生并传播的背景下，云计算与大数据技术是支撑内容安全应用覆盖范围的重要保障。云计算与大数据技术是实现高效、低成本的网络内容分析处理的技术基础。

2. 非结构化内容感知技术

随着当前多媒体内容的快速传播，网络中非结构化数据所包含的内容信息正不断加大。而随着人工智能技术的快速发展，在计算机视觉、自然语言处理领域，已经出现了大量技术能够对非结构化数据进行有效感知，从而提升内容安全评估的自动化水平和效率。

3. 内容真实性鉴定技术

同样，随着人工智能技术的快速发展，如生成对抗网络技术在图片、音频、视频领域的应用，已经能够生成人类难以分辨的虚假内容。为此，网络内容安全防护也必须具备对网络内容真实性鉴定的技术，可以通过数字水印、内容指纹特征、大数据分析等技术实现对其真实性的鉴定。

4. 社交网络发现技术

当前的内容传播往往呈现社团化的倾向，为此，网络内容安全管理不能只停留在内容本身层面，同时应当利用社交网络发现技术，从内容产生的源头出发，对网络内容的安全性进行管理，降低非法内容出现的可能。

2.4 小结

本章首先从信息内容安全管理的定义及其应用特点入手，讲述信息内容安全管理应用的基础理论。在此基础上，进一步提出以智能化网络内容分析理解管控引擎为代表的，网络媒体信息内容安全管理应用模型，全面分析其整体框架和工作机制。最后，论述了信息内容安全管理应用体系，具体涉及信息内容安全管理应用体系的组成与关键技术支撑。

2.5 思考题

1. 简述信息内容安全管理的定义，分析狭义和广义层面上的信息内容安全管理。
2. 分析信息内容安全管理的应用特征。
3. 描述智能化网络内容分析理解管控引擎的整体框架及其工作机制。
4. 简述信息内容安全管理应用的体系组成与关键技术支撑。

第3章 网络信息内容的获取

在以万维网（WWW）为主要承载平台的移动媒体成为与报纸、杂志、电台广播及电视媒体并重的第五大信息传播媒体前，向计算机手动录入的历史文稿、最新材料是信息分析系统最为主要的数据来源。不过，在网络媒体信息与网络通信信息遍布世界各个角落的今天，面向海量互联网信息实现全面或有针对性的内容获取，已经成为一个崭新的课题呈现在网络内容分析人员面前。

鉴于此，本章着重探讨互联网传播信息的获取问题。在把互联网传播信息划分成网络媒体信息与网络通信信息的基础上，本章重点介绍网络媒体信息的获取原理与获取方法，同时简要讲解网络通信信息的获取方案。

3.1 网络信息内容的类型

受益于互联网基础设施建设的长足发展，当前基于互联网实现信息传播这一网络应用已经相当普及。有研究数据表明，截至 2019 年底，全球域名保有量已超 7690 万个。2020 年 3 月发布的第 45 次《中国互联网网络发展状况统计报告》显示，到 2019 年 12 月，域名注册者在中国境内的网站数为 497 万个，网页总数达到 2,978 亿个，平均每个网站的网页数是 59,926 个，平均每个网页的字节数是 70 KB。

尽管容纳着数以万太字节的信息总量，并且正处于内容爆炸性增长的互联网包含琳琅满目、内容迥异的各式信息，但从宏观角度解读，网络公开传播的信息内容可以分为网络媒体信息与网络通信信息两大类型。

3.1.1 网络媒体信息

网络媒体信息是指传统意义上的互联网网站公开发布的信息，网络用户通常可以基于通用网络浏览器（如 Microsoft 的 Internet Explorer、Netscape 的 Navigator、Mozilla 的 Mozilla Firefox 等）获得互联网公开发布的信息。

由于本书针对这类信息拥有统一的信息获取方法，因此将其统称为网络媒体信息。宏观意义上的网络媒体信息涉及面广，可以通过网络媒体形态、发布信息类型、媒体发布方式、网页具体形态与信息交互协议等多种划分方法，进一步细分网络媒体信息的组成。

1. 网络媒体形态

按照网络媒体的具体形态，网络媒体可以分为广播式媒体与交互式媒体两类。其中，传统的广播式媒体主要包含新闻网站、论坛（BBS）、博客（Blog）等形态；新兴的交互式媒体涵盖搜索引擎、多媒体（音/视频）点播、网上交友、网上招聘与电子商务（网络购物）等不同形态。每种形态的网络媒体都以各自的方式向互联网用户推送其公开发布的信息。

2. 发布信息类型

从公开发布信息的具体类型上看，网络媒体信息可以细分为文本信息、图像信息、音频信息与视频信息四种类型，其中文本信息始终是网络媒体信息中占比最大的信息类型。

3. 媒体发布方式

按照网络媒体所选择的信息发布方式，网络媒体信息还可以分成可直接匿名浏览的公开发布信息，以及需进行身份认证才可进一步阅读的网络媒体发布信息。

4. 网页具体形态

《中国互联网网络发展状况统计报告》根据网页超链接网络地址（统一资源定位符，URL）的组成，将网页分成 URL 中不含"？"或输入参数的静态网页，以及 URL 中含"？"或输入参数的动态网页两类。

针对网页内容的具体构成形态，网络媒体信息中的静态网页与动态网页还可以进行更加明确的区分。网页主体内容以文本形式，网页内嵌链接信息以超链接网络地址的方式存在于网页源文件中，这一类网页属于静态网页，如图 3-1 所示。网页主体内容或网页内嵌链接信息完全封装于网页源文件中的脚本语言片段内，这一类网页属于动态网页，如图 3-2 所示。

图 3-1 静态网页实例

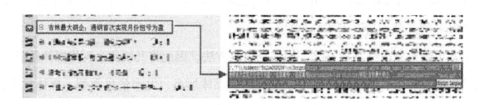

图 3-2 早期动态网页实例

从网页内容的构成形态不难发现，动态网页无法和静态网页一样，使用传统的基于HTML标记匹配的网页解析方法来提取网页主体内容及其内嵌链接对应的地址。不过，当前网络媒体信息的网页多为静态网页，鲜有以动态网页形态发布的网络媒体信息。

5. 信息交互协议

按照所使用的信息交互协议的不同，网络媒体信息可以分为 HTTP（S）信息、FTP 信息、MMS 信息、RTSP 信息与已经不多见的 Gopher 信息等。其中，MMS 信息与 RTSP 信息属于音/视频点播协议。当互联网用户通过网络浏览器浏览 MMS 或 RTSP 协议信息时，浏览器会通过操作系统调用该协议来解析所对应的默认应用程序，实现互联网用户请求的音/视频片段播放。

3.1.2 网络通信信息

互联网用户使用通用的除网络浏览器以外的专用客户端软件，实现与特定点通信，或进行点对点通信时所交互的信息属于**网络通信信息**。

常见的网络通信信息包含使用客户端软件（如 Microsoft Outlook、Foxmail 等）收/发电子邮件，基于即时通信软件进行网上聊天，采用金融机构发布的客户端进行网上财务交易等。与网络媒体以广播方式向互联网客户端传播信息不同，多数网络通信客户端以对等的、点对点的方式进行互联网通信交互。因此，在面向网络通信信息进行互联网交互内容获取时，无法直接借鉴先前提到的网络媒体信息的获取方法，进行网络通信信息获取。

当前网络通信信息的获取过程主要涉及网络通信信息镜像、网络交互数据重组、通信协议数据恢复，以及网络通信信息存储等技术环节。网络通信信息的获取主要通过局域网总线数据侦听、城域网（如数字社区、拥有互联网接入的住宅区等）三层交换机通信端口数据导出的方式，实现包含网络通信信息在内的互联网交互数据镜像。

在此基础上，网络通信信息获取机制选择在 OSI/RM（开放系统互连参考模型）的网络层针对具体的互联网客户端，实现特定协议的网络通信数据包重组。对于明文传输且公开发布协议交互过程的网络通信协议，信息获取机制通过协议数据恢复来获得通信交互内容，并将其存入网络通信信息库，实现网络通信信息的获取。网络通信信息获取流程如图 3-3 所示。不过，在网络通信信息通过密文传输的情况下，或者部分网络通信协议尚未公开协议交互过程时，信息获取环节无法通过协议数据恢复获得网络通信信息。

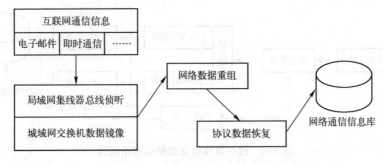

图 3-3　网络通信信息获取流程

需要特别说明的是，在使用特定客户端进行网络通信交互时，所传输的网络信息并不算是互联网公开传播信息。因此，在没有得到网络通信当事人或网络监管部门授权的情况下，并不建议针对明确属于个人隐私数据范畴的网络通信信息进行内容镜像与信息获取。

3.2　网络媒体信息的获取原理

与面向特定点的网络通信信息获取不同，网络媒体信息获取环节的工作范围理论上可以是整个互联网。传统的网络媒体信息获取环节从预先设定的、包含一定数量 URL 的初始网络地址集合出发，首先获取初始集合中每个网络地址对应的发布内容。网络媒体信息获取环节一方面将初始网络地址发布信息的主体内容按照系列内容判重机制，有选择地存入互联网信息库。另一方面，网络媒体信息获取环节还进一步提取已获取信息内嵌的超链接网络地址，并将所有超链接网络地址置入待获取地址队列，以"先入先出"方式逐一提取队列中的每个网络地址发布信息。网络媒体信息获取环节循环开展待获取队列中的网络地址发布信息获取、已获取信息主体内容提取、判重与信息存储，以及已获取信息内嵌网络地址提取并存入待获取地址队列操作，直至遍历所需的互联网网络范围。

3.2.1　网络媒体信息获取的理论流程

理论上，网络媒体信息获取流程主要由初始 URL 集合——信息"种子"集合、等待获取的 URL 队列、信息获取模块、信息解析模块、信息判重模块与互联网信息库共同组成，如图 3-4 所示。

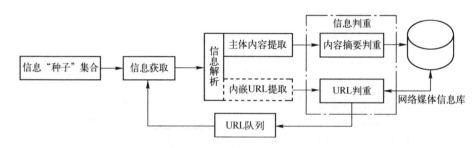

图 3-4　网络媒体信息获取的理论流程

1. 初始 URL 集合

初始 URL 集合的概念最初由搜索引擎研究人员提出，商用搜索引擎为了使自身拥有的信息充分覆盖整个互联网，需要首先维护包含相当数量网络地址的初始 URL 集合。搜索引擎跟随初始 URL 集合发布页面上的网络链接进入第一级网页，并进一步跟随第一级网页内嵌链接进入第二级网页，最终形成周而复始地跟随网页内嵌地址的递归操作，完成所有网页发布信息的获取工作。因此，初始 URL 集合通常被形象地称为信息"种子"集合，如图 3-5 所示。网络媒体信息的获取，同样是针对初始 URL 集合进行遍历式的信息获取。基于初始 URL 集合指定的入口页（Entry Page），网络媒体信息获取以多线程方式，实现信息智能化主动获取。该过程模拟客户/服务器通信、模拟人机交互，在语义分析的基础上，以递归调用的方式快速且彻底完成远程数据本地镜像。需要指出的是，网络媒体信息获取充分考虑了互联网使用的 HTTP/1.1，尤其是与内容协商（Content Negotiation）、访问控制（Access Control）和数据缓存（Web Catching）相关的规范流程，在有效实现数据主动获取的同时，保证了数据的可靠性和有效性。

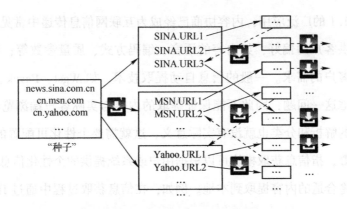

图 3-5 跟随网页内嵌地址逐级递归遍历互联网络

应该说只要维护包含足够数量网络地址的初始 URL 集合，理论上搜索引擎是可以遍历整个互联网的（通常还需要网站主动向搜索引擎提供的网站地图（Sitemap））。源于搜索引擎应用研究的网络媒体信息获取环节，同样需要根据后续网络媒体信息分析环节所关注的互联网网络范围，事先维护包含一定数量网络地址的初始 URL 集合，作为信息获取操作的起点。

2. 信息获取模块

信息获取模块首先根据来自初始网络地址集合或 URL 队列中的每条网络地址信息，确定待获取内容所采用的信息发布协议。在完成待获取内容协议解析操作后，信息获取模块基于特定通信协议所定义的网络交互机制，向信息发布网站请求所需内容，并接收来自网站的响应信息，传递给后续的信息解析模块。基于 HTTP 发布的文本信息获取范例如图 3-6 所示。HTTP 信息网络交互过程细节，可查阅协议规范 HTTP/1.1。

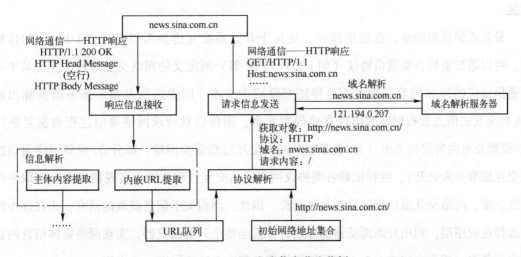

图 3-6 HTTP 文本信息获取范例

随着 HTTP/1.1 的广泛应用，内容协商已经成为互联网信息传递中常见的技术。客户端浏览器向网站提供客户的偏好，如内容的语言、编码方式、质量参数等；网站根据实际情况，尽可能满足客户的需求。一般的信息自动提取技术，如 Wget、Pavuk、Teleport 等，大多没有很好地考虑这一问题，因此不能保证提取的内容与实际客户端浏览器取回的版本一致，当然，后续的解析和分类也就没有实际意义，这就需要个性化可配置的信息获取技术。所谓个性化可配置，指信息获取模块可以根据用户或系统提供的个性化信息，完成与网站之间的内容协商，将合适的内容提取到本地。例如，在信息获取过程中通过 HTTP/1.1 相关原语的交互（如 VARY），实现对内容协商机制的完全模拟，保障本地镜像内容的准确性。

网站用户与服务器间的内容交互除了由内容协商完成，还可通过人机对话的方式实现。以交互式媒体为例，用户通过一次登录（即使是匿名登录），与服务器之间完成一次通信，获得身份验证信息（通常是以 Cookie 等形式）。在以后的交互中，双方凭借此信息作为身份的识别。目前，一般的信息提取技术并不能实现这一功能。为了完成对指定网站内容的充分获取，在内容协商的基础上，还需进一步提供智能化的人机交互模拟模块。基于 HTTP 返回码，需要获取身份验证信息才可以浏览内容，根据用户或系统的配置，模拟用户与服务器之间进行对话，从而实现交互式网络媒体发布内容的主动获取。

网络媒体信息的获取往往非常消耗时间与运算及存储资源，相关过程从初始 URL 集合设置的入口页出发，针对入口页及入口页以后的页面进入内容语义理解，将分析出的链接重新定义为入口页实现递归调用。由于单进程的递归调用效率低，在网络媒体信息获取的规模较大时，一般采用多线程方式实现递归调用，从而确保网络媒体信息获取过程的高效率与高性能。

最后需要说明的是，在理论层面，立足于开放系统互连参考模型（OSI/RM）的传输层，可以通过重构各类通信协议（如 HTTP、FTP 等）所定义的网络交互过程，实现基于不同通信协议的发布内容获取。不过伴随互联网中文本、图像信息发布形态不断推陈出新（人机交互式信息发布形态的出现直接导致文本、图像信息请求网络通信过程愈加复杂），音/视频发布内容层出不穷（音/视频信息网络交互过程重构困难，部分音/视频网络通信协议交互细节并未公开），纯粹依赖各类协议网络通信交互过程重构，实现信息内容获取的操作复杂度、网络交互重构难度呈指数级增长。因此，当前关于信息获取的研究，正在逐步转向选择在应用层，利用开源浏览器部分组件，甚至整个开源浏览器，实现网络媒体信息内容的主动获取，相关内容将在 3.3 节网络媒体信息获取方法中做进一步讲解。

3. 信息解析模块

在信息获取模块获得网络媒体响应信息后，信息解析模块的核心工作是根据不同通信协议的具体定义，从网络响应信息相应位置提取发布信息的主体内容。为了便于开展信息采集与否判断，信息解析模块通常还将按照信息判重的要求，进一步维护与网络内容发布紧密相关的关键信息字段，例如，信息来源、信息标题，以及在网络响应信息头部可能存在的信息失效时间（Expires）、信息最近修改时间（Last-Modified）等。信息解析模块会把提取到的内容直接交付信息判重模块，在通过必要的重复内容检查后，网络媒体发布信息主体内容及其对应的关键字段将被存入互联网信息库。

为了实现跟随网页内嵌链接递归遍历所关注的网络范围这一技术需求，对于响应信息类型（Content-type）是 TEXT/* 的 HTTP 文本信息，信息解析模块在完成响应信息主体内容及关键信息字段提取的同时，还需要进一步开展 HTTP 文本信息内嵌 URL 提取操作。信息解析模块实现 HTTP 文本信息内嵌 URL 提取的理论依据是，HTML 语言关于网络超文本链接（Hyper Text Link）标记的系列定义。信息解析模块一般是通过遍历 HTTP 文本信息全文，查找网络超文本链接标记的方法，实现 HTTP 文本信息内嵌 URL 的提取。

另一方面，网站内容编写技术发展迅速，从早期的静态 HTML 和普通文本图像内容，已经发展到今天各种动态语言和包括图像、视频、音频、动画、虚拟现实（VR）等多种多媒体个体的群件，这就给网页内容自动解析带来了新的挑战。与传统的标记型语言（Markup Language）不同，以 Script 为代表的脚本型语言，更多地结合了一般程序编写的技术，利用浏览器作为编译运行的环境，以达到发布动态内容的目的；而以 Flash 为代表的脚本型语言，则是利用浏览器插件（Plug-in），将多媒体群件内容打包在若干对象中，利用插件完成对此对象的解释。因此，在网站自动信息提取中，必须研究和开发出编译、分析与执行同步操作的技术，同时提供对标记型语言与脚本型语言的准确语义理解，才可充分实现多媒体个体对象及其链接对象的主动获取。

当前，信息解析模块还可以首先面向 HTTP 文本信息构建文档对象模型（Document Object Module，DOM）树，并从 HTML DOM 树的相应节点获取 HTTP 文本内嵌 URL 信息。本章后续会有关于 HTML DOM 树的详细介绍。

4. 信息判重模块

在网络媒体信息获取环节，信息判重模块是对本地镜像的网站内容进行高效且准确的理解，从而对冗余信息和不完整信息进行相应处理，以保障本地网络媒体信息数据库中内容的准确性和有效性。该模块主要基于网络媒体信息 URL 与内容摘要两大元素，通过查询比对本地网络媒体信息数据库的 URL 及内容摘要信息，实现信息采集/存储与否判断。其中，URL 判重通常是在信息采集操作启动前进行，而内容摘要判重则是在采集信息存储时发挥效用。

来自 HTTP 文本信息的内嵌 URL 信息，首先通过 URL 判重操作确定每个内嵌 URL 是否已经实现了信息获取。对于尚未实现发布内容采集的全新 URL，信息获取模块将会启动完整的信息采集流程；对于已经实现内容采集，同时注明信息失效时间及最近修改时间的 URL（URL 信息失效时间及最近修改时间已由信息解析模块从网络响应信息中提取得到，并存于互联网信息库中），信息采集模块将会向对应的网络内容发布媒体发起信息查新获取操作。此时，信息采集模块只会对于已经失效，或者已被重新修改的网络内容重新启动完整的信息采集操作。信息采集模块通常被要求重新采集已经实现信息获取，但未注明信息失效时间及最近修改时间的 URL 所对应的发布内容。

在面向没有提供发布信息失效时间及最近修改时间的网络媒体时（网络通信协议并未强制要求响应信息必须提供信息失效时间及最近修改时间），仅是依靠 URL 判重机制，无法避免同一内容重复获取。因此，在获取信息存储前，需要进一步引入内容摘要判重机制。网络媒体信息获取环节可以基于 MD5 算法，逐一维护已采集信息的内容摘要，杜绝相同内容重复获取的现象。

3.2.2　网络媒体信息获取的分类

按照信息获取行为所涉及的网络范围划分，网络媒体信息获取可以分为面向整个互联网的全网信息获取，以及针对某些具体网络区域的定点信息获取。另一方面，按照信息获取行为在工作范围内所关注的对象划分，网络媒体信息获取还可以分为针对工作范围内所有发布信息的、面向全部内容的信息获取，以及只是关注工作网络范围内某些热门话题的基于具体主题的信息获取。本小节重点介绍全网信息获取与定点信息获取在技术要求与实现方法方面的区别，并进一步讲解基于主题的信息获取方法，以及该领域的代表性技术——元搜索。

1. 全网信息获取

全网信息获取的工作范围涉及整个互联网内所有网络媒体发布的信息，主要应用于搜索引擎（Search Engine），如 Google、Baidu、Yahoo 等，以及大型内容服务提供商（Content

Service Provider）的信息获取。随着网络新型媒体的不断出现以及网络信息发布形式的更新换代，纯粹通过跟随网络链接已经很难达到遍历整个互联网的效果。全网信息获取发起方在不断更新、扩展用于信息获取的初始 URL 集合的同时，还建议新接入互联网的网络媒体主动向信息获取方提交自身网站地图（Sitemap）。这有利于全网信息获取机制面向新网络媒体实现发布内容采集，从而保证其尽可能全面地覆盖整个互联网。

正如前文所述，整个互联网信息总量非常庞大，考虑到本地用于信息采集的存储空间有限，全网信息获取发起方实际上并没有把所有网络媒体信息都采集到本地。搜索引擎或大型内容服务提供商在进行全网信息获取时，通常基于特定的计算方法（如 Google 的 PageRank算法）对于每条网络信息进行评判，只是获取或长时间保存在信息评判系统中排名靠前的网络信息，如链接引用率较高的网络媒体发布内容。另一方面，由于工作对象遍布整个互联网，单次的全网信息获取一般就需要数周乃至数月的时间。因此，在面对信息更新相对频繁的网络媒体（如论坛或博客等）时，全网信息获取机制的内容失效率相对较高，其对于每个网络媒体发布内容获取的时效性无法实现统一的保证。尽管如此，全网信息获取作为搜索引擎与内容服务提供商不可或缺的信息获取机制，依然在网络信息应用中起到极为关键的作用。

2. 定点信息获取

由于全网信息获取不仅对内容存储空间要求过高，而且无法保证网络媒体发布内容获取的时效性，因此在网络媒体信息获取只是重点关注某些特定的网络区域，并且向信息获取机制相对于媒体内容发布的网络时延提出较高要求时，定点信息获取的概念应运而生。

定点信息获取的工作范围限制在服务于信息获取的初始 URL 集合中每个 URL 所属的网络目录内，深入获取每个初始 URL 所属网络目录，及其下属子目录中包含的网络发布内容，不再向初始 URL 所属网络目录的上级目录，乃至整个互联网扩散信息获取行为。如果说全网信息获取关注的是信息获取操作的全面性，即信息获取在整个互联网的覆盖情况，定点信息获取机制更加重视在限定的网域范围内，进行深入的网络媒体发布内容的获取，同时保证获取信息的时效性。

定点信息获取正是通过周期性地遍历每个初始 URL 所属的网络目录，达到在初始 URL设定的网域范围内深入获取网络发布内容这一技术需求。与此同时，周期性遍历初始 URL所属网络目录的时间间隔，是定点信息获取用于确保内容采集时效性的关键参数。合理设定周期轮询、查新获取初始 URL 所属网络目录的时间间隔，可以确保定点信息获取机制不至于错失目标网络媒体不断更新的发布内容，同时防止信息获取机制过分增加目标媒体的工作负载。

3. 基于主题的信息获取与元搜索

由于在整个互联网或限定的网域范围内，全面获取所有网络媒体发布内容可能会造成本地存储信息泛滥，因此在所关注的网络范围内只面向某些特定话题进行基于主题的信息获取，是在面向全部内容的信息获取以外另一个行之有效的信息获取机制。顾名思义，基于主题的信息获取只把与预设主题相符的内容采集到本地，其在信息获取过程中增加了内容识别环节，可以只是简单的主题词汇匹配，也可以面向发布内容进行基于主题的模式识别，从而在关注的网络范围内有选择地获取网络媒体发布的内容。相对于面向全部内容的信息获取，基于主题的信息获取机制正是通过有效减少需要采集的内容总量，进一步降低已采集内容的失效率，同时显著减少服务于信息采集的内容存储空间。

伴随搜索引擎应用的不断深入，在搜索引擎的协助下，进行基于主题的信息获取技术——元搜索技术得到越来越多的应用。元搜索属于特殊的基于主题的信息获取，它将主题描述词传递给搜索引擎进行信息检索，并把搜索引擎针对主题描述词的信息检索结果作为基于主题信息获取的返回内容。

元搜索技术得以实现的关键原因是，每个搜索引擎在为输入词目构造信息检索 URL 时是有规律可循的。以中/英文信息检索词目为例，常用搜索引擎是把英文词目原本内容，或中文词目所对应的汉字编码作为信息检索 URL 的参数来输入。例如，Google 是将中文词目的 UTF 编码作为信息检索 URL 参数，而 Baidu 则选择中文词目的 GB 编码作为信息检索 URL 参数。除输入参数不同以外，用于相同搜索引擎的信息检索 URL 的其余部分完全相同，如图 3-7 所示。

图 3-7　搜索引擎信息检索 URL 构造范例

元搜索技术正是通过在与不同搜索引擎的网络交互过程中，根据每个搜索引擎的具体要求构造主题描述词信息检索 URL，向搜索引擎发起信息检索请求。元搜索技术利用搜索引擎进行基于主题的信息获取操作，它把搜索引擎关于主题描述词的信息检索结果作为信息获取对象，实现面向特定主题的网络信息获取。

3.2.3　网络媒体信息获取的技术难点

在网络媒体信息获取功能实现过程中，无论是全网信息获取或是定点信息获取，都存在相当程度的技术难度。另外，元搜索作为特殊的基于主题的信息获取，其在信息获取结果排序方面仍然存在尚未完全解决的技术难点。

首先，网络媒体信息获取的工作对象是信息形态各异、信息类型多样的互联网媒体。在信息总量迅速膨胀的互联网信息面前，网络媒体信息获取机制通常需要在获取内容的全面性和时效性间做出取舍。与此同时，在面对完全异构的网络媒体发布信息时，信息获取技术需要在各类不同的网络媒体间普遍适用，这又对网络媒体信息获取功能提出了更高的技术要求。当前网络媒体信息获取机制在保留传统的基于网络交互过程重构机制实现信息获取的基础上，逐步转向在信息获取过程中集成开源浏览器部分组件，甚至整体，用以提高技术功能能级，降低技术实现难度，相关内容本章后续部分将会详细介绍。

其次，由于部分网络媒体选择屏蔽过于频繁的、来自相同客户端的信息获取操作，因此定点信息获取技术实现的难点还包括在周期性地遍历设定网域发布内容，确保定点信息获取的深入性与时效性的基础上，如何有效回避目标媒体对于所谓"恶意"信息获取行为的封禁。要解决这一技术难点，一方面可以通过适当选择周期遍历时间间隔，防止信息获取行为造成网络媒体负载过重；另一方面则涉及定期修改用于内容获取的网络客户端信息请求内容（内容协商行为），避免遭遇目标网络媒体的拒绝服务。

最后，元搜索在通过搜索引擎实现基于主题的信息获取过程中，可以选择向多个搜索引擎串/并行发送信息检索请求，扩大元搜索技术的网络覆盖面。正是由于这一应用需求，对于不同主题选择恰当的搜索引擎，同时基于合适的主题相关度判断法则，对于来自不同搜索引擎的信息检索结果实现基于主题的相关度排序，正是当前元搜索技术研究的难点所在。

3.3　网络媒体信息的获取方法

在完成关于网络媒体信息获取技术的一般性原理描述后，本节开始介绍针对各类网络媒体信息的获取方法。考虑到按信息发布方式，网络媒体信息可分成直接匿名浏览信息与需要身份认证网络媒体发布信息两类；按网页具体形态，网络媒体信息又可分成静态网页与动态网页两类。本节首先介绍采用网络交互过程重构机制，实现需要身份认证的静态网络媒体发布信息的获取方法；在此基础上，本节最后重点介绍基于自然人网络浏览行为模拟技术，实现形态各异、类型各异的网络媒体发布信息的获取方法。

3.3.1　静态网络媒体发布信息的获取方法

随着网络社区概念以及个性化信息概念的不断普及，当前多数网络媒体首先需要身份认证，才可进行正常的内容访问。对于正在网络浏览的自然人而言，身份认证过程是相对简单的。互联网用户只需要根据网络内容发布者的提示，在身份认证网页上填写正确的用户名和密码信息，进行必要的图灵测试（如正确输入以图像信息显示的验证码内容），并提交所有信息，就能成功完成身份认证。尽管如此，对于通过网络交互重构实现信息获取的计算机而言，增加身份认证过程会直接导致用于信息获取的网络通信过程模拟变得更加复杂。下面重点探讨基于网络交互重构机制的、面向需要身份认证的、对外发布的网页形态都属于静态网页范畴的静态网络媒体，实现发布内容提取的具体方法。相对地，可匿名浏览的静态网络媒体信息的获取，无须加载身份认证网络交互重构机制。

在基于网络交互重构实现信息获取的过程中，如果网络媒体要求身份认证，信息获取环节就需要在原有的信息请求过程重构前，先模拟基于 HTTP 的网络身份认证过程。这是由于面向网络媒体的身份认证通常基于 HTTP。实现基于网络交互重构的、需身份认证的信息获取主要涉及用于表征身份认证成功的 Cookie 信息获得，以及携带相关 Cookie 信息进一步向网络媒体请求发布内容两个独立环节。

1. 基于 Cookie 机制实现身份认证

Cookie 机制用于同一互联网客户端在不同时刻访问相同网络媒体时，客户端信息的恢复与继承。HTTP/1.1 针对 Cookie 机制定义了两类报头选项（Header Fields），分别是 Set-Cookie 选项和 Cookie 选项。其中，Cookie 选项存在于互联网客户端发送的请求信息中，而 Set-Cookie 选项则出现在网络媒体响应信息的头部。

在互联网客户端向网络媒体发送信息请求，尤其是个性化（自定义）的信息请求时，网络媒体响应信息头部通常会包含 Set-Cookie 选项，返回记录在网络媒体端的互联网用户身份信息。在获得网络媒体响应信息后，互联网客户端在提取响应信息主体内容的同时，还会将响应信息中的 Set-Cookie 选项内容存入本地 Cookie 信息记录文件。当互联网客户端再次向相同的网络媒体发送信息请求时，请求信息就会包含 Cookie 选项，Cookie 选项内容与先前 Set-Cookie 选项内容一致。这时，互联网客户端在网络媒体端保留的身份信息就会得以继承，网络媒体自动根据先前的用户自定义信息返回相应版本的响应内容，如图 3-8 所示。

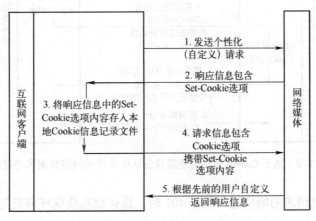

图 3-8　基于 Cookie 机制的 HTTP 信息交互过程

利用 Cookie 机制实现身份认证，就是在互联网客户端面向需身份认证的网络媒体认证成功后，网络媒体向客户端返回记录在媒体端的用户信息，即用于表征身份认证成功的 Cookie 信息。只要客户端在随后的发布信息请求中携带表征认证成功的 Cookie 信息，网络媒体就会向客户端返回需要身份认证才可访问的网络发布内容。对于没有携带表征认证成功的 Cookie 信息的客户端请求，网络媒体返回身份认证失败信息，并要求用户进行认证身份。

2. 面向需身份认证的静态媒体实现信息请求网络交互重构

基于网络交互重构实现媒体信息获取是指立足于真实的网络通信过程，通过网络编程顺序模拟网络媒体信息请求过程的各个环节，最终实现网络媒体发布信息的获取。在面对需身份认证才可浏览的静态媒体进行发布信息获取时，网络身份认证过程与静态媒体所含网页及其内嵌 URL 发布信息请求过程，都需要进行正确的网络交互过程模拟，才能达到获取静态媒体发布信息的最终目标。

在基于网络交互重构实现媒体信息获取过程中，媒体信息获取环节是通过响应信息返回码来判断信息获取请求是否成功。一般而言，HTTP/1.X 20X（如 HTTP/1.1 2000K）标志着信息请求成功，而 HTTP/1.X 40X 意味着信息请求失败。需特别说明的是，HTTP/1.X 401 标志着在信息请求过程中身份认证失败，这时网络媒体信息获取环节需要智能地进行身份认证过程模拟，如图 3-9 所示。

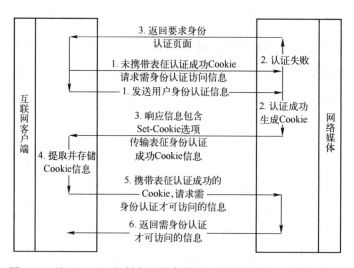

图 3-9　基于 Cookie 机制实现需身份认证才可访问信息请求的过程

在针对首次信息请求的响应返回码是 401 时，媒体信息获取环节首先判断内容发布媒体身份认证过程中是否需要图灵检测。所谓图灵检测，是指目前在网络媒体身份认证过程中普遍使用的高噪声数字/字母图像。互联网客户端在填写用户名和密码信息的同时，必须同时辨识数字/字母信息，并与用户名和密码信息一同提交，才可以通过身份认证。用于网络媒体信息获取的用户名和密码信息，可以事先在目标媒体上手动申请得到，并针对不同网络媒体维护用户名/密码库，如图 3-10 所示。关于图灵检测，读者可以自行查阅本书图像信息处理的相关章节。

需要特别说明的是，在基于网络交互重构实现静态媒体发布信息获取的过程中，网络编程模拟信息请求过程，理论上可以通过充分了解相关通信协议的具体交互过程予以实现。不过考虑到每个网络媒体的身份认证过程不尽相同，同时针对不同网络媒体发布信息的请求数据包内容组成各异，完全基于理论进行通信协议数据交互过程模拟，在网络交互数据包重组与分析环节存在诸多难点。

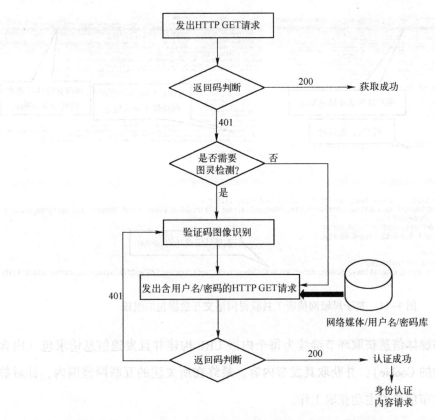

图 3-10 网络媒体信息获取身份认证模拟

这时，可以在常见的局域网侦听工具的协助下，首先手动完成身份认证请求与静态网页信息浏览全过程，并从侦听工具中获得身份认证请求数据包、网络媒体响应数据包，以及静态网页信息请求数据包的具体构成。具体如图 3-11 所示。

在此基础上，编程模拟网络交互过程时直接按照信息请求数据包的实际组成，构造身份认证及网页信息请求数据包（携带表征认证成功的 Cookie），并在面向身份认证请求的响应数据包相应位置提取表征身份认证成功的 Cookie 信息，如 Set-Cookie 选项内容。在完全掌握真实网络通信过程的前提下进行网络交互重构，能够有效降低网络通信数据包重组与分析，以及编程重构网络交互过程的工作复杂度。

3. 静态网络媒体发布信息的解析

通过网络交互重构获取到静态网络媒体起始网页发布信息后，可以采用传统的基于 HTML 标记匹配的网页解析方法，提取网页主体内容及其内嵌的 URL 信息。例如，可以从 "<body>与</body>" 标记对中提取静态网页主体内容，从 "<a href=…>与</a>" 标记对中提取网页内嵌 URL 信息。关于网页解析方法可能涉及的其他 HTML 标记，读者可以自行查

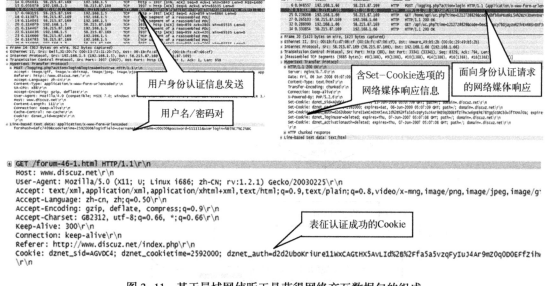

```
⊕ GET /forum-46-1.html HTTP/1.1\r\n
  Host: www.discuz.net\r\n
  User-Agent: Mozilla/5.0 (X11; U; Linux i686; zh-CN; rv:1.2.1) Gecko/20030225\r\n
  Accept: text/xml,application/xml,application/xhtml+xml,text/html;q=0.9,text/plain;q=0.8,video/x-mng,image/png,image/jpeg,image/g⁺
  Accept-Language: zh-cn, zh;q=0.50\r\n
  Accept-Encoding: gzip, deflate, compress;q=0.9\r\n
  Accept-Charset: GB2312, utf-8;q=0.66, *;q=0.66\r\n
  Keep-Alive: 300\r\n
  Connection: keep-alive\r\n
  Referer: http://www.discuz.net/index.php\r\n
  Cookie: dznet_sid=AGVDC4; dznet_cookietime=2592000; dznet_auth=d2d2UboKriure11WxCAGtHX5AvLId%2B%2Ffa5a5vzqFyIuJ4Ar9mZ0q0D0EFFzihv
  \r\n
```
表征认证成功的Cookie

图 3-11　基于局域网侦听工具获得网络交互数据包的组成

阅相关文献。网络媒体信息获取环节继续为每个内嵌 URL 构建并且发送信息请求包（内含表征身份认证成功的 Cookie），并获取其发布内容。最终在所关注的互联网范围内，针对静态网络媒体实现发布信息的主动获取工作。

　　当前，还可利用文档对象模型（Document Object Module，DOM）树，智能定位、主动提取静态网页主体内容及其内嵌 URL 信息。DOM 树是以层次结构组织的节点或信息片断集合，提供跨平台并且可应用于不同编程语言的标准程序接口。DOM 树把文档对象转换成树形结构，文档中的每个部分都是 DOM 树的节点。HTML DOM 是专门应用于 HTML/XHTML 的文档对象模型，主要包含 Window、Document、Location、Screen、Navigator 与 History 等 HTML DOM 对象。HTML 网页与 HTML DOM 树间的对应关系如图 3-12 所示。

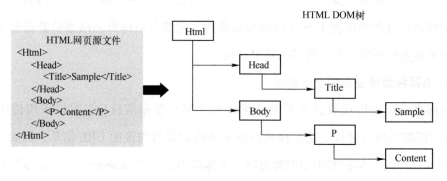

图 3-12　HTML 网页对应的 HTML DOM 树

HTML 网页对应的 HTML DOM 树存储于浏览器内存对象中，该对象实现了包含若干方法的标准程序接口。网页开发人员可以通过相应接口，对于 HTML DOM 树上的每个节点进行遍历、查询、修改或删除等操作，从而动态访问和实时更新 HTML 网页的内容、结构与样式。例如，可以通过查询"Body"节点，获得静态网页主体内容；通过遍历"A"节点，获得静态网页内嵌 URL 信息。

3.3.2 基于自然人网络浏览行为模拟的网络发布信息的获取方法

先前介绍的网络媒体信息获取方法的技术实质，可以统一归属于采用网络交互重构机制实现网络媒体信息的获取。

一方面，在面向需要身份认证的静态网页实现发布信息获取过程中，网络媒体信息获取环节通过网络交互重构完整实现了身份认证过程与信息请求/响应过程；另一方面，为了实现动态网页发布信息获取，在通过网络交互重构取得动态网页发布内容后，首先需要基于独立解释引擎实现动态脚本片段解析，获得动态网页所对应的静态网页形态，进而继续采用网络交互重构机制实现静态网页主体内容与内嵌 URL 发布信息的获取。

应当说，网络交互重构机制是网络媒体信息获取的一般性方法，理论上，只要掌握网络通信协议的信息交互过程，就可以通过网络交互重构来实现对应协议发布信息的获取。不过，随着网络应用的逐步深入，网络媒体发布形态不断推陈出新，不同网络媒体信息交互过程存在极大区别。同时，新型网络通信协议正在不断得到应用，部分网络通信协议，尤其是音/视频信息的网络交互过程并未对外公开发布。因此，在通过网络交互重构实现网络媒体信息获取的过程中，需要对于不同网络媒体逐一进行网络信息交互重构，信息获取技术实现的工作量异常庞大。同时，对于网络交互过程尚出于保密阶段的部分网络通信协议而言，无法直接通过网络交互重构实现对应协议发布信息的获取。

正是由于通过网络交互重构机制实现媒体信息获取存在相当程度的技术局限性，在 Web 网站自动化功能/性能测试的启发下，自然人网络浏览行为模拟技术在网络媒体信息获取环节正在得到越来越广泛的应用。基于自然人网络浏览行为模拟实现网络媒体发布信息获取的技术实现过程是，利用典型的 JSSh 客户端向内嵌 JSSh 服务器的网络浏览器发送 JavaScript 指令，指示网络浏览器开展网页表单自动填写、网页按钮/链接点击、网络身份认证交互、网发布页信息浏览，以及音/视频信息点播等系列操作。

在此基础上，JSSh 客户端进一步要求网络浏览器导出网页文本内容，存储网页图像信息，或在用于信息获取的计算机上对正在播放的音/视频信息进行屏幕录像，最终面向各种类型的网络内容、各种形态的网络媒体实现发布信息的获取，如图 3-13 所示。

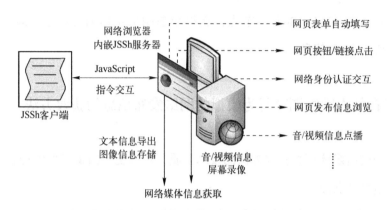

图 3-13   基于自然人网络浏览行为模拟实现网络媒体信息的获取

（1）内嵌 JSSh 服务器的 FireFox 浏览器

Mozilla FireFox 属于典型的内嵌 JSSh 服务器的开源浏览器，它将 JSSh 服务器选作自身附加组件。外部应用程序——JSSh 客户端，可与 FireFox 浏览器内嵌的 JSSh 服务器（默认侦听9997 端口）建立通信连接，并向其发送 JavaScript 指令，指示 FireFox 操作当前浏览网页的文档对象，如图 3-14 所示。内嵌 JSSh 服务器的 FireFox 浏览器顺序执行来自 JSSh 客户端的JavaScript 指令，整体过程与 FireFox 解析动态网页内的 JavaScript 脚本片段类似。

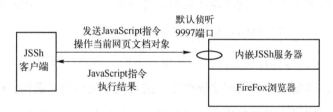

图 3-14   JSSh 服务器与客户端间的 JavaScript 指令交互

（2）典型的 JSSh 客户端——FireWatir

作为典型的 JSSh 客户端，FireWatir 广泛应用于 Web 网站功能和性能自动化测试。Fire-Watir 基于脚本语言 Ruby 编写，其可通过发送 JavaScript 指令，指示内嵌 JSSh 服务器的网络浏览器（如 Mozilla FireFox）进行网页表单填写、网页按钮/链接点击，以及网页内容浏览等系列操作。另外，FireWatir 通过 JavaScript 指令还可以方便地操纵浏览器加载网页的 DOM 对象，从而导出网页主体内容，实现网络媒体信息的获取。

1. 基于自然人网络浏览行为模拟实现身份认证网站信息采集

当前 Web 网站主要通过填写并提交 HTTP 网页上的认证表单，实现网络客户端身份认证。因此，网络媒体信息获取环节可以通过 JSSh 客户端向内嵌 JSSh 服务器的 FireFox 浏览器发送 JavaScript 指令，指示浏览器自动填写网页上的身份认证表单，并单击相应按钮提交身份认证请求。身份认证协商过程（即身份认证网络交互过程）由浏览器自行处理，整个过程如同正在网络浏览的自然人与 Web 网站进行身份认证网络交互。

在身份认证成功后，JSSh 客户端继续向内嵌 JSSh 服务器的 FireFox 浏览器发送 JavaScript 指令，指示浏览器加载身份认证网站发布信息。浏览器自行完成用于发布信息请求的网络交互，并告知 JSSh 客户端网站发布页面加载完成。在此基础上，JSSh 客户端指示浏览器导出当前加载网页的主体内容，并对网页内嵌 URL 逐一进行浏览与内容导出，最终完成对于身份认证网站发布信息的获取工作。

（1）身份认证表单的自动填写

在实现 HTTP 认证网页身份认证表单的自动填写前，首先需要识别身份认证表单元素，即身份认证表单所涉及的 HTTP 对象——用于用户名和密码信息输入的文本框对象类型与对象名称。在此基础上，可以使用已在目标媒体上申请得到的用户名和密码信息，根据脚本语言 Ruby 的语法格式，构建并向 JSSh 服务器发送用于身份认证表单自动填写的 JavaScript 指令，指示内嵌 JSSh 服务器的浏览器完成身份认证表单的自动填写。

在基于自然人网络浏览行为模拟，实现身份认证表单自动填写的实现过程中，只需根据不同网络媒体认证表单元素的区别，构建用于认证表单自动填写的 JavaScript 指令。在指示浏览器完成认证表单自动填写后，身份认证网络交互过程全部由浏览器自行完成。这与通过网络交互重构实现身份认证网站发布信息获取期间，需要针对不同网络媒体重构不同网络交互过程相比，功能实现的复杂度显著降低，技术方案的普适性明显提高。

身份认证表单自动填写登录代码段如下：

```
#输入登录页面
    login_page = ARGV[6]
#赋值用户名输入框的元素
    name = ARGV[9].split('=')
#赋值用户名
    name_input = ARGV[7]
#赋值密码输入框的元素
```

```
    pass = ARGV[10].split('=')
#赋值密码
    pass_input = ARGV[8]
#输入登录按钮的元素
    login = ARGV[11].split('=')
#访问登录页面
    ff.goto(login_page,8)
    sleep 10
#找到用户名输入框并输入用户名
    case name[0]
        when "name";ff.text_field(:name, name[1]).value = name_input
        when "id";        ff.text_field(:id, name[1]).value = name_input
    end
#找到密码输入框并输入密码
    case pass[0]
        when "name"; ff.text_field(:name, pass[1]).value = pass_input
        when "id";       ff.text_field(:id, pass[1]).value = pass_input
    end
    sleep 5
#找到登录按钮并单击
    case login[0]
        when "name";ff.button(:name, login[1]).click
        when "text";ff.button(:text, login[1]).click
        when "class";ff.button(:class, login[1]).click
    end
```

（2）身份认证协商与发布信息的获取

在 JSSh 客户端通过 JavaScript 指令，指示内嵌 JSSh 服务器的浏览器完成身份认证表单自动填写与提交后，浏览器转向与 Web 网站进行身份认证协商，这期间不再需要 JSSh 客户端继续参与。在浏览器成功完成网络身份认证后，JSSh 客户端继续指示 JSSh 服务器加载身份认证网站发布信息，并进一步通过 JavaScript 指令操作所加载网页的文档对象，提取网页主体内容与网页内嵌 URL 信息。内嵌 JSSh 服务器的浏览器在 JSSh 客户端的指示下，逐一浏览并导出当前网页内嵌 URL 所对应的网页主体内容，最终完成身份认证网站发布信息的获取工作。整个流程如图 3-15 所示。

2. 基于自然人网络浏览行为模拟实现动态网页信息获取

采用自然人网络浏览行为模拟技术进行动态网页发布信息获取，首先需要由 JSSh 客户端通过 JavaScript 指令，指示内嵌 JSSh 服务器的浏览器加载动态网页发布信息。在获得网络媒体关于动态网页的响应信息后，浏览器自动完成对动态网页内各类脚本片段的解析工作，获得动态网页所对应的静态网页形态。该阶段不再只是针对具体的脚本语言（如 JavaScript）进行动态脚本片段解析，凡是能在通用浏览器中正常浏览的动态网页，其包含的任何脚本片段都可以基于自然人网络浏览行为模拟实现动态脚本解析。

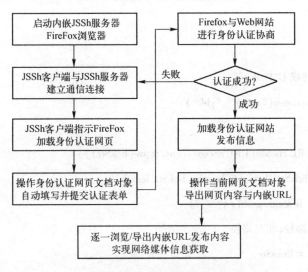

图 3-15　基于自然人网络浏览行为模拟实现
身份认协商与发布信息获取流程

在此基础上，浏览器进一步通过自身包含的网页排版引擎 Gecko，生成静态网页的 HTML DOM 树。JSSh 客户端可以通过 JavaScript 指令操作静态网页 HTML DOM 树，逐一导出静态网页及其内嵌 URL 所对应的发布内容，最终完成动态网页发布信息的获取工作。整个流程如图 3-16 所示。

在基于自然人网络浏览行为模拟实现动态网页信息获取过程中，动态网页发布内容获取与动态网页脚本片段解析工作全部由浏览器自行完成。JSSh 客户端只是通过 JavaScript 指令指示网络浏览器加载动态网页，并在 JSSh 服务器告知与所请求的动态网页对应的静态网页形态加载成功后，继续通过 JavaScript 指令操作当前网页 HTML DOM 树来获取动态网页发布信息，整体过程与 JSSh 客户端指示浏览器加载静态网页并无实质区别。

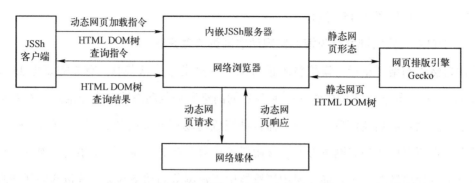

图 3-16 基于自然人网络浏览行为模拟

实现动态网页发布信息获取流程

代码段如下：

```
# GBK 编码转成 UTF-8
    conv = Iconv. new( "utf-8" , "gbk" )
#定义文件名
    linkStr = URI. encode( URI. encode( conv. iconv( linkStr) ) )
    linksStr = linkStr[ 'http://'. length. . linkStr. length]
    linksFile = linksStr. gsub(/\? /,'')
#定义文件夹路径( 相对路径)
    linksStrDir = linksStr
#创建文件夹
    FileUtils. mkdir_p linksStrDir
#定义输出文件 html
    outFile = File. new( linksStrDir+"/" +linksFile+'. html' , "w" )
#写入 html 文件
    outFile. puts ff. html
#关闭文件输出
    outFile. close
```

3. 利用自然人网络浏览器行为模拟实现网络媒体信息获取的技术优势

与通过网络交互重构实现网络媒体信息获取不同，基于自然人网络浏览行为模拟进行网络媒体信息获取过程中，与身份认证、信息请求相关的网络交互过程，以及与脚本解析、HTML DOM 树生成相关的网页处理过程，全都是在 JSSh 客户端的指示下，由内嵌 JSSh 服务器的浏览器自行完成。网络媒体信息获取环节不再需要针对不同网络媒体，重复实现网络交互重构机制，有效降低了网络媒体信息获取工作的复杂度，显著提高了网络媒体信息获取机制的普适性。

另一方面，在面对网络交互过程极为复杂，甚至网络交互方式并未对外公开的音/视频信息时，可以基于自然人网络浏览行为模拟实现音/视频内容的自动点播，并对正在播放的音/视频流进行屏幕录像，最终完成音/视频信息的统一获取。在这种情况下，所有能够通过网络浏览器得到的，各种形态、各个类型的互联网信息，都可以采用自然人网络浏览行为模拟技术实现网络媒体信息的获取，这也是本书将这类互联网公开传播信息统称为网络媒体信息的根本原因。

3.4 信息内容获取大数据结构存储

通过爬虫获取的信息内容数据，通常来说是海量的，那么在进行进一步的融合分析之前，需要使用合适的方式将其进行存储。首先，要根据采集的对象定义数据结构，用以描述获取的网络媒体信息。对于新闻、论坛、博客、微博等文本类数据存储的数据结构具体见表 3-1。

表 3-1　媒体信息常用数据格式

信 息 类 型	数 据 字 段
新闻	标题、来源、发布时间、采集时间、URL（新闻链接）、正文、转发数、评论数、全文 MD5
论坛	标题、作者、发布时间、采集时间、URL（帖子链接）、所属板块、正文、回复数、点击数、全文 MD5
博客	标题、作者、发布时间、采集时间、URL（博文链接）、正文、回复数、点击数、全文 MD5
微博	作者、来源、发布时间、采集时间、URL（推文链接）、微博内容、点赞数、评论数、是否原创、转发原文 URL、图片 URL、全文 MD5

在定义数据结构的基础上，选择合适的大数据组件进行数据存储。这个阶段需要综合考虑整个融合分析的需求、访问量、信息的数量以及组件的特性。常用于大数据结构存储的组件有以 Hadoop 为代表的大数据平台，以及以 Elasticsearch 为代表的本地搜索引擎。典型的大数据存储架构如图 3-17 所示。

图 3-17　典型大数据存储架构

其中，消息队列组件 Kafka 用于存储待进一步处理的海量数据。Kafka 有高吞吐量、可定义的副本存储、分布式高可用等特性。作为数据入库的第一站，通常分布式的爬虫引擎通过互联网将数据采集回来后就写入 Kafka，Kafka 以主题（topic，即一组特色的消息）为单位定义作业组，例如，同一组关键词的采集信息可以存储同一个 topic 待后续处理。

借助 Kafka 可将数据采集和数据处理分开异步进行。对于存入 Kafka 的数据，可以以订阅方式使用 Spark 或者 MapReduce 进行批量的数据处理和入库。两者的区别在于，Spark 侧重于内存和实时计算，而 MapReduce 需要很小的内存，适合离线计算。可以根据计算资源和场景来平衡选择。

对于数据存储，通常使用 Hbase+Phoenix、YARN、HDFS、Elasticsearch 等技术。HDFS作为 Hadoop 的核心组件，有着高可用、多副本自动备份、大容量的特性，适合存储原始的文件，用于离线分析和数据重构。Hbase 是使用 HDFS 作为存储空间的 NoSQL 数据库，Phoenix 作为 Hbase SQL 层的中间件，弥补了 Hbase 没有原生二级索引的缺点，同时支持JDBC 的 API，可以不用操作 Hbase 的 shell 而直接使用 SQL 来进行数据的查询和统计，支持高并发和高速的随机读/写，便于开发和接入第三方分析工具。Elasticsearch 是分布式的全文检索引擎，同样支持海量的数据存储，非常适合列表查询和统计查询，如果有基于内容的模糊查询需求，几乎没有比 Elasticsearch 更合适的，但它的缺点是事务性能不佳。所以，数据存储通常会根据前台的功能或分析功能，将不同的数据存储在不同的数据仓储中。

其他的数据存储，如 MySQL、Redis 也经常使用。MySQL 通常作为采集任务分配的后台数据库，也可以存储离线计算的统计数据，用于页面中统计图表的快速的数据调取。Redis作为内存数据库，通常用于存储需要高速查询的 Key-Value，可以作为下发策略的存储或者采集的浏览器 Cookie、会话 ID（SessionID）、实时计算用到的关键词策略等频繁查询和读取的数据。

最后，大数据的资源调度组件是 YARN。YARN 用于针对不同的用户进行集群划分，从而实现不同的计算任务相互独立的并行运行。Spark、MapReduce 均可依赖 YARN 进行计算资源调度和分配。YARN 可面向不同的用户分配其能使用的大数据资源，从而避免不同用户竞争资源、造成集群运算效率的下降。

3.5　小结

随着网络基础建设的不断深入、网络通信应用的不断普及，互联网已经成为继报纸、杂志、广播与电视媒体之后的第五大信息发布平台。根据互联网传播信息是否可以使用通用网络浏览器直接获得，本章将互联网信息分成网络媒体信息与网络通信信息两大类型。

在此基础上，本章主要针对网络媒体信息介绍了内容获取的一般性原理，并进一步讲解了通过网络交互过程编程重构实现静态网络媒体信息的获取方法，利用自然人网络浏览行为模拟对于网络媒体信息统一实现信息获取的具体办法，以及网络媒体信息内容大数据结构存储的方法，从而为网络信息内容安全管理与应用研究提供充分的基础数据支撑。

3.6　思考题

1. 简述互联网信息分类。说明网络媒体信息命名方式的由来，并至少基于四种划分方法进一步细分网络媒体信息。

2. 简要描述网络媒体信息获取的理想流程，说明常用的信息判重机制。

3. 分析全网信息获取与定点信息获取的异同点，说明它们各自的适用范围与技术实现难点。

4. 试说明如何基于网络交互重构机制，实现静态网络媒体信息的主动获取。

5. 描述基于自然人网络浏览行为模拟技术进行网络媒体信息获取的过程，分析通过网络交互重构实现网络媒体信息获取的局限性，以及自然人网络浏览行为模拟技术在网络媒体信息获取领域的优势。

6. 简要说明信息内容大数据结构存储方案。

第4章 文本信息的特征抽取

文本的表示及其特征项的抽取是文本挖掘、信息检索的一个基本问题。它把从文本中抽取出的特征词进行量化来表示文本信息。它将一个无结构的原始文本转化为结构化的、计算机可以识别处理的信息，即对文本进行科学的抽象，建立其数学模型，用以描述和代替文本。计算机能够通过对这种模型的计算和操作来实现对文本的识别。由于文本是非结构化的数据，要想从大量的文本中挖掘出有用的信息就必须首先将文本转化为可处理的结构化形式。

4.1 文本特征的抽取概述

文本特征抽取对文本内容的过滤和分类、聚类处理、自动摘要以及用户兴趣模式发现、知识发现等有关方面的研究都有非常重要的影响。通常根据某个特征评估函数计算各个特征的评分值，然后按评分值对这些特征进行排序，选取若干个评分值最高的作为特征词，这就是特征抽取（Feature Selection）。

目前，通常采用向量空间模型（请参考 4.2 节）来描述文本向量。但是如果直接用分词算法和词频统计方法得到的特征项来表示文本向量中的各个维，那么这个向量的维度将非常大。这种未经处理的文本矢量不仅给后续工作带来巨大的计算开销，使整个处理过程的效率非常低下，而且会损害分类、聚类算法的精确性，从而使所得到的结果很难令人满意。因此，必须对文本向量做进一步净化处理，在保证原文含义的基础上，找出最具代表性的文本特征。为了解决这个问题，最有效的办法就是通过特征选择来降维。

目前，有关文本表示的研究主要集中于文本表示模型的选择和特征词选择算法的选取上。用于表示文本的基本单位通常称为文本的特征或特征项。特征项必须具备一定的特性：

    1）特征项要能够确实标识文本内容。

    2）特征项具有将目标文本与其他文本相区分的能力。

    3）特征项的个数不能太多。

    4）特征项的分离要比较容易实现。

    在中文文本中可以采用字、词或短语作为表示文本的特征项。相比较而言，词比字具有更强的表达能力，而词和短语相比，词的切分难度比短语的切分难度小得多。因此，目前大多数中文文本分类系统都采用词作为特征项，称作特征词。

    特征词作为文档的中间表示形式，用来实现文档与文档、文档与用户目标之间的相似度计算。如果把所有的词都作为特征项，那么特征向量的维数将过于巨大，从而导致计算量太大，在这样的情况下，要完成文本分类几乎是不可能的。特征抽取的主要功能是在不损伤文本核心信息的情况下尽量减少要处理的单词数，以此来降低向量空间维数，从而简化计算，提高文本处理的速度和效率。

    特征抽取的方式有四种：

    1）用映射或变换的方法把原始特征变换为较少的新特征。

    2）从原始特征中挑选出一些最具代表性的特征。

    3）根据专家知识挑选最有影响的特征。

    4）用数学的方法进行抽取，找出最具分类信息的特征。这种方法是一种比较精确的方法，人为因素的干扰较少，尤其适合于文本自动分类挖掘系统的应用。

    随着网络知识组织、人工智能等学科的发展，文本特征抽取将向着数字化、智能化、语义化的方向深入发展，在社会知识管理方面发挥更大的作用。

4.2 语义特征的抽取

    根据语义级别由低到高，文本语义特征可分为如下类别：亚词级别、词级别、多词级别、语义级别和语用级别。其中，应用最为广泛的是词级别。

4.2.1 词级别语义特征

词级别（Word Level）以词作为基本语义特征。词是语言中最小的且可以独立运用的有意义的语言单位，即使在不考虑上下文的情况下，词仍然可以表达一定的语义。以词作为基本语义特征，在文本分类、信息检索系统中工作良好，词也是实际应用中最常见的基本语义特征。

英文中以词为基本语义特征的优点之一是易于实现，利用空格与标点符号即可将连续文本切分为词。如果进一步简化，忽略词之间逻辑语义关系以及词与词之间的顺序，这时文本被映射为一个词袋（Bag of Words）。词袋模型中只有词及其出现的次数被保留下来。图 4-1 为一个词袋转换示例。

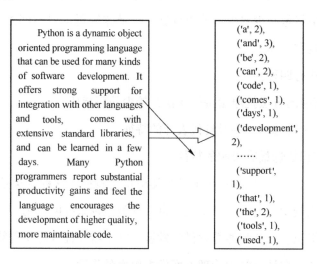

图 4-1　词袋转换示例

以词为基本语义特征时会受到一词多义与多词同义的影响。前者指同一单词可用于描述不同对象，后者指同一事物存在多种描述形式。虽然一词多义与多词同义现象在通常的文本信息中并非罕见，且难以在词特征索引级别有效解决，但是这种现象对分类的不良影响却较小。例如，英文中常见的 book、bank 等词汇存在一词多义现象。在网络内容安全中判断一个文本是否含有不良信息时却并不易受其影响。对使用词作为基本语义特征有较好的分类效果，Whorf 进行过分析，认为在语言的进化过程中，词作为语言的基础单位朝着能优化反映表达内容、主题的方向发展，因此词有力地表示了分类问题的先验分布。

英文以词为特征项时，需要考虑复数、词性、词格、时态等词形变化问题。这些变化形式在一般情况下对于文本分类没有贡献，有效识别其原始形式合并为统一特征项，有利于降低特征数量，并避免单个词表达为多种形式带来的干扰。

词特征可进行计算的因素有很多，最常用的有词频、词性等。

1. 词频

文本中的中频词往往具有代表性，高频词区分能力较小，而低频词或极少出现的词也常常可以作为关键特征词。所以，词频是特征抽取中必须考虑的重要因素，并且在不同方法中有不同的应用公式。

2. 词性

中文中能标识文本特性的往往是文本中的实词，如名词、动词、形容词等。而文本中的一些虚词，如感叹词、介词、连词等，对于标识文本的类别特性没有贡献，也就是对确定文本类别没有意义的词。如果把这些对文本分类没有意义的虚词作为文本特征词，将会带来很大噪音，从而直接降低文本分类的效率和准确率。因此，在抽取文本特征时，应首先考虑剔除这些对文本分类没有用处的虚词。而在实词中，又以名词和动词对于文本的类别特性的表现力最强，所以可以只抽取文本中的名词和动词作为文本的一级特征词。

3. 文档、词语长度

一般情况下，词的长度越短，其语义越泛。一般来说，中文中词长较长的词往往反映比较具体、下位的概念，而短的词常常表示相对抽象、上位的概念。一般说来，短词具有较高的频率和更多的含义，是面向功能的；而长词的频率较低，是面向内容的。增加长词的权重，有利于词汇进行分割，从而更准确地反映出特征词在文章中的重要程度。词语长度通常不被研究者重视。但是在实际应用中发现，关键词通常是一些专业学术组合词汇，长度较一般词长。考虑候选词的长度，会突出长词的作用。长度项也可以使用对数函数来平滑词汇间长度的剧烈差异。通常来说，长词含义更明确，更能反映文本主题，适合作为关键词，因此对包含在长词中低于一定过滤阈值的短词进行了过滤。所谓过滤阈值，就是指进行过滤短词的后处理时，短词的权重和长词的权重的比的最大值。如果低于过滤阈值，则过滤短词，否则保留短词。

4. 词语直径

词语直径（Diameter）是指词语在文本中首次出现的位置和末次出现的位置之间的距离。词语直径是根据实践提出的一种统计特征。根据经验，如果某个词在文本开头处提到，结尾又提到，那么它对该文本来说，是个很重要的词。不过统计结果显示，关键词的直径分布出现了两极分化的趋势，在文本中仅仅出现了 1 次的关键词占全部关键词的 14.184%。所以，词语直径是比较粗糙的度量特征。

5. 首次出现位置

Frank 在 Kea 算法中使用候选词首次出现位置（First Location）作为 Bayes 概率计算的一个主要特征，称之为距离（Distance）。简单的统计可以发现，关键词一般在文章中较早出现，因此出现位置靠前的候选词应该加大权重。实验数据表明，首次出现位置和词语直径两个特征只选择一个使用就可以了。由于文献数据加工问题导致中国学术期刊全文数据库的全文数据不仅包含文章本身，还包含了作者、作者机构以及引文信息，针对这个特点，使用首次出现位置这个特征，可以尽可能减少全文数据的附加信息造成的不良影响。

6. 词语分布偏差

词语分布偏差（Deviation）所考虑的是词语在文章中的统计分布。在整篇文章中分布均匀的词语通常是重要的词。

4.2.2　亚词级别语义特征

亚词级别（Sub-Word Level）也称为字素级别（Graphemic Level）。英文中比词级别更低的文字组成单位是字母，汉语中则是单字。

英文有 26 个字母，每个字母有大小写两种形式。英文中大小写的区别并不在于内容方面，因此在文本表示时通常合并大小写形式，以简化处理模型。

1. n 元模型

亚词级别常用的索引方式是 n 元模型（n-Grams）。n 元模型将文本表示为重叠的 n 个连续字母（对应中文情况为单字）的序列作为特征项。例如，单词"shell"的 3 元模型为"she""hel"和"ell"（考虑前后空格，还包括"_sh"和"ll_"两种情况）。英文中采用 n 元模型有助于降低错误拼写带来的影响：一个较长的单词，某个字母拼写错误时，如果以词作为特征项，则错误的拼写形式和正确的词没有任何联系，采用 n 元模型表示，当 n 小于单词长度时，错误拼写与正确拼写之间会有部分 n 元模型相同；另一方面，考虑英文中复数、词性、词格、时态等词形变化问题，n 元模型也起到了与降低错误拼写影响类似的作用。

采用 n 元模型时需要考虑数值 n 的选择问题。$n<3$ 时无法提供足够的区分能力。只考虑

26 个字母的情况，$n=3$ 时有 $26^3=17576$ 个三元组，$n=4$ 时有 $26^4=456976$ 个四元组。n 取值越大，可表示的信息越丰富，然而随着 n 的增大，特征项数目以指数函数方式迅速增长。因此，在实际应用中大多取 n 为 3 或 4（随着计算机硬件技术的增长，以及网络的发展对信息流通的促进，已经有 n 取更大数值的实际应用）。仅考虑单词平均长度情况，本文统计一份 GRE 常用词汇表，7444 个单词的平均长度为 7.69 个字母，考虑到不同单词在真实文本中出现频率不同，统计 reuters-21578（路透社语料库），单词的平均长度为 4.98 个字母，再加上长度较短单词的使用频率较高，而拼写的错误词汇一般长度较长，可见，采用 n 为 3 或 4 可以部分弥补错误拼写与词形变化带来的干扰，并且有足够的表示能力。

2. 多词级别语义特征

多词级别（Multi-Word Level）指用多个词作为文本的特征项。多词级别可以比词级别表示更多的语义信息。随着时代的发展，一些词组也出现得越来越多，例如，对于 "machine learning" "network content security" "text classification" "information filtering" 这些术语，采用单词进行表示，会损失一些语义信息，甚至短语与单个词在语义方面有较大区别。随着计算机处理能力的快速增长，处理文本的技术也越来越成熟，多词作为特征项也有更大的可行性。

多词级别中的一种思路是应用名词短语作为特征项，这种方法也称作短语语法指标（Syntactic Phrase Indexing）；另外一种思路则不考虑词性，只从统计角度根据词之间较高的同现频率（Co-occur Frequency）来选取特征项。

采用名词短语或者同现高频词作为特征项，需要考虑特征空间的稀疏性问题。词与词可能的组合结果很多，仅以两个词的组合为例，根据统计，一个网络信息检索原型系统包含的两词特征项就达 10 亿项，而且许多词之间的搭配是没有语义的，绝大多数组合在实际文本中出现的频率很低，这些都是影响多词级别索引实用性的因素。

4.2.3 语义与语用级别语义特征

如果能获得更高语义层次的处理能力，如实现语义级别（Semantic Level）或语用级别（Pragmatic Level）的理解，则可以提供更强的文本表示能力，进而得到更理想的文本分类效果。然而在目前阶段，由于还无法通过自然语言理解技术实现对开放文本理想的语义或语用理解，因此相应的索引技术并没有前面几种方法应用得广泛，往往应用在受限领域。在自然语言理解等研究领域取得突破以后，语义级别甚至更高层次的文本索引方法将会有更好的实用性。

4.2.4 汉语的语义特征抽取

1. 汉语分词

汉语是一种孤立语，不同于印欧语系的很多具有曲折变化的语言，汉语的词汇只有一种形式而没有诸如复数等变化。此外，汉语不存在显式（类似空格）的词边界标志，因此需要研究中文（汉语和中文对应的概念不完全一致。在不引起混淆情况下，文本未进行明确区分而依照常用习惯选择使用）文本自动切分为词序列的汉语分词技术。汉语分词方法最早采用了最大匹配法，即与词表中最长的词优先匹配的方法，依据扫描语句的方向，可以分为正向最大匹配（Maximum Match，MM）、反向最大匹配（Reverse Maximum Match，RMM）以及双向最大匹配（Bi-directional Maximum Match，BMM）等多种形式。

梁南元的研究结果表明，在词典完备、不借助其他知识的条件下，最大匹配法的错误切分率为 1 次/169 字~1 次/245 字。该研究实现于 1987 年，以现在的条件来看当时的实验规模可能偏小，另外，如何判定分词结果是否正确也有较大的主观性。最大匹配法由于思路直观、实现简单、切分速度快等优点，应用较为广泛。采用最大匹配法进行分词遇到的基本问题是切分歧义的消除问题和未登录词（新词）的识别问题。

为了消除歧义，研究人员尝试了多种人工智能领域的方法，如松弛法、扩充转移网络、短语结构文法、专家系统方法、神经网络方法、有限状态机方法、隐马尔科夫模型、Brill 式转换法等。这些分词方法从不同角度总结歧义产生的可能原因，并尝试建立歧义消除模型，达到一定的准确度。然而，由于这些方法未能实现对中文词的真正理解，也没有找到一个可以妥善处理各种分词相关语言现象的机制，因此目前尚没有广泛认可的完善的消除歧义的方法。

未登录词识别是汉语分词时遇到的另一个难题。未登录词也称为新词，是指分词时所用词典中未包含的词，常见的有人名、地名、机构名称等专有名词，以及各专业领域的名词术语。这些词不包含在分词词典中，当其又对分类有贡献时，就需要考虑如何进行有效识别。孙茂松、邹嘉彦的相关研究指出，在通用领域文本中，未登录词对分词精度的影响超过了歧义切分。

未登录词识别可以从统计和专家系统两个角度进行：统计方法从大规模语料中获取高频连续汉字串，作为可能的新词；专家系统方法则是从各类专有名词库中总结相关类别新词的构建特征、上下文特点等规则。当前对于未登录词的识别研究相对于歧义消除更不成熟。

孙茂松、邹嘉彦认为分词问题的解决方向是建设规模大、精度高的中文语料资源，以此作为进一步提高汉语分词技术的研究基础。

对于文本分类应用的分词问题，还需要考虑分词颗粒度问题。该问题考虑存在词汇嵌套情况时的处理策略。例如"文本分类"可以看作是一个单独的词，也可以看作是"文本"和"分类"两个词。应该依据具体的应用来确定分词颗粒度。

2. 汉语亚词

在亚词级别，汉语处理也存在一些与英语不同之处。一方面，汉语中比词级别更低的文字其组成部分是字，与英文中单词含有的字母数量相比偏少，词长度以 2~4 个字为主。对搜狗输入法中 34 万条词表进行统计，不同长度词所占词表比例分别为两字词 35%，三字词 34%，四字词 27%，其余长度共 4%。

另一方面，汉语包含的汉字数量远远多于英文字母数量，（GB 2312—1980）《信息交换用汉字编码字符集》共收录 6763 个常用汉字（GB 2312—1980）另有 682 个其他符号，（GB 18030—2005）《信息技术　中文编码字符集》收录了 27484 个汉字，同时还收录了藏文、蒙文、维吾尔文等主要的少数民族文字），该标准还是属于收录汉字较少的编码标准。在实际计算中，汉语的 2 元模型已超过了英文中 5 元模型的组合数量 $6763^2 (45,738,169) > 26^5 (11,881,376)$。

因此，汉语采用 n 元模型就陷入了一个两难境地：n 较小时（$n=1$）缺乏足够的语义表达能力，n 较大时（n 为 2 或 3）则不仅计算困难，而且 n 的取值已经使得 n 元模型的长度达到甚至超过词的长度，又失去了英文中用以弥补错误拼写的功能。因此，汉语的 n 元模型往往用于其他用途，在中文信息处理中，可以利用二元或三元汉字模型来进行词的统计识别，这种做法基于一个假设，即词内字串高频同现，而并不组成词的字串低频出现。

在网络内容安全中，n 元模型也有重要的应用，对于不可信来源的文本可以采用二元分词方法（即二元汉字模型），例如"一二三四"的二元分词结果为"一二""二三"和"三四"。这种表示方法可以在一定程度上消除信息发布者故意利用常用分词的切分结果来躲避过滤的情况。

4.3　特征子集的选择

特征子集的选择就是从原有输入空间，即抽取出的所有特征项的集合，选择一个子集合组成新的输入空间。输入空间也称为特征集合。选择的标准是要求这个子集尽可能完整地保留文本类别区分能力，而舍弃那些对文本分类无贡献的特征项。

机器学习领域存在多种特征选择方法。Guyon 等人对特征子集选择进行了详尽讨论，分析比较了目前常用的三种特征选择方式：过滤（Filter）、组合（Wrappers）与嵌入（Embedded）。文本分类问题由于训练样本多、特征维数高的特点决定了目前在实际应用中以过滤方式为主，并且采用的是评级方式，即对每个特征项进行单独的判断（Single Feature Ranking），以决定该特征项是否会保留下来，而没有考虑其他更全面的搜索方式，以降低运算量。在对所有特征项进行单独评价后，可以选择给定评价函数大于某个阈值的子集组成新的特征集合，也可用评价函数值最大的特定数量特征项来组成特征集。

特征子集的选择涉及文本中的定量信息，一些相关参数定义见表 4-1。

表 4-1　文档及特征项各参数的含义

参　　数	含　　义
n	训练样本总数
n_{c_i}	c_i 类别包含的训练样本数
$n(t)$	包含特征项 t 至少一次的训练样本数
$\bar{n}(t)$	不包含特征项 t 的训练样本数
$n_{c_i}(t)$	c_i 类别包含特征项 t 至少一次的训练样本数
$\bar{n}_{c_i}(t)$	c_i 类别不包含特征项 t 的训练样本数
tf	所有训练样本中所有特征项出现的总次数
tf(t)	特征项 t 在所有训练样本中出现的次数
tf$_{d_j}(t)$	特征项 t 在文档 d_j 中出现的次数

可以知道，参数间满足如下关系：

$$n = \sum_{i=1}^{k} n_{c_i} \tag{4-1}$$

$$n(t) = \sum_{i=1}^{k} n_{c_i}(t) \tag{4-2}$$

式（4-1）表示样本总数等于各类别样本数之和。式（4-2）表示对只包含任一特征项 t 的样本集合也满足类似的关系。

$$n = n(t) + \bar{n}(t) \tag{4-3}$$

$$n_{c_i} = n_{c_i}(t) + \bar{n}_{c_i}(t) \tag{4-4}$$

式（4-3）表示 $n(t)$ 和 $\bar{n}(t)$ 互补，式（4-4）表示这种关系也适用于任意给定的文本类别。

$$\mathbf{tf} = \sum_{i=1}^{m} \mathbf{tf}(t_i) \tag{4-5}$$

$$\mathbf{tf}(t) = \sum_{j=1}^{n} \mathbf{tf}_{d_j}(t) \tag{4-6}$$

式（4-5）和式（4-6）给出了 tf 和 tf(t) 的计算方法。其中，m 为特征项的个数。

利用这些参数，结合统计、信息论等学科知识，即可进行特征子集的选择。最简单的方式是停用词过滤。

4.3.1 停用词过滤

停用词过滤（Stop Word Elimination）基于对自然语言的如下观察，即存在一些几乎在所有样本中都出现但是对分类没有贡献的特征项。例如，当以词作为特征项时英语中的冠词、介词、连词和代词等，这些词的作用在于连接其他表示实际内容的词以组成结构完整的语句。

停用词词表可以手工建立，也可以通过统计自动生成。英语领域有手工建立领域无关和面向具体领域的停用词词表，一般停用词表中含有数十个到数百个停用词。汉语的停用词表相比英语的要少一些。对于特征项抽取时采用亚词级别的 n 元模型情况，应当先进行停用词过滤，然后再对文本内容进行 n 元模型的构建。对于多词级别采用相邻词构成特征项的情况，也可先进行停用词去除。

除手工建立停用词词表，还可采用统计方法，统计某一个特征项 t 在训练样本中出现的频率（$n(t)$ 或 tf(t)），达到限定阈值后则认为该特征项在所有类别或大多数文本中频繁出现，对分类没有贡献能力，因此作为停用词而被去除。

针对具体应用还可以建立领域相关的停用词表，或者用于调整领域无关停用词表。例如，汉字"的"字，通常可以作为停用词，但在某些领域，有可能"的"字是某个专有名词的一部分，这时就需要将其从停用词表中去除，或调整停用策略。

4.3.2　文档频率阈值法

文档频率阈值法（Document Frequency Threshold，DF 方法）去除训练样本集中出现频率较低的特征项。即对于特征项 t，如果包含该特征项的样本数 $n(t)$ 小于设定的阈值 δ，则去除该特征项 t。通过调节 δ 值能显著地影响可去除的特征项数。

文档频率阈值方法基于如下猜想：如果一个作者在写作时，经常重复某一个词，说明作者有意强调该词，该词同文章主题有较强的相关性，也说明这个词对标识文本类别的重要性；另外，不仅在理论上可以认为低频词和文本主题、分类类别相关程度不大，在实际计算中，低频词由于出现次数过低，也无法保证统计意义上的可信度。

语言学领域存在一个与此相关的统计规律是齐夫定律（Zipf Laws）。美国语言学家 Zipf 研究英文单词统计规律时，发现将单词按照出现的频率由高到低排列，每个单词出现的频率 $\mathrm{rank}(t)$ 与它的序号 $n(t)$ 存在近似反比的关系：

$$\mathrm{rank}(t) \cdot n(t) \approx C \qquad (4\text{-}7)$$

中文也存在类似的规律，对新浪滚动新闻的 133,577 篇新闻的分词结果进行统计，结果如图 4-2 所示，其中，x 轴表示按照词频（特征项频率）逆序排列的序号 $n(t)$，y 轴表示该特征项出现的次数 $\mathrm{rank}(t)$。

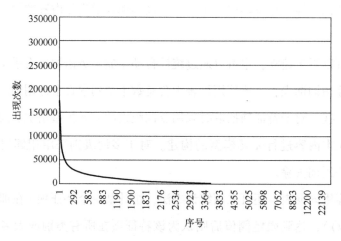

图 4-2　一个中文语料的齐夫定律现象验证

这个规律说明在训练样本集中大多数词低频出现（由于这一特点，这一语言规律也被称为长尾现象（Long Tail）），解释了文档频率阈值法只需不太大的阈值就能明显降低维数的原因。另外，对于出现次数较多的项，有可能属于停用词性质，也应当去除，因此，对于汉语没有成熟的停用词词表，尤其对于网络内容安全相关停用词表，单纯使用文档频率阈值法会包含一些频率较高而对分类贡献较小的特征项。

4.3.3 TF-IDF

TF-IDF（Term Frequency-Inverse Document Frequency，特征项频率-逆文本频率指数）可以看作是文档频率阈值法的补充与改进。文档频率阈值法认为出现次数很少的特征项对分类贡献不大，可以去除。TF-IDF方法则综合考虑两个部分：第一部分认为出现次数较多的特征项对分类贡献较大；第二部分，如果一个特征项在训练样本集的大多数样本中都出现的情况下，认为该特征项对分类贡献不大，应当去除。

一个直观的特例是：如果一个特征项 t，在所有样本中都出现，这时有 $n(t)=n$，保留 t 作为特征，特征值采取二值表示方式时（特征出现时特征值为 1，特征不出现时特征值为 0），则该特征没有任何分类贡献，因为对应任一样本，该特征项都取 1，因此应当去除该特征项。

第一部分可以用 $\mathrm{tf}(t)$ 来表示，第二部分采用逆文本频率指数来表示，一个特征项 t 的逆文本频率指数 $\mathrm{idf}(t)$ 由样本总数与包含该特征项的文档数决定：

$$\mathrm{idf}(t)=\lg\frac{n}{n(t)} \tag{4-8}$$

第一部分和第二部分都满足取值越大时该特征对类别区分能力越强，取二者乘积作为该特征项的 TF-IDF 值：

$$\mathrm{tfidf}(t)=\mathrm{tf}(t)\cdot\mathrm{idf}(t)=n(t)\cdot\log\frac{n}{n(t)} \tag{4-9}$$

停用词一般第一部分取值较高，而第二部分取值较低，因此 TF-IDF 等价于停用词和文档频率阈值法两者的综合。

4.3.4 信噪比

信噪比（Signal-to-Noise Ratio，SNR）源于信号处理领域，表示信号强度与背景噪声的差值。如果将特征项作为一个信号来看待，那么特征项的信噪比可以作为该特征项对文本类别区分能力的体现。

信号背景噪声的计算需要引入信息论中熵（Entropy）的概念。熵最初由克劳修斯在1865年提出并应用于热力学。1948年由香农引入到信息论中，称作信息熵（Information Entropy），其定义为：

如果在一个系统 X 内，存在 c 个事件 $X = \{x_1, x_2, \cdots, x_c\}$，每个事件的概率分布为 $P = \{p_1, p_2, \cdots, p_c\}$，则第 i 个事件本身的信息量为 $-\log(p_i)$（其中 log 的底数可选用任意合适的数，但一般使用 2 的较多），该系统的信息熵即为整个系统的平均信息量：

$$\text{Entropy}(X) = -\sum_{i=1}^{c} p_i \log p_i \tag{4-10}$$

为方便计算，令 p_i 为 0 时熵值（即 0log0）为 0。熵的取值范围是 $[0, \log c]$。当 X 以 100% 的概率取某特定事件，其他事件概率为 0 时，熵取得最小值 0，当各事件的概率分布越趋于相同时，熵的值越大；当所有事件等可能性时，熵取最大值 $\log c$。根据熵的概念，定义特征项的噪声为

$$\text{Noise}(t) = -\sum_{j=1}^{n} P(d_j, t) \log P(d_j, t) \tag{4-11}$$

其中，$P(d_j, t) = \dfrac{\text{tf}_{d_j}(t)}{\text{tf}(t)}$ 表示了特征项 t 出现在样本 d_j 中的可能性，特征项 t 的噪声函数取值范围为 $[0, \log n]$，当特征项 t 集中出现在单个样本内时，取得最小值 0；当特征项 t 以等可能性出现在所有 n 个样本中时，取得最大值 $\log(n)$，这符合越是集中在较少样本中，特征项为噪声的可能性越小的直观认识。相应特征项 t 的信号值可以用 $\log \text{tf}(t)$ 来表示，可得信噪比计算公式为

$$\text{SNR}(t) = \log \text{tf}(t) - \text{Noise}(t) \tag{4-12}$$

$$= \log \text{tf}(t) + \sum_{j=1}^{n} P(d_j, t) \log P(d_j, t)$$

信噪比的取值范围为 $[0, \log \text{tf}(t)]$。当且仅当特征项 t 在全部 n 个样本均出现 1 次时取得最小值 0，表明这种情况下当前特征项 t 是一个完全的噪声，没有任何分类贡献能力；当特征项 t 集中出现在一个样本内时，取得最大值 $\log \text{tf}(t)$。

计算信噪比时未考虑样本所属类别，当特征项只出现在较少样本时，信噪比较高，如果这些文本基本属于同一类别，则表明该特征项是一个有类别区分能力的特征，如果不满足这种分布情况，则特征项的信噪比取值较大时也不表明其有较好的分类区分能力。

4.3.5　信息增益

信息增益（Information Gain，简记为 Gain）是机器学习领域，尤其是构建决策树分类器时常采用的特征选择方法。信息增益也利用到信息熵的概念，将特征项与类别标签之间的统计关系作为评价指标。

定义 c 为从训练样本集中随机选取单个样本时其所属类别的随机变量，对 k 类分类问题，c 的信息熵为

$$\text{Entropy}(c) = -\sum_{i=1}^{k} P(c_i)\log P(c_i) \tag{4-13}$$

其中 $P(c_i) = \dfrac{n_{c_i}}{n}$，表示任取一个训练样本时，属于类别 c_i 的概率。

对于随机事件 C，每次抽取到的样本，可能包含特征项 t，也可能不包含特征项 t（记为 $\bar{t}$），定义 T 为该随机变量，C 关于 T 的条件信息熵为

$$\text{Entropy}(C \mid T) = P(t)\text{Entropy}(C \mid t) + P(\bar{t})\text{Entropy}(C \mid \bar{t}) \tag{4-14}$$

$$= -P(t)\sum_{i=1}^{k} P(c_i \mid t)\log P(c_i \mid t) - P(\bar{t})\sum_{i=1}^{k} P(c_i \mid \bar{t})\log P(c_i \mid \bar{t})$$

其中 $P(t) = \dfrac{n(t)}{n}$ 表示任取一个训练样本包含特征项 t 的概率，同理有 $P(\bar{t}) = \dfrac{\bar{n}(t)}{n}$，条件概率

$P(c_i \mid t) = \dfrac{n_{ci}(t)}{n(t)}, P(c_i \mid \bar{t}) = \dfrac{\bar{n}_{ci}(t)}{\bar{n}(t)}$。

特征项 t 的信息增益定义为随机变量 C 的熵与 C 关于 T 的条件信息熵之差

$$\text{Gain}(t) = \text{Entropy}(C) - \text{Entropy}(C \mid T) \tag{4-15}$$

$$= \sum_{i=1}^{k} P(c_i, t)\log \frac{P(c_i, t)}{P(c_i)P(t)} + \sum_{i=1}^{k} P(c_i, \bar{t})\log \frac{P(c_i, \bar{t})}{P(c_i)P(\bar{t})}$$

其中 $P(c_i, t)$ 表示任取一个训练样本时，包含特征项 t 且类别为 c_i 时的概率，依照概率定义可计算出 $P(c_i, t) = \dfrac{n_{c_i}(t)}{n}$。同理有 $P(c_i, \bar{t}) = \dfrac{\bar{n}_{c_i}(t)}{n}$。

信息增益值小的特征项 t 被认为对分类贡献能力小而去除。

信息增益也称为平均互信息（Average Mutual Information），考虑的是一个特征项有多类分类时的情况，当分类类别大于两类时（$k > 2$），互信息（Mutual Information）会将 k 类分类

问题转换为 k 个两类分类问题，每个两类分类问题都是分类原来一个类别标签 c_i 和一个非 c_i 类别标签。在 k 个两类分类问题计算信息增益后，可以选择 k 个类别中信息增益值都比较大的特征项作为特征。根据在网络内容安全中的实际应用需求，研究重点集中在两类分类问题，因此未讨论多类别时其他变形计算方式。

4.3.6 卡方统计

卡方统计（Chi-Square Statistic）的判断依据是特征项与类别标签的相关程度，记为 χ^2。χ^2 认为一个特征项与某个类别如果满足同时出现的情况，则说明该特征项能比较好地代表该类别。

对于两类分类问题，特征项 t 的卡方统计为

$$\chi^2 = \frac{n\left(n_{c_1}(t)\,\overline{n}_{c_2}(t) - \overline{n}_{c_1}(t)\,n_{c_2}(t)\right)^2}{n_{c_1}n_{c_2}n(t)\overline{n}(t)} \tag{4-16}$$

当特征项 t 在全部样本出现时（$n(t)=n$），认为该特征项无分类区分能力，定义其计算结果为 0。当 $n(t)<n$ 时，χ^2 的取值范围为 $[0,n]$，当 t 与 c_1 之间分布独立时（对于两类分类问题，t 与 c_1 不相关等价于 t 与 c_2 不相关命题）取得最小值 0，t 越是集中分布在单个类别中，χ^2 的取值越大。

4.4 特征重构

特征重构以特征项集合为输入，利用对特征项的组合或转换生成新的特征集合作为输出。一方面，特征重构要求输出的特征数量要远远少于输入的数量，以达到降维的目的；另一方面，转换后的特征集合应当尽可能地保留原有的类别区分能力，以实现有效分类。与特征子集选择相比较，特征重构生成的新特征项不要求对应原有的特征项，新特征项可以是原来单个或多个特征项经某种映射关系转换而成的。这种转换规则需要保存下来，以便对新的样本也进行同样的转换，得到该样本所对应特征重构情况的表示形式。

特征重构有基于语义的方法，如词干与知识库方法；也有基于统计等数学方法，如潜在语义索引。

4.4.1　词干

由于英文存在词形变化情况，词干方法（Stemming）在英文文本处理中应用较为广泛。从分类角度考察，这些变化对类别区分贡献较小，因此词干方法的目的是将变化的形式与其原形式合并为单个特征项，可以有效降低特征项维数。英文中这些变化通常表现为词的后缀部分的变化，因此实际中常用的解决方式是采用只保留词前面的主体部分而去除后缀，即可实现比较理想的处理结果。M. F. Porter 早在 1979 年就提出一种算法实现，并一直在其主页（http://www. tartarus. org/martin/PorterStemmer/）进行维护，先后完成了多种编程语言实现。他对各种不同的词干算法进行了综述，并在原基础上继续研究，认为进行词干处理对系统性能提高有限。

当采用 n 元模型作为特征项时，应当在构建 n 元模型之前进行词干处理。

4.4.2　知识库

词干方法从词形变化方面进行降维，而知识库（Thesaurus）方法则从词义角度进行降维。自然语言中存在同义词和近义词现象，知识库可以构建这种关系的表达，以将其聚合在一起，从而实现降维。通常，知识库可以表示为一些词以及这些词之间的关系。常用的关系有同义、近义方面，或者包含范围大小方面等。通用领域内研究较早、应用较为广泛的知识库有面向英文的 WordNet（http://wordnet. princeton. edu/）与面向中文的 HowNet（http://openhownet. thunlp. org/home）。

知识库的构建往往需要手工进行建设，还需要维护更新以便添加新内容、去除过时内容、修正错误内容等，以及根据具体的应用，设定各种相应的映射规则。需要大量的人力消耗限制了知识库方式的自动实现程度与使用范围。

近年来，一种多人协作的写作方式 Wiki 发展迅速。Wiki 站点可以由多人（甚至任何访问者）维护，每个人都可以发表自己的意见，或者对共同的主题进行扩展或者探讨。Wiki 指一种超文本系统。这种超文本系统支持面向社群的协作式写作，同时也包括一组支持这种写作的辅助工具。以维基百科（Wikipedia）为代表的 Wiki 网站已经达到相当数量的信息积累，不仅在更新速度、信息容量方面比以往的个人维护或专家集体创作的百科全书有明显优势，在信息质量方面也得到了实践的检验与认可。利用 Wiki 来辅助自然语言处理及文本分类研究也有相关研究，是知识库方式的新形势，且有较大的实际意义。

4.4.3 潜在语义索引

向量空间模型（Vector Space Model，VSM）将一篇文本表示为向量空间中的一个向量，不仅比复杂的语义表示结构更易于实现，也适合作为信息检索、机器学习领域的输入形式，因此其作为文本表示的基础模型而得以广泛应用。然而，VSM 认为各特征项之间独立分布（不相关），这一要求在自然语言领域往往无法得到保证，以词为例，各个词之间并非毫无关系，而是关系极为复杂，常见的如一词多义现象和多词同义、近义现象，理论上来说，若能将多义词按照其不同含义分为多个特征项，将多个同义词合并为一个特征项，对于信息过滤和文本分类等应用会产生正面影响。但在实际应用中，正确区分各种同义词和多义词现象并不容易，而且对于更复杂的词之间的关系，并没有简单地一分为多或多合为一的直观解决方法。这些也是知识库方法面临的另外一个实用性限制。

针对 VSM 在表示文本时遇到的难题，20 世纪 80 年代，M. W. Berry 和 S. T. Dumais 提出了一种新的信息检索模型——潜在语义索引（Latent Semantic Indexing，LSI）。LSI 模型以大规模的语料为基础，通过使用线性代数中对矩阵进行奇异值分解（Singular Value Decomposition，SVD）的方法实现了一种词与词之间潜在语义的表示方式，其克服了手工构建知识库耗费大量人力、物力以及难以表达显性关系等缺点。

矩阵进行奇异值分解（SVD）的过程为：设 A 是秩为 r 的 $m \times n$ 矩阵，则存在 m 阶正交矩阵（正交矩阵指转置矩阵是自身逆矩阵的方阵）U 和 n 阶正交矩阵 V，使 A 可分解为 $A = U\Sigma V^T$，V^T 表示矩阵 V 的转置矩阵，Σ 为对角矩阵：$\Sigma = \mathrm{diag}(\sigma_1, \sigma_2, \cdots, \sigma_r, 0, \cdots, 0)$，且有 $\sigma_1 \geq \sigma_2 \cdots \geq \sigma_r$，$\sigma_i (i=1, 2, \cdots, r)$ 为矩阵 A 的奇异值。U, V 的列向量分别称为 A 的左、右奇异向量。

SVD 分解可以用于求解原矩阵 A 的近似矩阵。方法是：选择一个 k 值（$k<r$），Σ 只保留前 k 个比较大的奇异值组成新的对角矩阵 Σ_k（保留奇异值的从大到小顺序），U, V 只保留前 k 列，分别记为 U_k, V_k。可以通过计算 $U_k \Sigma_k V_k^T$ 得到 A 的近似阵 A_k，如图 4-3 所示。

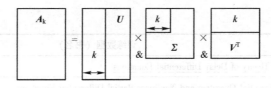

图 4-3 A_k 计算示意图

新矩阵 A_k 是 A 的一个 k-秩近似矩阵，它在最小平方意义下最接近原矩阵。潜在语义索引认为 A_k 包含了 A 的主要结构信息，而忽略那些数值很小的奇异值，从而实现降维。对于文本分类问题来说，矩阵 A 表示特征项-样本矩阵，每一个列向量表示了一个样本中各特征项的权重，每一个行向量表示了一个特征项在各文本中的权重。通过 SVD 分解，特征项-样本矩阵从 A 转换为 A_k，从而实现了降维，不仅去除了对分类影响很小的特征项，而且近似的特征项被合并。例如，同义词在 k 维空间中有相似的表示。并且在这个 k 维空间中，出现在相似文档中的特征项也将是近似的，即使它们并未出现在同一个文档中。原向量空间模型中文档 d 经过 LSI 模型转换为 $\hat{d}$，转换公式为

$$\hat{d} = d^T U_k \Sigma_k^{-1} \tag{4-17}$$

LSI 构造了特征项之间潜在的语义关系空间。下面以一个实例说明具体的计算过程。训练数据来自期刊 SIAM Review 一篇书评文章中涉及的书名，数据见表 4-2。

表 4-2 文章中涉及的书名

序 号	训练数据（书名）
B1	A Course on Integral Equations
B2	Attractors forSemigroups and Evolution Equations
B3	Automatic Differentiation of Algorithms：Theory，Implementation，and Applications
B4	Geometrical Aspects of Partial Differential Equations
B5	Ideals，Varieties，andAlgorithms-An Introduction to Computational Algebraic Geometry and Commutative Algebra
B6	Introduction to Hamiltonian Dynamical Systems and the N-Body Problem
B7	Knapsack Problems：Algorithms and Computer Implementations
B8	Methods of Solving Singular Systems of Ordinary Differential Equations
B9	Nonlinear Systems
B10	Ordinary Differential Equations
B11	Oscillation Theory for Neutral Differential Equations with Delay

序　号	训练数据（书名）
B12	Oscillation Theory of Delay Differential Equations
B13	Pseudo differential Operators and Nonlinear Partial Differential Equations
B14	Sinc Methods for Quadrature and Differential Equations
B15	Stability of Stochastic Differential Equations with Respect to Semi-Martingales
B16	The Boundary Integral Approach to Static and Dynamic Contact Problems
B17	The Double Mellin-Barnes Type Integrals and their Applications to Convolution Theory

表 4-2 中有下划线的词表明其至少在两本书的书名中出现过。去除只出现一次的低频词，组成特征项-文本矩阵，见表 4-3。

表 4-3　16×17 维特征项-文本矩阵

特征项	文本																
	B1	B2	B3	B4	B5	B6	B7	B8	B9	B10	B11	B12	B13	B14	B15	B16	B17
algorithms	0	0	1	0	1	0	1	0	0	0	0	0	0	0	0	0	0
application delay	0	0	1	0	0	0	0	0	0	0	0	0	0	0	0	0	1
differential	0	0	0	0	0	0	0	0	0	0	1	1	0	0	0	0	0
equations	0	0	0	1	0	0	0	1	0	1	1	1	1	1	1	0	0
implemental	1	1	0	1	0	0	0	1	0	1	1	1	1	1	1	0	0
ion	0	0	1	0	0	0	1	0	0	0	0	0	0	0	0	0	0
integral	1	0	0	0	0	0	0	0	0	0	0	0	0	0	0	1	1
introduction	0	0	0	0	1	1	0	0	0	0	0	0	0	0	0	0	0
methods	0	0	0	0	0	0	0	1	0	0	0	0	0	1	0	0	0
nonlinear	0	0	0	0	0	0	0	0	1	0	0	0	1	0	0	0	0
ordinary	0	0	0	0	0	0	0	1	0	1	0	0	0	0	0	0	0
oscillation	0	0	0	0	0	0	0	0	0	0	1	1	0	0	0	0	0
partial	0	0	0	1	0	0	0	0	0	0	0	0	1	0	0	0	0
problem	0	0	0	0	0	1	1	0	0	0	0	0	0	0	0	1	0
systems	0	0	0	0	0	1	0	1	1	0	0	0	0	0	0	0	0
theory	0	0	1	0	0	0	0	0	0	0	1	1	0	0	0	0	1

对表 4-3 所表示的特征项-文本矩阵进行奇异值分解，只保留最大的两个奇异值($k=2$)，得到 U_k, Σ_k 为

$$U_k = \begin{bmatrix} 0.0159 & -0.4317 \\ 0.0266 & -0.3756 \\ 0.1785 & -0.1692 \\ 0.6014 & 0.1187 \\ 0.6691 & 0.1209 \\ 0.0148 & -0.3603 \\ 0.0520 & -0.2248 \\ 0.0066 & -0.1120 \\ 0.1503 & 0.1127 \\ 0.0813 & 0.0672 \\ 0.1503 & 0.1127 \\ 0.1785 & -0.1692 \\ 0.1415 & 0.0974 \\ 0.0105 & -0.2363 \\ 0.0952 & 0.0399 \\ 0.2051 & -0.5448 \end{bmatrix}, \quad \boldsymbol{\Sigma}_k = \begin{bmatrix} 4.5314 & 0 \\ 0 & 2.7582 \end{bmatrix}$$

以信息检索方面的应用为例，一个查询 q 为 "application theory"，对应原始向量空间模型为 q=[0 1 0 0 0 0 0 0 0 0 0 0 0 0 0 0 1]，利用查询 q 从原来的 17 本书中查询相关书的问题可以转化为如下问题：认为查询 q 也是一本书（或者说是书名，因为例子中以书名代表书的内容），任务就转换为判断有哪些书和 q 比较近似。根据式（4-17）进行降维，结果为，$\hat{q} = q^T U_k \boldsymbol{\Sigma}_k^{-1} = [0.0511 \quad -0.3337]$，至此就完成了从 q 到 $\hat{q}$ 的降维过程，然后根据余弦相似度即可计算 $\hat{q}$ 和各文档之间的相似程度。

LSI 模型有着良好的降维性能，对特征项之间潜在关系有着优秀的表达能力，这是 LSI 的优点所在。LSI 模型也存在一些在应用时需要注意的不足之处，如转换结果不直观、矩阵分解运算量大、动态更新需重新运算等。随着 LSI 相关研究的深入，部分不足正逐渐得以解决，如奇异值分解的并行算法有助于实现更大规模的矩阵奇异值分解。

4.5 小结

一篇文本可以转换为适合文本分类算法的输入形式，经过文本格式转换，确定特征项之后，还需要确定用哪些特征项来表示文本，以及如何确定各对应特征的权重。

文本特征抽取和选择的质量对随后的文本处理算法能否得到理想的结果有重要的影响：良好的文本表示方法可以降低数据的存储需求，提高算法的运行速度；理论分析以及后续实验也表明，去除对分类无关的噪声属性，可以提高分类的准确率；降低维数也有助于以后对新的文本抽取特征时提高速度（去除的特征不再需要进行匹配等处理，从而提高速度，对于一些需要手工获取属性的应用，如测量人的体重、测量天气温度等，如果通过分类过程发现该属性对分类结果无影响，则可以去除对相关过程的测量，从而更有效地提高速度，并降低测试耗费）；降维后的数据，也更容易让人直观理解分类依据以及进行数据可视化展示。综合多方面，选择合适的文本表示方法能有效降低文本分类的难度。

文本特征抽取和选择的各环节有着直观的意义，但是如何妥善地结合在一起仍然是个值得讨论的问题。每个环节对于后续环节来说，都是某种程度上的信息损失。特征项抽取损失了文本中各特征项的顺序关系，特征降维则去除了许多原文本中包含的信息，这些损失的信息既包含了不影响分类的噪声信息，也包含了部分对分类有影响的有用信息，因此需要考虑具体如何取舍，而且由于在文本分类本身特征维数高、训练样本多的情况下，一些适合低维情况下的机器学习优化技术不能再直接使用，进一步加剧了这种选择的困难程度。

4.6 思考题

1. 简述文本信息的语义特征有哪些，以及它们的抽取方法。
2. 讨论各种特征抽取的方法及特征值的计算是否都取决于样本集中特征的分布。
3. 简述文本的结构对语义特征抽取的影响。
4. 特征抽取过程与选择过程所造成的信息损失如何衡量？
5. 讨论使用 Wiki 作为知识库进行语义分析的方法。

第 5 章 音频数据处理

本章主要介绍音频技术、音频信号的分析和编码，以及音频信息特征抽取。

5.1 数字音频技术概述

随着计算机技术的广泛应用，利用现代信息技术来处理音频信号已成为趋势，由此出现了数字音频信息处理这一研究领域。数字音频信息处理首先将各种模拟音频信号数字化，然后利用信息技术进行相关处理，满足人们从不同角度和侧面来利用音频信息的需求。数字音频技术通过把音频信号转换为数字媒体，使得人类可以方便地利用网络聆听美妙音乐、感受感人演讲，从而成为信息革命的重要组成部分。

数字音频技术的演化历程见表 5-1。

表 5-1 数字音频技术的演化历程

年　　份	技术/应用	发明者/应用
1961	Digital artificial reverb	Schroeder & Logan
1967	PCM-prototype system	NHK
1969	PCM audio recorder	Nippon Columbia
1968	Binaural technology	Blauert
1971	Digital delay line	Blesser & Lee
1973	Time-delay spectroscopy	Heyser
1975	Digital music synthesis	Chowning

年　　份	技术/应用	发明者/应用
1975	Audio-DSP emulation	Blesser et al.
1977	Prototypes of CD & DAD	Philips, Sony, e. g.
1977	Digital L/S measurement	Berman & Fincham
1978~1979	PCM/U-matic recorder	Sony
1978	32-ch digital multi-track	3M
1978	Hard-disk recording	Stockham
1979	Digital mixing console	Mcnally（BBC）
1981	CD-DA standard	Industry e. g.
1983	Class-D amplification	Attwood
1985	Digital mixing console	Neve
1987~1989	Perceptual audio coding	Brandenburg, Johnston
1991	Dolby AC-3 coding	Dolby
1993	MPEG-1 audio standard	ISO
1994	MPEG-2, BC, standard	ISO
1995	DVD-Video standard	Industry
1997	MPEG-2, AAC, standard	ISO
1997	SACD proposal	Sony
1999	MPEG-4	ISO
1999	DVD-Audio standard	Industry
1999	Windows Media Audio	Microsoft
2010	Windows Media Audio 9	Microsoft

从起步阶段开始，数字音频技术和数字电子学、微处理器、存储介质和计算机网络等技术相结合，利用数字信号处理实现各种应用系统，用于满足人类听觉感知的需求。数字音频技术的进步主要基于以下三项技术：

1）数字信号处理理论和技术。

2）数字电子学和计算机技术。

3）人类听觉感知模型。

数字音频技术和其他消费电子学的最主要的差别体现在，尽量利用听觉机理开发各种模型，实现音频工程和人类音频主/客观感知评价的融合。

数字音频研究的进展得益于模拟音频信号处理的传统，同时其较低的计算机性能需求和听力实验结果的快捷处理方法，也为最先引入启发式数字信号处理技术提供了基础。目前和其他技术领域一样，数字音频应用系统也紧随数字信号处理的最新进展，已从单抽样率、时不变和线性的信号处理方法，发展为多抽样率、自适应和非线性的处理技术。特别是通过和人类感知相结合，数字音频技术利用听觉感知的非线性和多维模型，极大地扩展和丰富了相关的研究领域。

5.2 人类的听觉感知

声音信号的感知过程和人类的听觉系统密不可分，它具有音高、音长、音色和音强四种性质，决定了声音的本质特征，在声学研究中占有重要地位。听觉系统感受、传输、分析和处理各种声音信息，对各种声音参数都有很高的灵敏度和精确的分辨率，并且能够检测它们在时间上的快速变化。人类有高度进化的听觉感知系统，能够全方位检测、快速地加工并感知有生物意义的声音信号并指导特殊的行为，如言语辨知和交流。

尽管 100 多年前，物理学家 Georg Ohm 就提出了人耳是频谱分析仪的设想，但是直到20 世纪 60 年代，人们对于外围听觉系统才有了较深入的理解，但是对于听觉通路等许多方面的研究至今还在探讨阶段。人耳是人类的听觉器官，其作用就是接收声音并将声音转换成神经刺激。所谓听觉感知，就是指将听到的声音经过大脑的处理后变成确切的含义。人耳由外耳、中耳和内耳三部分组成，如图 5-1 所示，其中外耳、中耳和内耳的耳蜗部分是听觉器官。外界的声波振动鼓膜，引起耳蜗的外淋巴和内淋巴的振动，使得耳蜗的听觉感受器（毛细胞）受到刺激，并将声音刺激转化为神经冲动，由听神经传导到大脑的听觉中枢，从而形成听觉。同时，声波振动还可以通过颅骨和耳蜗骨壁的振动传导到内耳，这个途径叫作骨传递。

声波经过传递通道到达耳蜗，从而产生行波沿基底膜的传播。不同频率的声音产生不同的行波，其峰值出现在基底膜的不同位置。基底膜不同部位的毛细胞具有不同的电学和力学特性。这种差别是基底膜在频率选择方面不同的重要因素，也是频率沿基底膜呈对数分布的主要原因。人耳及相关的神经系统是复杂的交互系统，多年来，生物学家对听觉感知进行了广泛研究。人耳一方面对于细微差别的判断力极为精确，另一方面对于它认为不相关的信号部分只进行粗略的处理，因此学者得出无论用多么复杂的模型来模拟它都有其固有缺陷的结论。迄今为止，人耳听觉特性的研究大多在心理声学和语言声学领域内进行。实践证明，声音虽然客观存在，但是人的听觉和声波并不完全一致，人耳听觉具有特有的性质。

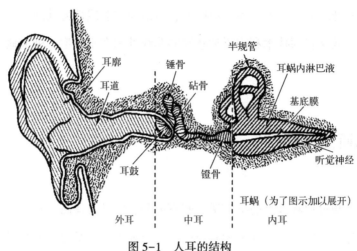

图 5-1　人耳的结构

一般来说，人类听觉器官对声波的音高、音强和声波的动态频谱具有分析感知能力，人耳对声音的强度和频率的主观感受是从响度和音调得来的。听觉器官不但是极端灵敏的声音接收器，它还具有选择性。听觉特性涉及心理声学和生理声学方面的问题。例如，掩蔽现象就是一种常见的心理声学现象，是由人耳对声音的频率分辨机制决定的。

1. 人耳的听阈和响度级

声音信号通常是复合音，由包含许多频率成分的谐波组成，人耳对于不同频率的纯音具有不同的分辨能力。响度级是反映人耳主观感受不同频率成分的声音强度的物理量，单位为方（phon），在数值上，1 phon 等于 1 kHz 的纯音 1 dB 的声压级。人耳的听阈对应于 0 phon 的响度级，是指不同频率的声音能够为人耳感知的临界声压级。听阈值和响度级随着频率的变化而变化，这说明人耳对不同频率声音的响应是不一样的。因此，人耳感知的声音响度是频率和声压级的函数，通过比较不同频率和声压级的声音可以得到主观等响度曲线，人耳的等响度曲线如图 5-2 所示。在图中，最上面的等响度曲线是痛阈，最下面的等响度曲线是听阈；而曲线在 3~4 kHz 附近稍有下降，意味着感知灵敏度的提高，这是由外耳道的共振引起的。

2. 掩蔽效应

掩蔽现象指在一个较强的声音附近，相对较弱的声音不被人耳察觉，也就是被强音所掩

78

蔽。其中，较强的声音称为掩蔽音，较弱的声音称为被掩蔽音。掩蔽音有三种类型：纯音调、宽带噪声和窄带噪声。不同掩蔽音和被掩蔽音的组合产生不同的掩蔽效果，它们的掩蔽阀值曲线形状有着相似之处。

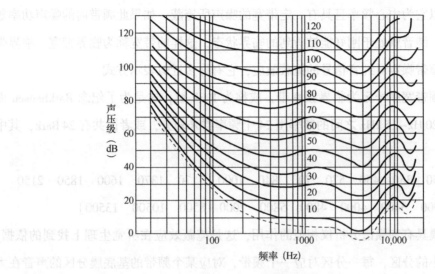

图 5-2　人耳的等响度曲线

掩蔽效应分为同时掩蔽和异时掩蔽，同时掩蔽又称为频域掩蔽，而异时掩蔽又分为前掩蔽和后掩蔽两种，如图 5-3 所示。

在同时掩蔽中，掩蔽音对相邻频率的影响范围与程度，和掩蔽音本身位于哪个临界频带有关，不同临界频带内的掩蔽音，对同一频带内的其他信号或相邻频带内的信号，会有不同的掩蔽效果。

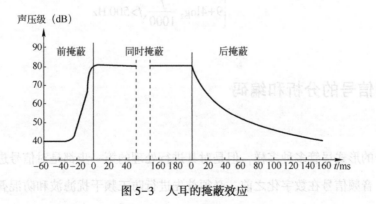

图 5-3　人耳的掩蔽效应

比较前掩蔽效应与后掩蔽效应后发现，前掩蔽效应所影响的时间较短，约为几十毫秒；而后掩蔽效应所影响的时间与掩蔽音存在的时间长短有关，范围从几十毫秒到几百毫秒不等。人耳听觉系统的掩蔽效应可以采用心理声学模型来描述，依据这个模型可以估算出不同掩蔽者的掩蔽阈值。掩蔽阈值取决于掩蔽音的频率、声压级和持续时间。

3. 临界带宽和尺度

纯音可以被以它为中心频率且具有一定带宽的噪声所掩蔽，如果此频带内的噪声功率等于该纯音的功率，纯音就处于刚好能被听到的临界状态，这样的带宽称为临界带宽。临界带宽主要用于描述窄带噪声对纯音信号的掩蔽效应，它有许多近似表示方式。

连续的临界频带宽序号记为临界频率带，或称为 Bark 域，这是为了纪念 Barkhauseu 而得名的。通常将 20 Hz ~ 16 kHz 之间的频率用 24 个频率群来划分，或者说共有 24 Bark，其中心频率分布为

$$
\begin{bmatrix}
50 & 150 & 250 & 350 & 450 & 570 & 700 & 840 & 1000 & 1170 & 1370 & 1600 & 1850 & 2150 \\
2500 & 2900 & 3400 & 4000 & 4800 & 5800 & 7000 & 8500 & 10500 & 13500
\end{bmatrix}
$$

人耳的基底膜具有和频谱分析仪相似的作用，这是掩蔽效应在听觉生理上找到的依据。基底膜分为许多小的分区，每一分区对应一个频带，对应某个频带的基底膜分区的声音在大脑中似乎是综合评价的。如果这时同时发声，就可以互相掩蔽，从而在相应频带内发生掩蔽效应。利用 Bark 域描述窄带噪声对纯音的掩蔽效应，其掩蔽阈值曲线在 Bark 尺度上是等宽的。Bark 域与耳蜗中基底膜的长度呈线性关系，而与声音频率呈近似对数关系。可以利用以下计算方法划分 Bark 域

$$
1\,\text{Bark} \approx
\begin{cases}
\dfrac{f}{100}, & f < 500\,\text{Hz} \\[2mm]
9 + 4\log_2 \dfrac{f}{1000}, & f > 500\,\text{Hz}
\end{cases}
$$

5.3　音频信号的分析和编码

音频信号的形式尽管多种多样，但是对其进行处理的第一步都是对信号进行数字化处理和特征分析。音频信号在数字化之前，必须首先进行防工频干扰滤波和防混叠滤波，然后再进行采样和量化，将它变成时间和幅度都是离散的数字信号。在音频信号处理中，如果考虑人耳的听觉感知，根据各种不同应用的时间需求，在处理速度、存储容量和传输速率之间进行折中后，采样频率可以在 8 ~ 192 kHz 的范围内选择。

一般认为，对于音频信号采用 16~20 bit 进行量化就足以保证信号的质量，但是还可以采用更长数据和特殊处理技术来降低量化误差。例如，DVD 格式采用 24 bit 编码，许多音频录制设备中采用噪声整形技术来降低带内量化噪声。

5.3.1 音频信号的特征分析

实际上，经过数字化处理的音频信号是时变信号。为了能够使用传统方法进行分析，一般假设音频信号在几十毫秒的短时间内是平稳的。在音频信号短时平稳的假设条件下，对音频信号需要进行加窗处理。窗函数平滑地在音频信号上滑动，将音频信号划分为连续或者交叠分段的帧。

对于信号分析最直接的方法是以时间为自变量进行分析。对于音频信号的时域分析来说，窗口的形状非常重要，矩形窗的谱平滑性较好，但是波形细节丢失，并且会产生泄露现象；汉明窗可以有效地克服泄露现象，应用范围最为广泛。不论何种窗函数，窗的长度对能否反映音频信号的幅度变化起决定性作用，决定了能否充分地反映波形变化的细节，因此窗口长度的选择需要根据音频信号的时变特性来调整。

一般来说，窗函数的衰减基本上与窗的持续时间无关，因此改变窗函数的长度时，只会使带宽发生变化。音频信号的时域特征包括短时能量、短时平均过零率、短时自相关系数和短时平均幅度差等。短时平均幅度的计算公式为

$$M_n = \sum_{m=-\infty}^{\infty} |x(m)| \omega(n-m) = \sum_{m=n}^{n+N-1} |x_W(m)|$$

其中，x 为音频信号，窗函数为汉明窗，其计算公式为

$$\omega(n) = \begin{cases} 0.54 - 0.46\cos\left[\dfrac{2\pi n}{N-1}\right], 0 \leqslant n \leqslant N-1 \\ 0, 其他 \end{cases}$$

人类听觉感知具有频谱分析功能，因此，音频信号的频谱分析是认识和处理音频信号的重要方法。主要的频谱分析方法包括短时傅里叶变换、短时离散余弦变换和线性预测分析。一般来说，非线性系统分析非常困难，需要将非线性问题转化为线性问题来处理。通常的加性信号满足广义叠加原理，这样的信号组合可以用线性系统来处理；然而，对于乘性或卷积性组合信号，必须用满足组合规则的非线性系统来处理，对信号进行同态分析。由于音频信号可以看作是激励信号与系统响应的卷积结果，对其进行同态分析后，将得到音频信号的倒

谱参数，因此同态分析又称为倒谱分析。

在实际应用中，所遇到的信号一般并不平稳，至少在观测的全部时间段内是不平稳的，这种情况下短时分析的局限性就逐渐显露出来。根据不确定性原理，不允许有"某个特定时刻和频率处的能量"的概念，因此只能研究伪时频结构，根据不同的要求和性能去逼近理想的时频表示。为了分析和处理非平稳信号，反映信号频谱随时间的变化，有效地表示某个时刻的频谱分布，人们开始研究信号的时频表示方法，利用时-频平面的二维信号来综合表示信号在不同尺度下的特征，主要方法包括线性时频表示类、二次时频表示类和其他形式的时频表示方法。最常用的两种线性时频表示方法是 Gabor 变换和小波变换。如图 5-4a 中的语音的振幅图与图 5-4b 中随时间变化的频谱分布（语谱图）看，语谱图能更好地表达随时间变化的不同频率的振动强度，比振幅数据更稳定，方便计算处理。

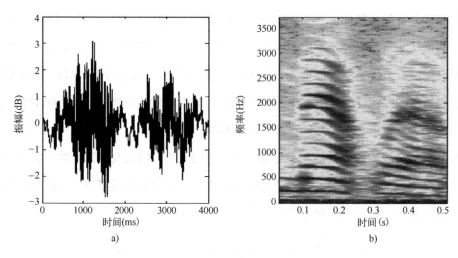

图 5-4　音频信号的时频表示方法

a）振幅图　b）频谱分布（语谱图）

5.3.2　音频信号的数字编码

数字信号具有易于存储和传输、信息失真可还原等特点。但是，在实际应用中，某些信号数据量巨大，传输和存储成本较高，如语音、音乐和影视等，特别是高清电视的出现对系统性能提出了更大挑战；而且随着新应用的涌现，还有可能出现数据速率更高的信源。

数字编码技术针对数据量巨大的信号所面临的传输和存储的问题，在保证感官质量的前提下，利用信息冗余来实现数据压缩。对数字音频信息进行压缩就是在不影响人们使用的情况下，使其数据量最少。通常用如下 6 个属性来衡量：比特率、主观/客观的评价质量、计算复杂度和存储需求、延迟、对于通道误码的灵敏度以及信号带宽。对于不同的应用系统，如广播节目制作或消费类音响设备，人们对数字音频所提出的要求是不同的，需要了解这些系统的具体需求，使用最合适的编码技术。

根据统计分析的结果，音频信号存在着多种时域冗余和频域冗余，而且人耳的掩蔽效应等听觉机理，也能够用来对音频信号进行压缩，从而为实现更有效的音频编码算法提供了基础。数字音频编码方法主要包括波形编码、参数编码和基于听觉感知的混合编码等，它们从基本的 PCM 编码出发，对音频编码的性能进行了许多的改进，以便适应网络和多媒体技术的需求。其目的是，基于存储容量和传输通道的要求最大化数字音频的质量，降低数字音频的比特率，从而有效采用流媒体技术，如 DSD（Direct-Stream Digital）。

音频编码技术可以从很多角度去分类，例如，有损和无损、波形和参数、窄带和宽带，以及恒定码率和变动码率等。当前数字音频编码技术的重要发展方向是，综合现有的各种编码技术，制定全球统一的标准。我国信息产业部于 2007 年 1 月 20 日，也正式发布了具有中国自主知识产权的音频电子行业标准——《多声道数字音频编解码技术规范》。

5.3.3 数字音频信号的解析

由于多媒体格式的日新月异，且多数编码与解码方法的技术资料都处于非公开状态，所以很难对所有音频格式进行适当的编码与解码操作，此外，技术升级也会造成原有编码和解码软件的失效。在实际应用中，为了组合不同的数字媒体，多数数字编码格式都须符合一定的规范，以实现流媒体格式的有效转换。

一般来说，人们利用多媒体容器（Multimedia Container）进行多媒体数据的封装。目前常见的多媒体容器有 AVI、MPEG、OGM 和 Real-media 等。其中，AVI 是最常见的，它可以兼容大多数的编码格式，包含了从非压缩的 RGB 视频和 PCM 音频到高压缩率的 DivX 视频和 MP3 音频的各种流媒体。因此，可以利用多媒体容器的文件格式，对流媒体数据进行解析，为不同的应用提供素材。Microsoft 公司开发的技术主要包括 ACM 和 DirectShow，它们提供了常用的编码算法程序包，供应用程序开发者调用。

国际电报电话咨询委员会（CCITT）和国际标准化组织（ISO）等组织先后提出了一系

列有关音频编码的建议，根据标准制定者和开发者的不同，这些编码技术主要归为以下几类。

1）MPEG 系列：MPEG（Moving Pictures Experts Group，运动图像专家组）属于 ISO，他们开发了一系列音频编码，如 MP3 和 MPEG -2 ACC 等。

2）DVD 系列：MPEG-2 的最大受益者是 DVD，其编码都属于应用级，如 Dolby Digital AC3 和 DSD（Direct-Stream Digital）等。

3）G.7XX 系列：ITU（International Telecommunication Union）的编码系列，主要应用于实时视频通信领域，如 G.721 和 G.729 等。

4）Windows Media 系列：Microsoft 公司开发的音/视频编码，主要应用于网络流媒体传输，如 WAV 和 WMA（Windows Media Audio）等。

5）QuickTime 系列：QuickTime 是多媒体应用平台，支持众多的编码格式，如 Apple MPEG-4 AAC 和 Apple Lossless 等。

6）Ogg 系列：Ogg 是 Xiph.org 基金会发起的开源项目，其音频 Ogg Vorbis 是迄今为止最好的 128 kbit/s 码率的编码器。

5.4　音频信息特征抽取

随着现代信息技术，特别是多媒体技术和网络技术的发展，多媒体信息的数据量急剧增长。目前，由于缺乏有效的多媒体检索技术，尽管互联网存在大量的多媒体资源，但是难以充分、有效地利用这些资源。因此，如何在巨量数据中快速、准确地挑选出有用的信息，对于充分利用多媒体信息资源具有极其重要的意义。

通常的信息检索研究主要基于文本，这种方式具有其自身的缺陷，例如，人工标注基本无法完成，某些重要特征无法用文本表达清楚，以及无法利用多媒体信息的内容进行检索等。因此，有必要研究音频信息的处理技术，充分地分析和提取其物理特征（如频谱等）、听觉特征（如响度、音色等）和语义特征（如语音的关键词、音乐的旋律节奏等），有效地实现音频信息的内容分类和检索。根据检索对象和检索方法的不同，国内外在音频检索方面的研究大体可分为语音检索、音乐内容检索和音乐例子检索几类。

音频检索的第一步是建立数据库，对音频数据进行特征抽取，并通过特征对数据聚类。

然后检索引擎对特征向量与聚类参数集匹配，按相关性排序后通过查询接口返回给用户。音频信号的特征抽取是指获取音频的时域和频域特征，将不同内容的音频数据予以区分。因此，所选取的特征应该能够充分地反映音频的物理特征和听觉特征，对环境的改变具有较好的鲁棒性。在进行音频特征抽取时，通常将音频划分为等长的片段，在每个片段内又划分帧。这样，特征抽取所采用的特征包括基于帧的特征和基于片段的特征两种。

5.4.1 基于帧的音频特征

1. MFCC

MFCC（Mel Frequency Cepstrum Coefficient）是语音识别中十分重要的特征，在音频应用中也有很好的效果，它是基于 Mel 频率的倒谱系数。由于 MFCC 参数将人耳的听觉感知特性和语音的产生机制相结合，因此得到了广泛的使用。

人耳的听觉感知中，耳蜗起到了很关键的作用，其实质上的作用相当于滤波器组。耳蜗的滤波作用是在对数频率尺度上进行的，研究者根据听力声学实验得到了类似耳蜗的滤波器组，即 Mel 滤波器组。Mel 频率可以用公式表达为

$$\text{Mel Frequency} = 2595 \times \lg\left(1 + \frac{f}{700}\right)$$

将频率根据上式变换到 Mel 域后，Mel 带通滤波器组的中心频率按照 Mel 频率刻度均匀排列，MFCC 倒谱系数的计算过程如下：

1）将音频信号进行分帧，利用汉明窗进行预滤波处理，然后进行短时傅里叶变换得到其频谱。

2）求出频谱的能量谱，并用 M 个 Mel 尺度带通滤波器进行滤波得到功率谱 $x'(k)$。

3）将每个滤波器的输出取对数，得到相应频带的对数功率谱，然后进行反离散余弦变换，达到 L（一般取 12~16）个 MFCC 系数，计算如下

$$C_n = \sum_{k=1}^{M} \lg x'(k) \cos\left[\frac{\pi(k+0.5)n}{M}\right], n = 1, 2, \cdots, L$$

直接计算得到静态 MFCC 系数，再对这种静态特征做一阶和二阶差分得到动态特征。

2. 频域能量

频域能量可以用来根据阈值来判别静音帧，是区分音乐和语言的有效特征。通常，语音中含有比音乐中更多的静音，因此语音的频域能量比音乐中的变化大得多。频域能量的定

义为

$$E = \lg\left(\int_0^{\omega_0} |x(\omega)|^2 d\omega\right)$$

其中，$x(\omega)$是该帧的傅里叶变换在ω处的数值，ω_0是采用频率的一半。

3. 子带能量比

将频带划分为几个区间，其中每个区间称为子带，一般采用非均匀的划分方式，特别是Bark尺度或ERB尺度。例如，频带划分为4个子带时，各个子带的频率区间分别为$[0, \omega_0/8]$，$[\omega_0/8, \omega_0/4]$，$[\omega_0/4, \omega_0/2]$和$[\omega_0/2, \omega_0]$。

不同类型的音频，其能量在各个子带区间的分布有所不同，音乐的频域能量在各个子带上的分布比较均匀，而语音的能量主要集中在第一个子带上，往往在80%左右，子带能量的计算如下

$$D_j = \frac{1}{E} \int_{L_j}^{U_j} |x(\omega)|^2 d\omega$$

式中，D_j是子带j的能量，U_j和L_j是子带j的上、下边界频率。

4. 过零率

过零率是描述音频信号通过过零值的次数，是信号频率的一个简单度量，可以在一定程度上反映其频谱的粗略估计。通常，语音信号由发音音节和不发音音节交替构成，音乐没有这种结构；语音信号中，清音的过零率高，浊音的过零率低。所以，过零率在语音信号的变化要比在音乐的变化剧烈。过零率的计算公式为

$$Z_n = \frac{1}{2} \sum_{m=n}^{n+N-1} |\text{sgn}[x(m)] - \text{sgn}[x(m-1)]|$$

其中，Z_n为第n帧的过零率，N为帧长，$\text{sgn}[\ ]$为符号函数，$x(\ )$为语音信号，且有

$$\text{sgn}[x(n)] = \begin{cases} 1, & x(n) \geq 0 \\ -1, & x(n) < 0 \end{cases}$$

5. 基音频率

在周期或准周期音频信号中，声音的成分主要有基频（基音频率）及其谐波组成，而对于非周期信号则不存在基频。基音频率可以反映音调的高低，可以采用短时自相关方法进行粗略计算。

5.4.2 基于片段的音频特征

根据上面介绍的帧层次的基本特征，在音频处理中，常在片段层次上计算这些特征的统

计值，作为该片段的分类特征。

1. 静音帧率

如果一帧的能量和过零率小于给定的阀值，一般认为该帧是静音帧，否则该帧是非静音帧。语音中经常有停顿的地方，所以其静音帧率（Silence Frame Ration）一般比音乐的要高。

$$静音帧率 = \frac{静音帧数}{片段中帧总数}$$

2. 高过零率帧率

根据对过零率特征的分析，语音有清音和浊音交替构成，而音乐不具有这种结构，因此，过零率在语音信号中要高于在音乐信号中。对于一个片段来说，语音信号过零率高于阀值的比例高于音乐信号中的比例。根据以上分析，定义高过零率帧率（High ZCR Frame Ratio，HZCRR）为

$$\text{HZCRR} = \frac{1}{2N} \sum_{n=0}^{N-1} \left[\text{sgn}(\text{ZCR}(n) - 1.5\,\text{ZCR}_{\text{avg}}) + 1 \right]$$

式中，ZCR_{avg} 是片段中所有帧过零率的均值，$\text{ZCR}(n)$ 是第 n 帧的过零率，N 是片段中的帧总数，$\text{sgn}()$ 是符号函数。

3. 低能量帧率

一般来说，语音比音乐含有更多的静音帧，因此语音信号的低能量帧率高于音乐信号的。低能量帧率（Low Energy Frame Ratio，LER）是指一段音频信号中能量低于阀值的比例：

$$\text{LER} = \frac{1}{2N} \sum_{n=0}^{N-1} \left[\text{sgn}(0.5E_{\text{avg}} - E(n)) + 1 \right]$$

式中，E_{avg} 是片段中所有帧能量的均值，$E(n)$ 是第 n 帧的能量，N 是片段中的帧总数。当然，可以根据子带能量比进一步定义相应的低能量帧率，用来作为分类的特征。

4. 谱通量

谱通量（Spectrum Flux，SF）也称为频谱流量，指片段中相邻帧之间谱变化的平均值。从整体上看，语音信号的谱通量数值较高，而音乐信号的谱通量往往较小，其他声音的谱通量介于两者之间。谱通量的具体计算公式为

$$\text{SF} = \frac{1}{(N-1)(K-1)} \sum_{n=1}^{N} \sum_{K=1}^{K-1} \left[\lg(A(n,k) + \delta) - \lg(A(n-1,k) + \delta) \right]^2$$

式中，$A(n,k)$ 是片段中第 n 帧的傅里叶变换的第 k 个系数值，K 是傅里叶变换的阶数，N 是片段中帧的总数，δ 是为避免 $A(n,k)$ 的值为零而导致计算溢出所引入的小常数。

5. 和谐度

如果一帧信号不存在基频，可以认为其基频为零。这样，就可以用片段中基音频率不等于零的帧数所占的比例来衡量该音频片段的和谐度。一般来说，语音在低频频带的和谐度较高，高频频带的和谐度较低；而音乐在整个频率范围内都具有较高的和谐度。

由于语音信号的基频较低（一般在 200 Hz 以下），而音乐的基频范围则相对宽广得多，所以把整个频域划分为不同频带，分别考察相应频带的和谐度。首先采用频域的归一化自相关方法估计每个频率是基频的可能性：

$$R(j) = \frac{\sum_{i=0}^{\frac{K}{2}-j-1} \left[\widetilde{X}(i) * \widetilde{X}(i+j) \right]}{\sqrt{\sum_{i=0}^{\frac{K}{2}-j-1} \widetilde{X}^2(i) * \sum_{i=0}^{\frac{K}{2}-j-1} \widetilde{X}^2(i+j)}}, j = 1, 2, \cdots, K/2$$

式中，$\widetilde{X}(i)$ 是采用信号频谱 $X(i)$ 零均值化后的值，K 是傅里叶变换的阶数。如果 f_s 是音频信号的采样率，$R(j)$ 的值反映了频率 $j * f_s / K$ 是基频的可能性。一帧信号的和谐度定义为

$$h = \max_{j \in [j_{f_1}/j_{f_2}]} R(j)$$

式中，$[j_{f_1}, j_{f_2}]$ 与所考察的频率范围相对应。

5.5 小结

本章主要讨论音频信号的特征抽取问题。首先，从音频技术的演化出发，提出了对数字音频技术发展主线的理解；然后，论述了音频信号的基本数字处理方法，包括实验心理声学、音频分析与编码等内容；最后，给出了一些常见的音频信号特征。在音频技术的演化过程中，CD 和 MPEG 标准意味着数字音频技术的成熟和标准化，具有里程碑式的意义。人类听觉实验的研究对于音频信号处理具有指导意义。如何有效利用听觉模型体现了音频信号分析和编码的特点与难点。

5.6 思考题

1. 利用 MATLAB 函数计算任选的例子音频的谱图，并且根据谱图的特征说明窗函数的

形状、信号帧的长度和帧间重叠对特征分析的影响。

2. 数字音频技术的最大特点体现在尽量利用听觉机理开发各种模型，实现工程和音频主/客观感知评价的融合。根据特征系数 MFCC 的计算过程说明，如何在短时傅里叶变换中结合听觉感知模型，对人耳敏感的频域特征做特殊处理？

3. 为了实现流媒体格式的有效转换，人们利用多媒体容器进行多媒体数据的封装。结合 Windows 的编程实践，说明如何解析不同的流媒体格式。

4. 根据数字音频技术的演化图，阅读相关的参考文献，分析数字音频技术的研究热点和未来方向。

第 6 章　图像信息的特征抽取

相比文本信息而言，数字图像具有信息量大（一幅 1024×768 的 24 bit 彩色图像包含 1024×768×24 b≈18.8 Mb≈2.4 MB）、像素点之间的关联性强等特点。因此，对于数字图像的处理方法与文本处理方法有较大的差别。本章将对数字图像在内容安全领域的一些常用处理方法进行简明介绍。由于篇幅关系，有兴趣的读者可以进一步查阅相关书籍，获取更详尽的背景知识和推导证明。

6.1　数字图像的表示方法

一般而言，一张数字图像可以通过一个或多个矩阵来表示，如图 6-1 所示。

$$\begin{bmatrix} 162 & 162 & 162 & 161 & 162 & 157 & 163 & 161 & \cdots \\ 162 & 162 & 162 & 161 & 162 & 157 & 163 & 161 & \cdots \\ 162 & 162 & 162 & 161 & 162 & 157 & 163 & 161 & \cdots \\ 162 & 162 & 162 & 161 & 162 & 157 & 163 & 161 & \cdots \\ 162 & 162 & 162 & 161 & 162 & 157 & 163 & 161 & \cdots \\ 164 & 164 & 158 & 155 & 161 & 159 & 159 & 160 & \cdots \\ 160 & 160 & 163 & 158 & 160 & 162 & 159 & 156 & \cdots \\ 159 & 159 & 155 & 157 & 158 & 159 & 156 & 157 & \cdots \\ \vdots & \vdots & \vdots & \vdots & \vdots & \vdots & \vdots & \vdots \end{bmatrix}$$

图 6-1　灰度图像的矩阵表示方法

推广到一般情况，对于一幅大小为 $M×N$ 的灰度图像可以通过如下的灰度值矩阵唯一表达：

$$I = \begin{bmatrix} I(1,1) & I(1,2) & \cdots & I(1,N) \\ I(2,1) & I(2,2) & \cdots & I(2,N) \\ \vdots & \vdots & & \vdots \\ I(M,1) & I(M,2) & \cdots & I(M,N) \end{bmatrix}$$

其中，$I(i,j)$，$1 \leq i \leq M$，$1 \leq j \leq N$ 代表坐标为(i,j)的像素点的灰度值。需要注意的是，这里将图像左上角的坐标原点定义为$(1,1)$，也有一些书籍将其定义为$(0,0)$，这两种坐标系可以简洁地相互转换。为了方便，本书后面的图像矩阵坐标原点沿用此定义。一般而言，像素点灰度值$I(i,j)$的变化范围从 0（全黑）至 255（全白），越高的灰度值代表像素点的亮度越高。对于彩色图像而言，单一的灰度（亮度）矩阵无法准确地表达图像的色度信息。因此，彩色图像的表示与灰度图像有所不同，常用的表示方法如图 6-2a、b、c、d 所示。

$$\begin{bmatrix} 78 & 78 & 76 & 76 & 76 & 76 & 75 & 75 & \cdots \\ 78 & 78 & 76 & 76 & 76 & 76 & 75 & 75 & \cdots \\ 115 & 115 & 115 & 114 & 113 & 112 & 112 & 112 & \cdots \\ 115 & 115 & 115 & 114 & 113 & 112 & 112 & 112 & \cdots \\ 199 & 199 & 199 & 199 & 199 & 199 & 196 & 196 & \cdots & 112 & \cdots \\ 199 & 199 & 199 & 199 & 199 & 199 & 196 & 196 & \cdots & 112 & \cdots \\ 197 & 197 & 197 & 197 & 197 & 197 & 196 & 196 & \cdots & 111 & \cdots \\ 196 & 196 & 196 & 196 & 196 & 196 & 195 & 195 & \cdots & 111 & \cdots \\ 196 & 196 & 196 & 196 & 196 & 196 & 195 & 195 & \cdots & 111 & \cdots \\ 195 & 195 & 195 & 195 & 195 & 194 & 194 & 194 & \cdots & 111 & \cdots \\ 194 & 194 & 194 & 194 & 194 & 194 & 193 & 193 & \cdots \\ 194 & 194 & 194 & 194 & 194 & 194 & 193 & 193 & \cdots \\ \vdots & \vdots & \vdots & \vdots & \vdots & \vdots & \vdots & \vdots \end{bmatrix}$$

a)

$$\begin{bmatrix} 199 & 199 & 199 & 199 & 197 & 197 & 196 & 196 & \cdots \\ 199 & 199 & 199 & 199 & 197 & 197 & 196 & 196 & \cdots \\ 197 & 197 & 197 & 197 & 197 & 197 & 196 & 196 & \cdots \\ 196 & 196 & 196 & 196 & 196 & 196 & 195 & 195 & \cdots \\ 196 & 196 & 196 & 196 & 196 & 196 & 195 & 195 & \cdots \\ 195 & 195 & 195 & 195 & 194 & 194 & 194 & 194 & \cdots \\ 194 & 194 & 194 & 194 & 194 & 194 & 193 & 193 & \cdots \\ 194 & 194 & 194 & 194 & 194 & 194 & 193 & 193 & \cdots \\ \vdots & \vdots & \vdots & \vdots & \vdots & \vdots & \vdots & \vdots \end{bmatrix}$$

b)

图 6-2 彩色图像的矩阵表示方法

a) 彩色图像及其表示方法 b) 红色通道输出以及相应的矩阵表示

$$\begin{bmatrix} 115 & 115 & 115 & 114 & 113 & 112 & 112 & 112 & \cdots \\ 115 & 115 & 115 & 114 & 113 & 112 & 112 & 112 & \cdots \\ 115 & 115 & 115 & 114 & 113 & 112 & 112 & 112 & \cdots \\ 115 & 115 & 115 & 114 & 113 & 112 & 112 & 112 & \cdots \\ 114 & 114 & 114 & 113 & 113 & 112 & 111 & 111 & \cdots \\ 114 & 114 & 114 & 113 & 113 & 112 & 111 & 111 & \cdots \\ 114 & 114 & 114 & 113 & 112 & 111 & 111 & 111 & \cdots \\ 114 & 114 & 114 & 113 & 112 & 111 & 111 & 111 & \cdots \\ \vdots & \vdots & \vdots & \vdots & \vdots & \vdots & \vdots & \vdots \end{bmatrix}$$

c)

$$\begin{bmatrix} 78 & 78 & 76 & 76 & 76 & 76 & 75 & 75 & \cdots \\ 78 & 78 & 76 & 76 & 76 & 76 & 75 & 75 & \cdots \\ 78 & 78 & 76 & 76 & 76 & 76 & 75 & 75 & \cdots \\ 78 & 78 & 76 & 76 & 76 & 76 & 75 & 75 & \cdots \\ 78 & 78 & 76 & 76 & 76 & 76 & 75 & 75 & \cdots \\ 78 & 78 & 76 & 76 & 76 & 76 & 75 & 75 & \cdots \\ 78 & 78 & 76 & 76 & 76 & 76 & 75 & 75 & \cdots \\ 78 & 78 & 76 & 76 & 76 & 76 & 75 & 75 & \cdots \\ \vdots & \vdots & \vdots & \vdots & \vdots & \vdots & \vdots & \vdots \end{bmatrix}$$

d)

图 6-2 彩色图像的矩阵表示方法（续）

c）绿色通道输出以及相应的矩阵表示 d）蓝色通道输出以及相应的矩阵表示

类似灰度图像，一幅大小为 $M×N$ 的彩色图像可以通过如下的色彩向量矩阵唯一表达：

$$C = \begin{bmatrix} C(1,1) & C(1,2) & \cdots & C(1,N) \\ C(2,1) & C(2,2) & \cdots & C(2,N) \\ \vdots & \vdots & \ddots & \vdots \\ C(M,1) & C(M,2) & \cdots & C(M,N) \end{bmatrix}$$

其中

$$C(i,j) = \begin{bmatrix} R(i,j) \\ G(i,j) \\ B(i,j) \end{bmatrix}, \quad 1 \leqslant i \leqslant M, 1 \leqslant j \leqslant N$$

$R(i,j)$，$G(i,j)$，$B(i,j)$ 分别代表红、绿、蓝三个颜色通道的输出值。上述 RGB 矩阵表示方法是当前常用的彩色图像表示方法，简洁是它的主要优点，现有的 24 bit 位图（BMP）图像就采用 RGB 表示方式。

然而，由于 RGB 颜色空间在某些特定图像处理应用中的局限性，各种颜色空间的表式方式，如 HSV、YCbCr、CIE-Lab 等颜色空间也经常被采用。这些颜色空间中每个像素点的色彩向量基本都能由 RGB 空间方便地通过线性或非线性的转换获得。因此，为了表达简洁，本书统一采用 RGB 颜色空间这一表示方式。

6.2 图像颜色的特征抽取

所谓图像的颜色特征，通俗地说，即能够用来表示图像颜色分布特点的特征向量。常见的颜色特征有颜色直方图、颜色聚合矢量、颜色矩等。本节将对这些常用颜色特征的抽取方法分别进行详细的介绍。

6.2.1 颜色直方图特征

所谓颜色直方图（Color Histogram），即反映特定图像中的颜色级与出现该种颜色的概率之间关系的图形。为了直观起见，首先简单介绍灰度直方图的定义：对于一幅大小为 $M \times N$ 的灰度图像（灰度值的变化范围从 0（全黑）至 255（全白）），K 个灰度级的直方图函数的表达式如下

$$\mathbf{Hist}(I_k) = \frac{n_k}{M \times N}, 1 \leqslant k \leqslant K$$

其中，I_k 代表第 k 个灰度级；n_k 是图像中出现 I_k 灰度级的像素点总数；分母为图像中所有像素点的个数，用来对不同尺寸的图像进行归一化。

图 6-3a、b、c、d 所示的是一个灰度直方图抽取的例子。尽管采用不同的 K 值所获得的灰度直方图各不相同，但其整体形状还是大同小异的，都反映了原图像的灰度分布特点：中间亮度（100 左右）的像素点较多，高亮度的像素点较少。

对于在图像理解、索引等方面的应用来说，采用不同的 K 值来描述图像的灰度分布信息，产生的效果也各不相同。一般来说，K 值较高代表直方图的"分辨率"较高，能够更细致地描述图像灰度方面的细节，但是所需特征向量的维数较高，为之后进行的直方图比对等处理带来更高的计算复杂度。

另外，当灰度级过多时，某些灰度值相差不大的像素点将被归类到不同的灰度级中，这将给图像理解、索引等工作带来一些困难和混淆。例如，两幅差别不大的灰度图像由于灰度

级过多可能造成生成的灰度直方图有较大的差异，从而造成灰度直方图不能很好地表达图像的灰度分布特点。反过来，如果 K 值太低，造成直方图"分辨率"不够，从而图像的灰度差异不能从灰度直方图这一特征上反映出来，进而降低了该特征的鉴别力。

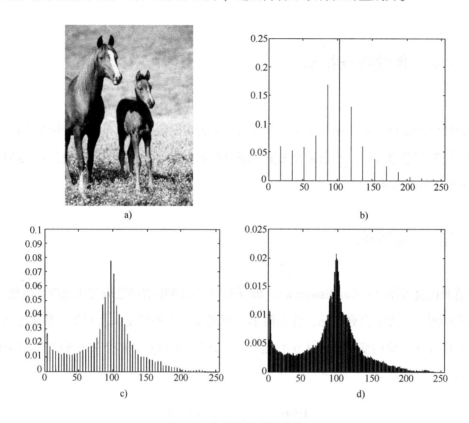

图 6-3　灰度直方图的抽取

a）灰度图像　b）$K=16$　c）$K=64$　d）$K=256$

图 6-4a、b、c 所示的是采用灰度直方图进行图像分类的简单例子。由图可见，相同类型的图像往往具有类似的灰度直方图（如前两幅赛车图像的直方图，图 6-4a、b），而不同类型的图像，其直方图有比较大的差异。因此，灰度直方图特征可以用来表征灰度图像的亮度分布特点，被广泛应用于各种图像分类、索引系统之中。

由于灰度直方图仅能反映图像的亮度特征，而当前网络中传播的图像往往是彩色图像。因此，将灰度直方图的概念推广到各种颜色空间，就可以得到颜色直方图的概念（这里还是以常见的 RGB 颜色空间直方图为例）：

$$\mathbf{Hist}(C_{r,g,b}) = \frac{n_{r,g,b}}{M \times N}, 1 \leqslant r \leqslant R, 1 \leqslant g \leqslant G, 1 \leqslant b \leqslant B \qquad (6\text{-}1)$$

其中，$C_{r,g,b}$代表第(r,g,b)个颜色柄；$n_{r,g,b}$是图像中出现$C_{r,g,b}$颜色柄的像素点总数；同样，分母为图像中所有像素点的个数，用来对不同尺寸的图像进行归一化。R、G、B分别代表红、绿、蓝三个颜色通道中所划分的颜色级的总数。一般而言，颜色直方图的计算流程如下：

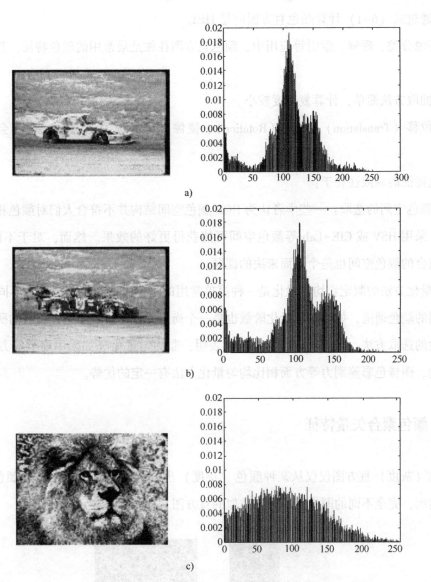

a)

c)

图6-4　灰度直方图的图像分类

a）灰度图像1及其相应的灰度直方图　　b）灰度图像2及其相应的灰度直方图

c）灰度图像3及其相应的灰度直方图

1）将颜色空间划分成若干个颜色区间，每个区间代表直方图的一个颜色柄（Bin）。该过程被称为颜色量化（Color Quantization）。其中，均匀量化（即对于每个颜色分量的划分是均匀的）是常用的量化方法。

2）统计颜色落在颜色柄 $C_{r,g,b}$ 中的像素点总数 $n_{r,g,b}$。

3）通过式（6-1）计算颜色直方图向量 **Hist**。

在图像分类、理解、索引等应用中，颜色直方图往往是最常用的颜色特征。其主要优势在于：

1）抽取方法简单，计算复杂度较小。

2）位移（Translation）、旋转（Rotation）、镜像（Mirror）等图像操作都不会影响该颜色特征。

颜色特征的局限性在于：

1）颜色空间的选取：一些学者认为 RGB 颜色空间结构并不符合人们对颜色相似性的主观判断，采用 HSV 或 CIE-Lab 等颜色空间可能获得更好的效果。然而，对于不同的应用，选取最适合的颜色空间也是个悬而未决的课题。

2）量化方法的制定：均匀量化是一种简单常用的量化方法，然而，针对不同的颜色空间、不同的颜色通道，如何确定量化阶数也是一个尚未妥善解决的问题，当前的研究只有一些经验性的选取方法。另外，一些实验结果表明，非均匀量化（如采用聚类等方法）在直方图维度、图像色彩鉴别力等方面相比均匀量化方法有一定的优势。

6.2.2　颜色聚合矢量特征

颜色（灰度）直方图仅仅从某种颜色（灰度）出现的概率来描述图像的颜色（灰度）特征。然而，完全不同的图像可能具有类似的直方图，如图 6-5 所示。

图 6-5　两幅具有相同直方图的图像

为了能够方便区分该种情况，需要引入颜色（灰度）以外的信息。颜色聚合矢量（Color Coherence Vector, CCV）的出发点在于引入一定的空间信息来进一步区分颜色分布类似而空间分布不同的图像，其计算方法如下：

1）与颜色直方图类似，将颜色空间划分成若干个柄（Bin）。

2）统计颜色落在每个颜色柄中的像素点个数，并将其分为两类：如果很多具有相同颜色的像素点之间是空间连续的，则这些像素点属于连贯像素点；反之，则属于离散像素点。进一步统计每个颜色柄中连续和离散像素点个数：如第 i 个颜色柄，连续和离散像素点个数分别记为 con_i 和 dis_i。于是，第 i 个颜色聚合对 (α_i,β_i) 可表示为

$$\alpha_i = \frac{\mathrm{con}_i}{M \times N}, \quad \beta_i = \frac{\mathrm{dis}_i}{M \times N}$$

3）一幅图像的颜色聚合矢量可定义为 $\langle (\alpha_1,\beta_1),(\alpha_2,\beta_2),\cdots(\alpha_K,\beta_K) \rangle$，其中 K 为颜色柄总数。

为了说明连续/离散像素点的计算方法，这里举个简单的例子。表 6-1 是一种简单的像素点颜色分布图，其中不同的标号代表不同的颜色级。

表 6-1 简单的像素点颜色分布图

1	1	2	2	2	2
1	1	2	2	2	2
3	4	1	1	3	4
2	3	1	1	3	4
3	2	1	1	3	4
3	2	1	1	3	4

如果连续和离散的门限（Threshold）值为 4，连通方式为 5-连通（即上下左右为连通），那么

$$\begin{cases} \mathrm{con}_1 = 12, \mathrm{dis}_1 = 0 \\ \mathrm{con}_2 = 8, \mathrm{dis}_2 = 3 \\ \mathrm{con}_3 = 4, \mathrm{dis}_3 = 4 \\ \mathrm{con}_4 = 4, \mathrm{dis}_4 = 1 \end{cases} \Rightarrow \begin{cases} \alpha_1 = 12/36, \beta_1 = 0 \\ \alpha_2 = 8/36, \beta_2 = 3/36 \\ \alpha_3 = 4/36, \beta_3 = 4/36 \\ \alpha_4 = 4/36, \beta_4 = 1/36 \end{cases}$$

若连通方式为 8-连通，那么

$$
\begin{aligned}
&\text{con}_1 = 12, \text{dis}_1 = 0 \\
&\text{con}_2 = 8, \text{dis}_2 = 3 \\
&\text{con}_3 = 8, \text{dis}_3 = 0 \\
&\text{con}_4 = 4, \text{dis}_4 = 1
\end{aligned}
\Rightarrow
\begin{cases}
\alpha_1 = 12/36, \beta_1 = 0 \\
\alpha_2 = 8/36, \beta_2 = 3/36 \\
\alpha_3 = 8/36, \beta_3 = 0 \\
\alpha_4 = 4/36, \beta_4 = 1/36
\end{cases}
$$

对于图 6-5，可以简单计算其灰度直方图向量：左图 $\mathbf{Hist}_{\text{left}} = \;<0.5 \, 0.5>$，右图 $\mathbf{Hist}_{\text{right}} = \;<0.5 \, 0.5>$，两者完全一致。而其聚合矢量：左图 $\mathbf{CV}_{\text{left}} = \;<(0.5,0)(0.5,0)>$，右图 $\mathbf{CV}_{\text{right}} = \;<(0,0.5)(0,0.5)>$，从而能够把两者完全区分。由此可见，颜色聚合矢量通过引入空间连续性信息，提高了颜色特征的鉴别力。然而，与颜色直方图类似，其主要局限性在于：

1）颜色空间的选取和空间量化方法的制定有待解决。

2）连贯/离散门限值的设定：对于不同的颜色空间、量化方法、图像特点，最适合的门限取值也是不同的。当前常用的还是比较经验化的设定方法。

3）由于加入了连续性判断，计算复杂度相对于颜色直方图要高许多。

6.2.3　颜色矩特征

颜色矩（Color Moments）是一种统计特征，用来反映图像中颜色分布的特点，通过引入统计学中低阶矩（Moment）的概念来描述整个图像的颜色变化情况。在图像分类、索引等应用中，可以通过计算颜色矩的距离来反映图像之间的相似程度。常见的颜色矩往往假定图像内的某种颜色符合特定的概率分布，在此基础上选择有鉴别力的统计特征。常用的颜色矩有一到三阶中心矩。

1）颜色均值（Mean）：

$$
\mu_i = \frac{1}{N \times M} \sum_{j=1}^{N \times M} c_{ij}
$$

其中，c_{ij} 代表像素点 j 的第 i 个颜色通道的颜色值。对于一般的 RGB 图像，i 取值为 1~3，分别代表 R、G、B 三个颜色通道。

2）颜色标准差（Standard Deviation）：

$$
\sigma_i = \left(\frac{1}{N \times M} \sum_{j=1}^{N \times M} (c_{ij} - \mu_i)^2 \right)^{1/2}
$$

该特征反映了各颜色值的二阶统计特性。

3）颜色偏度（Skewness）：

$$s_i = \left(\frac{1}{N \times M} \sum_{j=1}^{N \times M} (c_{ij} - \mu_i)^3 \right)^{1/3}$$

该特征反映了各颜色值的三阶统计特性。

对于常用的 RGB 图像，描述整幅图像所需的颜色矩特征总共有 $3 \times 3 = 9$ 维。相比其他颜色特征，颜色矩特征的维数最低，该特征组合也具有一定的鉴别力。然而，其缺点在于缺乏对于细节的描述，更不包含颜色之外的任何信息。

除了以上三种常用的颜色特征以外，颜色对、色彩对比度、饱和度、色彩暖度等特征也从一定侧面反映了图像的颜色分布特点，被用作颜色特征来描述整个图像的颜色情况。

6.3　图像纹理的特征抽取

所谓图像的纹理特征，即能够用来表示图像纹理（亮度变化）特点的特征向量。纹理信息是亮度信息和空间信息的结合体，反映了图像的亮度变化情况。常见的纹理特征有灰度共生矩阵、Gabor 小波特征、Tamura 纹理特征等。

本节将对这些常用纹理特征的抽取方法分别进行详细的介绍。

6.3.1　灰度共生矩阵

灰度共生矩阵（Grey Level Co-occurrence Matrix，GLCM）是早期用于描述纹理特征的方法。灰度共生矩阵的元素 $P(i,j)$ 代表相距一定距离的两个像素点，分别具有灰度值 i 和 j 的出现概率。

该矩阵依赖于这两个像素之间的距离（记作 dist），以及这两个像素连线与水平轴的夹角（记作 θ），改变这两个参数能够得到不同的矩阵。共生矩阵反映了图像灰度分布关于方向、局部邻域和变化幅度的综合信息。

一旦矩阵 $\mathbf{P}$ 确定了，就能够从中抽取代表该矩阵的特征，一般可分为四类：视觉纹理特征、统计特征、信息特征和信息相关性特征。常用的基于灰度共生矩阵的特征如下。

1）能量（Energy）：

$$E = \sum_{i,j} P^2(i,j)$$

2）熵（Entropy）：

$$I = \sum_{i,j} P(i,j) \log P(i,j)$$

3）对比度（Contrast）：

$$C = \sum_{i,j} (i - j)^2 P(i,j)$$

4）共性（Homogeneity）：

$$H = \sum_{i,j} \frac{P(i,j)}{1 + |i - j|}$$

对于每一个矩阵，可以生成以上四种特征。而 dist 和 θ 的不同取值，可以得到不同的纹理特征。一般来说，θ 取 0、45°、90°、135° 四种，分别代表横向、纵向、对角线方向的灰度变化。而 dist 一般取 1~8 之间的值，根据不同的图片大小，有不同的最佳取值。

6.3.2　Gabor 小波特征

Gabor 小波特征（Gabor Wavelet Feature）是一种特殊的小波特征，其基本原理是通过小波变换对原有图像进行滤波（Filtering）处理，然后对滤波后的图像抽取相关有鉴别力的特征。小波特征的鉴别力往往取决于小波基的选取。相比金字塔结构的小波变换（PWT）、树结构的小波变换（TWT）等，Gabor 小波更符合人眼对图像的响应，故而常常用于描述图像的纹理特征。

一般形式上的二维 Gabor 函数的空频域表达式如下。

空间域为

$$g(x,y) = \frac{1}{2\pi\sigma_x\sigma_y} \exp\left(-\frac{1}{2}\left(\frac{x^2}{\sigma_x^2} + \frac{y^2}{\sigma_y^2}\right) + 2\pi jfx\right)$$

频率域为

$$G(u,v) = \exp\left(-\frac{1}{2}\left(\frac{(u-f)^2}{\sigma_u^2} + \frac{v^2}{\sigma_v^2}\right)\right)$$

其中 $\sigma_u = \frac{1}{2\pi\sigma_x}$，$\sigma_v = \frac{1}{2\pi\sigma_y}$，$f$ 代表偏移频率。一组 Gabor 小波基函数可以通过平移、旋转和尺度变化基本小波 $g(x,y)$ 来生成：

$$g_{mn}(x,y) = a^{-m} g(x',y')$$

其中，$x' = a^{-m}(x\cos\theta + y\sin\theta)$，$y' = a^{-m}(-x\sin\theta + y\cos\theta)$，$\theta = n\pi/N$；$m = 0,1,2,\cdots,M-1$；$n = 0$,

$1,2,\cdots,N-1$；M 为选取的尺度总数，N 为选取的方向总数；a 为归一化尺度因子，保证了 Gabor 函数能量能够独立于所选择的尺度 m。

一般而言，对于滤波频率在 $[U_l,U_h]$ 范围内的 Gabor 滤波，其参数选择如下

$$a=\left(\frac{U_h}{U_l}\right)^{\frac{1}{M-1}}, \quad f=a^m U_h, \quad \sigma_u=\frac{(a-1)U_h}{(a+1)\sqrt{2\ln 2}},$$

$$\sigma_v=\tan\left(\frac{\pi}{2N}\right)\left[U_h-2\ln\left(\frac{\sigma^2}{U_h}\right)\right]\left[2\ln 2-\frac{(2\ln 2)^2\sigma_u^2}{U_h^2}\right]^{-1/2}$$

对于一般图像，$U_l=0.05$，$U_h=0.4$，尺度总数和方向总数则根据图像块的大小与图像的性质决定。

6.3.3 Tamura 纹理特征

Tamura 等人根据人类视觉感知系统的特点，定义了六种与之相适应的纹理特征：Tamura 粗糙度（Coarseness）、对比度（Contrast）、方向性（Directionality）、线相似性（Line-likeness）、规则性（Regularity）和粗略度（Roughness）。

前三种 Tamura 特征无论作为单独的或是联合的纹理特征，都比后三种特征更具鉴别力。因此，现有文献中所采用的 Tamura 纹理特征往往仅指前三种。下面对这三种特征的具体抽取方法做一个详细的介绍。

1. Tamura 粗糙度

粗糙度反映了一幅图像纹理的粗糙或细腻程度。具体计算方法如下。

1) 计算图像中大小为 $2^k\times 2^k$、中心为 (x,y) 的活动窗口中像素的平均灰度值：

$$A_k(x,y)=\frac{1}{2^{2k}}\sum_{i=x-2^{k-1}}^{i=x+2^{k-1}-1}\sum_{j=y-2^{k-1}}^{j=y+2^{k-1}-1}g(i,j), \quad k=1,2,\cdots,K$$

K 根据图像的大小和应用的不同可取不同的值。一般来说，考虑到计算量，K 取 8 以下的值。

2) 对于每个像素 (x,y)，计算其在水平和垂直方向上互不重叠的窗口之间的平均强度差：

$$E_{k,h}(x,y)=|A_k(x+2^{k-1},y)-A_k(x-2^{k-1},y)|$$

$$E_{k,v}(x,y)=|A_k(x,y+2^{k-1})-A_k(x,y-2^{k-1})|$$

之后，求得能使 $E_{k,h}(x,y)$ 或 $E_{k,v}(x,y)$ 的值达到最大的 k 值来决定最佳尺寸 $S_{opt}(x,y)=2^{K_{opt}}$。

3）Tamura 粗糙度即整幅图像中所有像素点的 S_{opt} 均值，即

$$F_{crs} = \frac{1}{N \times M} \sum_{x=1}^{M} \sum_{y=1}^{N} S_{opt}(x,y)$$

2. Tamura 对比度

对比度反映了图像中像素点灰度值的动态范围，进而揭示了纹理的清晰程度。其具体计算方法如下：

1）计算图像中像素点灰度值的标准差 σ 和峰度 α_4。峰度（kurtosis）的计算方法：$\alpha_4 = \frac{\mu_4}{\sigma^4}$，$\mu_4$ 为四阶中心矩。

2）对比度可以通过 $F_{con} = \frac{\sigma}{(\alpha_4)^n}$ 计算，其中 n 一般取 1/4。

3. Tamura 方向性

方向性反映的是整幅图像中是否存在统一的纹理方向。其计算方法如下：

1）计算每一个像素点在水平和垂直方向上的边缘强度，分别记作 $|\Delta H|$ 和 $|\Delta V|$。

2）由 $|\Delta H|$ 和 $|\Delta V|$ 计算该像素点的边缘强度与方向：

$$P=(|\Delta H|+|\Delta V|)/2, \quad \theta=\arctan\left(\frac{\Delta V}{\Delta H}\right)+\frac{\pi}{2}$$

3）针对边缘强度超过一定门限的像素点，统计其边缘方向，构造直方图 H_θ。

4）通过直方图 H_θ 的峰值的尖锐程度，得到 Tamura 方向性特征。

6.3.4 纹理特征的特点

纹理特征主要描述灰度的空间分布情况，是结合灰度和空间两方面信息的特征，主要可以用来区别图 6-6 中不同类型的图像。从这四幅图像可以看出，图像存在空间上的一种周期性，不过这种周期性并不严格，存在不少随机变化的因素。一般来说，在同样材质的某物体表面（如动物的毛皮、树皮等）往往都存在这种随机的周期性重复，象征着一个表面的延伸。对于纹理特征的抽取和处理，能够应对这种丰富的表面延伸。

纹理特征的主要局限性在于窗口的选取。在一幅自然图像中，包含了多种纹理区域，如果窗口尺寸过大，跨越了不同的纹理区域，则得不到准确的纹理特征值；反之，如果窗口尺

寸过小，则不能反映某些尺寸跨度较大的纹理情况。

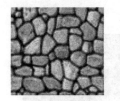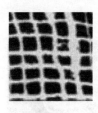

图6-6　纹理有显著区别的图像

6.4　其他图像特征

除了以上两种常用的图像特征（颜色特征和纹理特征），现有的图像分类、检索系统中还常使用以下几种图像特征。

1. 边缘特征

边缘指的是灰度（颜色）存在较大差异的像素点，一般边缘存在于目标/背景的分界处，或者目标内部纹理区域。这些信息都从一定侧面反映了图像的内容。因此，边缘特征也常常被用于图像分类、理解系统之中。

边缘特征的获得首先要计算图像的边缘图（Edge-map），采用不同的边缘算子得到的边缘图也不同。图6-7a、b、c、d所示为分别采用Prewitt、Sobel和Canny算子得到的不同边缘图。从效果方面来说，Canny算子获得的边缘图比较好地反映了原图的目标/背景分割以及纹理情况。除此之外，Canny算子的算法复杂度也不高，故而被作为抽取边缘特征的常用算子之一。

2. 轮廓特征

轮廓特征是用来描述图像内某些目标物体的轮廓信息，从而为识别目标物体提供形状方面的信息，进而为理解图像内容提供线索。轮廓特征的抽取往往先要获得目标的轮廓图，如图6-8a、b、c所示。

在获得目标轮廓图之后，一般轮廓特征可以抽取轮廓的拐点、重心、各阶距，以及轮廓所包含的面积与周长的平方比、长短轴比等，对于复杂的形状，还有孔洞数以及各目标间的几何关系等特征抽取方法。对于图形来说，轮廓特征还包括其矩阵表示及矢量特征、骨架特征等。通常来说，图像轮廓特征有两种表达方式：一种是边界特征的，只用到物体的外边界；另一种是区域特征的，关系到整个形状区域。这两种特征最典型的抽取方法就是傅里叶形状描述符和形状无关矩。

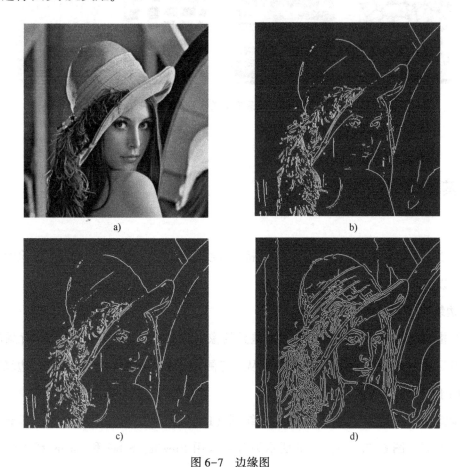

图 6-7　边缘图

a）原灰度图像　b）Prewitt 算子边缘图　c）Sobel 算子边缘图　d）Canny 算子边缘图

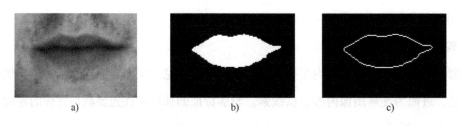

图 6-8　轮廓图

a）原图像　b）目标（嘴唇）区域分割图　c）目标轮廓图

轮廓特征相对之前的颜色、纹理、边缘等特征来说，其鉴别力一般更高。然而，其效果和性能往往取决于之前的图像分割和轮廓抽取方法。对于自然图像来说，其中含有的目标具有多种多样的颜色、纹理以及形状，一种普适的图像分割和轮廓抽取方法目前为止还不存在，从而限制了轮廓特征的广泛应用。

6.5 小结

本章从数字图像的表示方法出发，介绍了描述图像特点的各种图像特征及其抽取方法。重点介绍了图像颜色特征（包括颜色直方图特征、颜色聚合矢量特征和颜色矩特征等）、图像纹理特征（包括灰度共生矩阵、Gabor 小波特征以及 Tamura 特征等）和其他图像特征（包括边缘特征和轮廓特征）的抽取方法。在介绍上述特征抽取方法的同时，分析了各种特征在鉴别能力和复杂度上的优势与局限性。图像特征的抽取和分析对于之后的图像分类与理解有相当重要的意义。

6.6 思考题

1. 颜色直方图特征的主要优缺点是什么？如何改进该特征的局限性？简单描述该种特征改进方法的出发点和可能获得的效果。

2. 简单比较颜色聚合矢量特征和颜色直方图特征在表达图像特点方面的优势与局限性。

3. 简述纹理特征和边缘特征在图像特点表达上的异同。

第7章 信息处理模型和算法

本章主要介绍在信息处理中常用的文本匹配算法和分类算法。

7.1 文本模式匹配算法

在信息检索和文本编辑等应用中，快速对用户定义的模式或者对短语进行匹配是最常见的需求。在文本信息过滤的处理中，匹配算法也一直是人们所关注的。一个高效的匹配算法会使信息处理变得迅速而准确，从而得到使用者的认可；反之，会使处理过程变得冗长而模糊，让人难以忍受。本节首先简要介绍三种经典的单模式匹配算法：Brute-Force 算法、KMP 算法和 QS 算法。然后介绍多模式 DFSA 匹配算法。

7.1.1 经典单模式匹配算法

单模式匹配问题可以描述为：设 $P=P[0\cdots m-1]$（长度为 m），$T=T[0\cdots n-1]$（长度为 n），且 $n>m$，要求找出 P 在 T 中的所有出现。查找的过程分两部分：

1）匹配过程：设某个时刻 P 与 T 的第 i 个字符（称 i 为文本指针）对齐。逐个比较对应位置的字符，判断这个过程是否成功。成功则发现了 P 在 T 中的一次出现（比较 m 个字符）；否则，没有出现（比较字符个数小于等于 m 个字符）。

2）后移过程：无论是否成功，T 都要后移一定的步骤，开始一个新的匹配过程。

加速单模式匹配算法的关键点在于：

1）尽量加快"匹配过程"的完成速度。特别应设法加快不成功"匹配过程"的完成速度。

2）使"后移过程"的步骤尽量大。

通过对模式 P 进行预处理，国内外研究人员开展了一系列研究，并提出许多有效的算法。其中，除了 Brute-Force 算法外，还有几种经典的单模式匹配算法，如 KMP、QS 算法，都对该领域影响巨大。

1. Brute-Force 算法

Brute-Force 算法（直接匹配算法）是模式匹配最早、最简单的一个算法，它将正文 T 顺次分成 $n-m+1$ 个长度为 m 的子串，检查每个这样的子串是否与模式串 P 匹配。该算法的匹配过程易于理解，最坏时间复杂度是 $O(m×n)$。当第一次匹配成功时，仅需比较 m 次；当 P 中第一个字符不同于 T 中任意一个字符时，只需比较 n 次，所以该算法实际用起来效率比较高，因此仍然被采用。例如，主串 T='abcdefg'，模式串 P='cde'，则模式匹配的过程如图 7-1 所示。

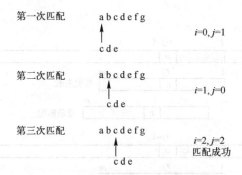

图 7-1　Brute-Force 算法匹配示意图

Brute-Force 算法的匹配过程可以简化为如图 7-2 所示。

图 7-2　Brute-Force 算法匹配过程

Brute-Force 算法的缺点是对模式串的扫描常常要回溯，因此当模式串难于随机访问时，就会显得特别不方便。同时，这种算法匹配过程中存在许多重复操作，影响了执行效率。

2. KMP 算法

1970 年，S. A. Cook 在理论上证明串匹配问题可以在 $O(m+n)$ 时间内解决。随后 D. E. Knuth 和 V. R. Pratt 仿照 Cook 的证明构造了一个算法。与此同时，J. H. Morris 在研究正文处理时也独立地得到与前述两人本质上相同的算法。这样两个算法殊途同归地构造出当前最普遍采用的算法，称为 KMP（Knuth-Morris-Pratt）算法。此算法实际上可以在 $O(m+n)$ 的时间数量级上完成串匹配运算，最大的特点是指示文本串的指针不需要回溯，整个匹配过程中，对文本串仅需从头到尾扫描一遍。这对处理从外设输入的庞大文件很有效，可以边读边匹配，而无须回头重读。

假设匹配过程进行到当模式 P 的第 j 个字符 $P[j]$ 与 T 的第 $i+j-1$ 个字符发生失配时，可知模式 P 的前缀 $u=P[1,j-1]=T[i,i+j-2]$ 及 $a=T[i+j-1]\neq P[j]=b$，为了避免 i 指针的回溯，需要将 P 往右移动，而移动的距离必须根据已经实现的"部分匹配"信息计算所得。如图 7-3 所示，可以利用已匹配的前缀 u 的部分前缀 v 来计算模式的右移距离。同时，为了避免模式右移后即刻发生失配，要求 v 随后的字符必须与 u 随后的字符不同。计算 kmp_next[j] 的过程只与模式 P 有关，其目标是获取最长的前缀 v。前缀 v 称为 u 的边界，因为 v 既是 u 的前缀也是 u 的后缀。

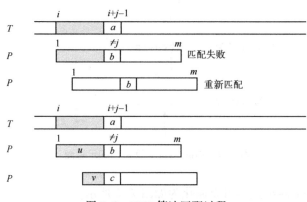

图 7-3　KMP 算法匹配过程

KMP 算法中最为关键的是对 kmp_next[j] 的预先计算，其物理意义是当模式 P 中第 j 个字符与文本 T 中相应字符失配时，在模式 P 中需要重新计算和文本 T 中该字符进行比较的字符的位置。

KMP 算法在预处理阶段的时间复杂度为 $O(m)$，查找过程实际平均复杂度为 $O(n+m)$，最坏情况下的时间复杂度为 $O(2n)$。

3. QS 算法

QS（Quick Search）算法的思想较为简单。QS 算法中对模式 P 从左向右进行扫描。在对模式 P 的预处理过程中，只计算偏移函数 bad-character。但其在查找方式上有所改进：假设匹配过程进行到当模式 P 的第 j 个字符 $P[j]$ 与 T 的第 $i+j-1$ 个字符 $T[i+j-1]$ 发生失配时，文本指针至少往右移动一个位置，那么在下一次匹配中，$T[i+m]$就是待处理对象，因而在计算偏移量时，可将$T[i+m]$先考虑进去。对于模式中未出现的字符，其偏移量为$m+1$，这样有可能跳过更多的字符。

预处理过程可描述如下，对于所有$a \in A$：

$$qs\_bc[a] = \begin{cases} \min\{m-j \mid 1 \leqslant j < m+1 \text{ 且 } P[j] = a\}, \text{如果 } a \text{ 在模式 } P \text{ 中出现} \\ m+1, \text{否则} \end{cases}$$

QS算法的查找过程可以描述如下：

1）比较P与$T[i, i+m-1]$。

2）如果P与$T[i, i+m-1]$匹配成功，记录相应位置。

3）发生字符失配，则$i \leftarrow i+qs\_bc[T[i+m]]$，转1）。

QS算法的核心思想是：如果模式P中未使用的字符在文本T中大量出现，可以利用它们的信息加快模式匹配的速度。当发生字符失配时，直接查看第$T[i+m]$个字符。因为该字符可能是模式P中未使用的字符，因此可以在最优情况下右"滑动"$m+1$位。

QS算法在最优情况下的时间复杂度为$O\left(\dfrac{n}{m+1}\right)$，在最坏情况下的时间复杂度为$O(nm)$。QS最适合当待处理文本字母表较大，而模式串长度较短的情况，这样模式串P中未使用字符将会大量出现在文本T中，从而使得模式在发生失配时尽可能右移，加快匹配速度。

7.1.2 经典多模式DFSA匹配算法

在文本分析处理领域中，大多数情况下需要在文本T中查找多个模式。如果仍然采用单模式匹配算法，则需要对文本T进行k（待匹配模式的个数）次扫描，这样显然会导致效率低、速度慢。多模式匹配算法可以解决这类问题。经典的多模式匹配算法是AV. Aho提出的基于有限自动机的DFSA（Deterministic Finite State Automata）算法。该算法在匹配前对模式串集合$\{P\}$进行预处理，转换成树形有限自动机，然后只需对文本串进行一次扫描即可找出所有的模式串。其时间复杂度为$O(n)$。

1. DFSA 的定义

DFSA 可以表示为一个五元组：

$$M = (Q, \Sigma, \delta, q_0, F) \tag{7-1}$$

其中：

Q——状态的非空有穷集合。$\forall q \in Q$，q 称为 M 的一个状态。

Σ——输入字母表。输入字符串都是 Σ 上的字符串。

δ——状态转移函数，又称状态转换函数或者移动函数。$\delta: Q \times \Sigma \longrightarrow Q$。对 $\forall (q, a) \in Q \times \Sigma$，$\delta(q, a) = p$ 表示 M 在状态 q 下读入字符 a，将状态变成 p，并将读头向右移动一个格而指向输入字符串的下一个字符。

q_0——M 的开始状态，也叫作初始状态或者启动状态，$q_0 \in Q$。

F——M 的终止状态集合，$F \subseteq Q$。$\forall q \in F$，q 称为 M 的终止状态。

并且，对于任意的 $q \in Q, a \in \Sigma, \delta(q, a)$ 均有确定的值。

2. DFSA 算法的预处理过程

预处理过程的主要任务是计算三个函数。

1）转向函数 g。

设 $U = \{0, 1, 2, \cdots\}$ 为状态集合，C_{pk} 为待匹配模式集 $\{P\}$ 中的模式 P_k 中所包含的字符，转向函数 $g: (U, C_{pk}) \rightarrow U$ 为一种映射。其建立过程如下：

逐个取出 $\{P\}$ 中模式 P_k 中的字符，由 0 状态出发，根据所取出的字符和当前状态决定下一个状态。如果该字符是字母，且遇到一个从当前状态出发、标有该字母的矢线时，那么将下一个状态赋给当前状态，否则要加上一条标有该字符的相应矢线，并且在矢线的终点加上一个新状态，并将该状态作为当前状态；如果该字符是分隔符，则将分隔符前的字符串作为当前状态的输出，并将当前状态恢复成 0 状态；当 $\{P\}$ 中的所有模式处理完毕，则应从 0 状态画出一条不能从 0 状态开始的其他字符的自返。对模式集合 $\{he, she, his, hers\}$ 处理完毕后，形成图 7-4 所示的树形有限自动机。

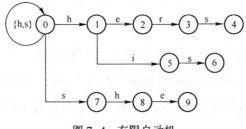

图 7-4 有限自动机

2）失效函数 f。

当发生字符失配时，失效函数指明下一个应处理的状态。

定义 3.2.1 从 0 状态到任一状态的最短路径中通过的矢线条数为该状态的层次，并且规定：

- 所有第一层状态 s 的失效函数 $f(s)=0$（如图 7-4 所示，$f(1)=f(7)=0$）。
- 对于非第一层的状态 s，若其父状态为 r（存在某个字符 $a,g(r,a)=s$），其失效函数为 $f(s)=g(f(s^*),a)$，状态 s^* 为追溯状态 s 的祖先状态所得到的最近一个使 $g(f(s^*),a)$ 存在的状态。

由上述两个规定可以计算获得失效函数，见表 7-1。

表 7-1 有限自动机 DFSA 的失效函数 $f(s)$

s	1	2	3	4	5	6	7	8	9
$f(s)$	0	0	0	7	0	7	0	1	7

3）输出函数 output。

在构建转向函数时，每遇到分割符时，应给当前状态 s 赋予输出函数值 $output(s)=\{$分割符之间的字串$\}$，在构造出失效函数 $f(s)=s'$ 后，应修改输出函数为 $output(s)=output(s)$ $\cup output(s')$。函数 $output(s)$ 表示有限自动机在状态 s 时可提供的输出，该输出就是所找到的目标串。$output(s)$ 见表 7-2。

表 7-2 有限自动机输出函数

s	2	9	6	4
$output(s)$	{he}	{she, he}	{his}	{hers}

3. DFSA 算法的查找过程

利用已构成的有限自动机进行多个模式串一次查找的过程如下：

1）从有限自动机的 0 状态出发，逐个取出 $\{P\}$ 中模式 P_k 中的字符 c，并按转向函数 $g(s,c)$ 或失效函数 $f(s)$ 进入下一状态。

2）当输出函数 $output(s)$ 不为空时，输出 $output(s)$。

如若用图 7-4 中的有限自动机扫描文本串"ushers"。开始为 0 状态，因 $g(0,u)=0$，$g(0,s)=7$，$g(7,h)=8$，$g(8,e)=9$，而 $output(9)=\{he,she\}$，故输出 $\{he,she\}$；因 $f(9)=g(f(8),e)=2$，$g(2,r)=3$，$g(3,s)=4$，$output(4)=\{hers\}$，故输出 $\{hers\}$。即文本串"ushers"中含有 he，she，hers 这三个模式串。

4. DFSA 算法处理中文文本的不足

DFSA 多模式匹配算法在处理中文文本时，有一系列的问题。首先，该算法针对英文等 ASCII 代码集语言处理时，只需要一个字节即可表示，而汉字有多个字节，不同的编码有不同的字节数目。例如，GB2312 编码，汉字为 2 个字节；而 Big5 码则是 1~2 个字节表示。在处理汉语古文字时，由于文字数量更多，有时还会使用 4 个字节来表示。其次，在构建转向表的时候，由于汉字字符数量大，转向表的处理就不能等同于西文文本，否则过于浪费空间，查找效率低。另外，虽然中文字符集包含大量的字符，但各个字符的出现频率差别很大。常用的中文汉字可以分为一级汉字、二级汉字等。现代中文中的 1300 多个常用字，已能覆盖现代中文中用字的 95% 以上；对应于一级汉字中的 3755 个字，它的出现频率覆盖率基本上已经在所用汉字中占 99.9% 以上。同时，中文词的平均词长也较短，只有 1.83~2.09，这意味着通常待匹配的字串模式长度较短。

由于以上原因，DFSA 算法一旦运用到中文里就有所欠缺。首先，对于排序就不能按照英文的字母顺序，也就是说，不可能像处理英文那样直接比较字符的大小。况且，即使可以比较，也存在两个字符比较的问题，所以，按照英文的处理方式是不可行的。

其次，涉及中英文混杂的时候，该算法有着无法解决的难处。现在越来越多的信息将中英文混杂在一起处理，如常见的 Intel 处理器、Microsoft 研究院、Dell 服务器等数不胜数的例子。对于这样的模式串，DFSA 算法是没有办法处理的。

针对中文的处理，我国研究人员提出了很多专门针对中文文本的多模式匹配算法。随着 Unicode 字符集的普及，目前字符串的处理算法越来越多地支持多语言字符集。匹配算法的更多的注意力放在模糊匹配等方面，以支持更为灵活的匹配。

7.2　分类算法

分类算法在图像分类、索引和内容理解方面都有直接的应用，其主要功能是：通过分析不同图像类别的各种图像特征之间存在的差异，将其按内容分成若干类别。

经过几十年的研究与实践，目前已经有数十种分类方法。图 7-5 给出了主要的分类方法和它们之间的基本关系。

任何分类器构建都可以抽象为一个学习的过程，而学习又分为有监督学习（Supervised Learning）和无监督学习（Unsupervised Learning）两种。

有监督学习是指存在一个已标定的训练集（Training Set），并根据该集合确定分类器各项参数，完成对于分类器的构建。

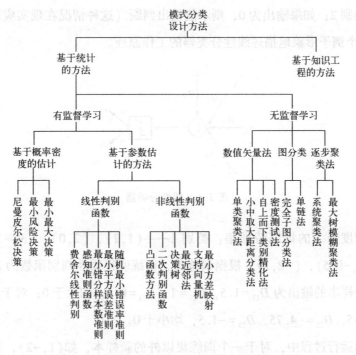

图 7-5　主要的分类方法和它们之间的基本关系

对于无监督学习来说，并不存在训练集，分类器的各项参数仅仅由被分类的数据本身（并无标定的类别）所决定。

本节之后的内容将对应用于图像、文本分类的各种分类器，做一个由浅入深的介绍。对于图像分类来说，由于计算机本身并不具有识别不同图像内容的能力，另外，各种图像特征种类繁多，分布情况又复杂，因此有监督学习是图像分类中常用的分类器构建方法。

值得一提的是，本节中介绍的分类器旨在解决二类分类问题（即目标类别数为 2），对于多类分类问题，则需要对原算法做适当的延伸和拓展。

7.2.1　线性分类器

线性分类器通过训练集构造一个线性判别函数，在运行过程中根据该判别函数的输出，确定数据类别。一般线性分类器的结构如图 7-6 所示。

线性分类器的判别函数为

$$D = \sum_{i=1}^{n} w_i x_i + w_0$$

分类结果完全依据线性判别函数的输出：如果输出为正，则判别为类别 1；如果输出为负，则判别为类别 2；如果输出为 0，则不能做出判断（这种情况在现实应用中出现得比较少）。下面以一个例子形象地描述线性分类器的工作原理。

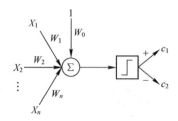

图 7-6　线性分类器

对于特征维度为 2 的训练特征集：类别 1——(1,1)，(2,0)，(3,-1)；类别 2——(-1,-2)，(-3,-0.5)，(-2,1)。根据训练集，训练所得线性判别函数为 $D=x_1+1.5x_2-1$。对于类别 1 三个样本的输出为 $D_{11}=1.5$，$D_{12}=1$，$D_{13}=0.5$，均大于 0；对于类别 2 三个样本的输出为 $D_{21}=-5$，$D_{22}=-4.75$，$D_{13}=-1.5$，均小于 0。

在分类器的运行过程中，对于一个训练集以外的新样本，如(1,-2)，通过计算其线性判别函数 $D=-3$，判断其属于类别 2。图 7-7 所示为二维线性分类器的工作原理，其中 "×" 点表示类别 1 中的样本，"○" 代表类别 2 中的样本，直线代表线性判别函数。

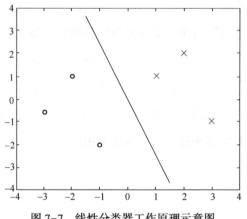

图 7-7　线性分类器工作原理示意图

通过观察可以发现，在直线右上方的属于类别 1，直线左下方的属于类别 2。直线的斜率和 y 轴截距都由训练样本所决定，也就是所谓的学习过程。在直线确定之后，任何测试样本只需根据其所在位置与直线的关系，即能判断其类别。

对于二维样本来说，线性分类器可表示为二维空间的一条直线；对于三维样本，线性分类器可表示为三维空间的一个平面；对于多维样本，则可表示为多维空间的一个超平面。针对线性分类器的学习过程，可大致分为以下几个步骤：

1）根据一定原则设计惩罚函数（Cost function）$C(W)$，如误差距离最小、各类别样本距离最大等。

2）根据训练集样本，优化惩罚函数，进而获得最优分类器参数。

由于线性分类器结构相对简单，整个学习的优化过程计算复杂度较低，泛化（Generalization）能力相对较强。然而，对于样本分布不可线性分割的情况，线性分类器不能获得令人满意的效果。

7.2.2　向量空间模型法

向量空间模型（Vector Space Model，VSM）是 20 年代 60 年代末 Gerard Salton 等人提出的。它是最早也是最出名的信息检索方面的数学模型。它依据语料库中训练文本和分类法建立类别向量空间，并用类别向量空间中的各个类别向量与文本特征向量进行相似度比较，找到与待测文本向量相似度最大的类别向量所对应的类别，作为待分文本的类别。

具体地，可以设第 i 个类的类别特征向量为 $V_i = (\text{Weight}_{i1}(w_1/c_i), \cdots, \text{Weight}_{ik}(w_k/c_i), \cdots,$
$\text{Weight}_{im}(w_m/c_i))$，待分文本 j 的文本特征向量为 $D_j = (\text{Weight}_j(w_1), \cdots, \text{Weight}_j(w_k), \cdots,$
$\text{Weight}_j(w_m))$。首先对 V_i 与 D_j 进行规范化，使得向量的模为 1（根据模式识别理论，对类别特征向量进行归一化，可保证每个类别特征向量的能量统一到单位能量上，做到不同类别文本样本的统一分析），然后用夹角余弦公式进行分类：

$$\text{Sim}(V_i, D_j) = \cos\theta = \frac{\sum_{k=1}^{m} v_{ik} \cdot d_{jk}}{\sqrt{\sum_{k=1}^{m} v_{ik}^2} \cdot \sqrt{\sum_{k=1}^{m} d_{jk}^2}}$$

7.2.3　最小方差映射法

杨益明等人提出了基于实例映射的分类算法，可以从文档训练集和它们的类号中自动地学得一个回归模型。该算法的主要思想是：分别地建立文档和文档类的向量空间，文档空间和文档类空间都用矩阵来表示；两个向量空间采用不同的项，文档空间的项选用文档中的词（具有不同的权重），而文档类空间的项则为文本对应的类号（具有二进制权重）。通过求解训练向量对的一个线性最小平方差，可以得到一个词—类的回归系统矩阵：

$$F = \arg\min \|FA - B\|^2$$

矩阵 A 和矩阵 B 分别代表训练数据，对应的列就是输入和输出向量对，而矩阵 F 是一个解矩阵（变换矩阵），该解矩阵定义了从一个任意文本到一个加权向量的映射。这样，就把分类问题转变为矩阵变换的问题，利用变换矩阵即可指导分类。

例如，对任意的文档向量 $x = (x_1, x_2, \cdots, x_N)$，它在文档类空间中的坐标 $y = (y_1, y_2, \cdots, y_L)$ 可导出

$$y = (Fx^T)^T$$

y 的各分量 $y_1, y_2, \cdots, y_L$ 中既有负值又有正值，把这些值按从大到小的顺序排列，就反映了 x 与各文档类 $C_1, C_2, \cdots, C_L$ 相关度从大到小的次序。最大的正分量表明了 x 最有可能所属的类别，其余的正分量也都有可能是 x 所属的类别，其可能性依次递减；负分量所代表的文档类，包含 x 的可能性比较小。

当文档类不是由抽象的标识符而是由描述词来表示的时候，若把文档类 C_i 表示为 $C_i = (C_{i1}, C_{i2}, \cdots, C_{iL})$，那么可用下式来计算文档类与文档的相关度：

$$\text{relevance}(x, C_i) = \cos(y, C_i) = \left(\sum_{j=1}^{L} y_j C_{ij} \right) \Big/ \left(\sqrt{\sum_{j=1}^{L} y_j^2} \sqrt{\sum_{j=1}^{L} C_{ij}^2} \right)$$

本方法面对的主要困难仍是对于训练文档有极高的要求。不仅要提供大量的训练文档，还要求它们有良好的代表性，这样才能很好地估计将要处理的文档的分布情况。对和训练文档相差较大的文档，本方法就不能很好地识别。

7.2.4 最近邻分类法

最近邻分类法是图像分类和识别领域比较常用的分类方法，相比其他的分类器（如线性分类器、支持向量机等），最近邻分类法没有复杂的学习过程，其分类结果仅仅取决于测试样本与各类训练样本点之间的距离。具体而言，最近邻分类法如下：

记第 i 类的训练样本为 $S_i = \{S_{i1}, S_{i2}, \cdots, S_{in_i}\}$，$i = 1, 2, \cdots, C$，其中 n_i 代表第 i 类样本的总数，C 代表类别总数，记测试样本为 X。

首先，计算 X 和训练样本的距离：

$$\text{dist}(X, S_{ij}) = \|X - S_{ij}\|, \quad i = 1, 2, \cdots, C; j = 1, 2, \cdots, n_i$$

根据与测试样本 X 之间的距离，寻找与之最为接近的 k 个邻近样本点 $N = \{N_1, N_2, \cdots,$

$N_{k_i}\}$，然后判断这些邻近样本点中哪个类别的训练样本最多，提取包含训练样本数最多的类别，记作 c。最后将测试样本归入第 c 类。

图 7-8 所示为最近邻分类法的工作原理。在该图中，样本类别总数为 4 类（从左上到右下，分别记"+"第 1 类，"×"第 2 类，"○"第 3 类，"·"第 4 类），每类训练样本数为 4 个，分别以不同形状标记在图中。测试样本为"＊"点，如果取邻近样本点数 k 为 3，则与测试样本距离最小的三个训练样本点分别为 1、2、3 号点。在这三个最近邻点中，有两个属于第 2 类的训练样本。因此，测试样本被归为第 2 类。

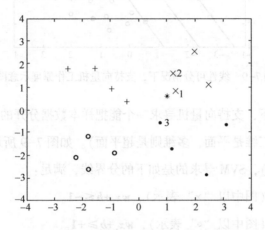

图 7-8　最近邻分类法工作原理示意图

总的来说，最近邻分类方法有以下特点：

1) 不需要复杂的学习优化过程，但分类过程需要计算与所有训练样本的距离，有一定的计算量。改进版的最近邻方法从每个类别的训练集中找出一定数量的"代表"样本，可减少一定的计算量。

2) 与线性分类器相比，最近邻分类法的分界面可以不是一个超平面而是一个更复杂的曲线。因此，可以在一定程度上解决图像特征分布复杂多样的问题。

7.2.5　支持向量机

支持向量机（Support Vector Machine，SVM）是一种有监督学习的方法，它被广泛地应用于统计分类以及回归分析中。支持向量机属于一般化线性分类器，能够同时最小化经验误差与最大化几何边缘区。因此，支持向量机也被称为最大边缘区分类器。

对于线性可分的数据来说，支持向量机可被归类为一种线性分类器。图 7-9 简要地说明了对于线性可分数据，支持向量机的工作原理。

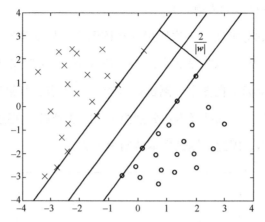

图 7-9　线性可分情况下，支持向量机工作原理示意图

在线性可分的情况下，支持向量机寻求一个能把样本数据分开的分界线 $\boldsymbol{wx}+\boldsymbol{b}=\boldsymbol{0}$（对于二维数据来说是直线，三维是平面，多维则是超平面）。如图 7-9 所示，对于两类数据（分别以 "×" 和 "○" 表示），SVM 寻求的是如下的分界线，满足：

● 对于第一类数据（图中以 "×" 表示），$\boldsymbol{wx}_i+\boldsymbol{b}\leqslant-\boldsymbol{1}$。

● 对于第二类数据（图中以 "○" 表示），$\boldsymbol{wx}_i+\boldsymbol{b}\geqslant+\boldsymbol{1}$。

如果没有训练数据被分界线错误分割，则称该训练数据是线性可分的，边界上的样本被称为支持向量。对于测试数据，只需要计算 $\boldsymbol{wx}_i+\boldsymbol{b}$ 的符号即可。

如果 $y_i=\mathrm{sgn}(\boldsymbol{wx}_i+\boldsymbol{b})=-1$，则将测试数据归入第一类；如果 $y_i=\mathrm{sgn}(\boldsymbol{wx}_i+\boldsymbol{b})=+1$，则将测试数据归入第二类；如果 $y_i=\mathrm{sgn}(\boldsymbol{wx}_i+\boldsymbol{b})=0$，则不能判断该数据类别（现实应用中发生较少，尤其是数据量较大时）。

为了保证分类算法能有比较好的泛化能力，SVM 在线性可分的基础上提出了分界面距离最大化的概念，即寻求 $\max\left(\dfrac{2}{|\boldsymbol{w}|}\right)$，等同于求 $\min\left(\dfrac{|\boldsymbol{w}|^2}{2}\right)$。整理一下上述公式，SVM 参数的求解过程可规整为求解：

$$\min\left(\frac{1}{2}|\boldsymbol{w}|^2\right),\quad \text{s. t.}\quad y_i(\boldsymbol{wx}_i+\boldsymbol{b})\geqslant1,\quad i=1,2,\cdots,N$$

其中，N 为训练样本总数。当训练样本线性不可分时，可通过引入非负松弛变量 $\boldsymbol{\xi}$ 来解决，则优化问题可转化为求解：

$$\min\left(\frac{1}{2}|\boldsymbol{w}|^2\right)+C\xi_i,\quad \text{s. t.}\quad y_i(\boldsymbol{wx}_i+\boldsymbol{b})\geqslant1-\xi_i,\quad i=1,2,\cdots,N$$

其中 C 代表惩罚因子，用于惩罚错误分类的样本。对于上述问题的求解可转化为一个二次规划问题，最后可转化为一个对偶优化问题（有兴趣的读者可查阅文献进一步了解详细的推导步骤）：

$$\max\left(\sum_{i=1}^{N}\alpha_i - \frac{1}{2}\sum_{i=1}^{N}\sum_{j=1}^{N}\alpha_i\alpha_j y_i y_j x_i x_j\right), \quad \text{s.t.} \quad 0 \leq \alpha_i \leq C \text{ 且} \sum_{i=1}^{N}\alpha_i y_i = 0$$

然而，对于大多数图像特征以及图像分类的应用来说，特征的分布都不是线性可分的。

如果想要尽量降低分类误差，一般只能从两个角度解决这个问题：要么采用非线性的判别函数和非平面的分解面；要么通过非线性变换，把在原本空间中线性不可分的数据转化到高维空间，使之线性可分。前者的问题在于判别函数设计的难度，如何在训练错误最小化和泛化能力最大化之间寻找一个合适的平衡，是该种方法较难处理的问题。

而 SVM 采用的方法则是基于后一种出发，这种方法主要的缺点在于其计算的复杂度：如果对于每个样本都要做由低维到高维的非线性映射，则需要较高的计算量。对于样本数量较多、初始特征维度较高的图像分类来说更是如此。为了解决这一难点问题，SVM 引入了核函数（Kernel Function）的概念，成功地解决了计算量的问题，并使其成为当前图像分类方法的主流。

定义非线性映射 ϕ 将所有样本 x_i 投影到高维空间 $\phi(x_i)$。同样，对于二类分类问题，SVM 在高维空间寻求如下的分界面 $w\phi(x)+b=0$，满足：

$$y_i(w\phi(x_i)+b) \geq 1, \quad i=1,2,\cdots,N$$

其中 $y_i = \text{sgn}(w\phi(x_i)+b)$。

与线性可分情况类似，分类器参数的优化问题可转化为

$$\max\left(\sum_{i=1}^{N}\alpha_i - \frac{1}{2}\sum_{i=1}^{N}\sum_{j=1}^{N}\alpha_i\alpha_j y_i y_j \varphi(x_i)\varphi(x_j)\right), \quad \text{s.t.} \quad 0 \leq \alpha_i \leq C \text{ 且} \sum_{i=1}^{N}\alpha_i y_i = 0$$

记 $K(x_i,x_j)=\phi(x_i)\varphi(x_j)$，并称其为核函数。则目标函数和判别函数分别可以用核函数表达：

目标函数为 $\max\left(\sum_{i=1}^{N}\alpha_i - \frac{1}{2}\sum_{i=1}^{N}\sum_{j=1}^{N}\alpha_i\alpha_j y_i y_j K(x_i,x_j)\right)$，s.t. $0 \leq \alpha_i \leq C$ 且 $\sum_{i=1}^{N}\alpha_i y_i = 0$；对于任意测试样本 x，其判别函数为 $y = \text{sgn}\left(\sum_{x_i \in \text{SV}} K(x_i,x) + b\right)$，其中 SV 代表所有支持向量的集合。

通过上述分析可以得出，无论在分类器参数优化，还是在测试样本分类判别的过程中，都无须计算非线性映射函数 ϕ，仅计算核函数 K 即可。因此，即使映射函数相当复

杂，如果核函数本身是个常用函数的话，其优化和判别过程的计算复杂度都不会很高。常用的核函数有：

齐次多项式：

$$K(x_i, x_j) = (x_i \cdot x_j)^d$$

非齐次多项式：

$$K(x_i, x_j) = (x_i \cdot x_j + 1)^d$$

径向基（Radial Basis Function，RBF）核：$K(x_i, x_j) = \exp(-\beta \|x_i - x_j\|^2)$，$\beta > 0$

高斯 RBF 核：

$$K(x_i, x_j) = \exp\left(-\frac{\|x_i - x_j\|^2}{2\sigma^2}\right)$$

S 形函数：

$$K(x_i, x_j) = \tanh(\beta x_i \cdot x_j + \gamma)$$

在图像分类中，由于图像特征分布的复杂性以及分类的多样性，RBF 核是最常用的核函数。

7.2.6 传统贝叶斯分类方法

若诸事件 $A_1, A_2, \cdots, A_n$ 两两互斥，事件 B 为事件 $A_1 + A_2 + \cdots + A_n$ 的子事件，且 $P(A_i) > 0$，$i = 1, 2, \cdots, n$，$P(B) > 0$，则有

$$P(B)P(A_i/B) = P(A_i)P(B/A_i) \tag{7-2}$$

所以

$$P(A_i/B) = \frac{P(A_i)P(B/A_i)}{P(B)} \tag{7-3}$$

又按全概率公式，可得到

$$P(B) = P(A_1)P(B/A_1) + \cdots + P(A_n)P(B/A_n) \tag{7-4}$$

因此，得到

$$P(A_i/B) = \frac{P(A_i)P(B/A_i)}{P(A_1)P(B/A_1) + \cdots + P(A_n)P(B/A_n)}, \quad i = 1, \cdots, n \tag{7-5}$$

式（7-4）称为贝叶斯（Bayes）公式。在实际应用中，称 $P(A_1), \cdots, P(A_n)$ 的值为先验概率，称 $P(A_1/B), \cdots, P(A_n/B)$ 的值为后验概率。主观 Bayes 方法就是在已知先验概率与类

条件概率的情况下，得出后验概率的公式。

Bayes 分类方法中，设训练样本集分为 M 类，记为 $C=\{c_1,\cdots,c_i,\cdots,c_M\}$，则每类的先验概率为 $P(c_i)$，$i=1,2,\cdots,M$。其中，$P(c_i)=\dfrac{c_i\text{类样本数}}{\text{总样本数}}$。对于一个样本 x，其归于 c_j 类的类条件概率是 $P(x/c_j)$，则根据 Bayes 定理，可得到 c_j 类的后验概率

$$P(c_i/x)=\frac{P(x/c_i)\cdot P(c_i)}{P(x)} \tag{7-6}$$

若 $P(c_i/x)>P(c_j/x)$，$i=1,2,\cdots,M$，$j=1,2,\cdots,M$，则有

$$x\in c_i \tag{7-7}$$

式（7-6）是最大后验概率判决准则。将式（7-5）代入式（7-6），则有

若 $P(x/c_i)P(c_i)>P(x/c_j)P(c_j)$，$i=1,2,\cdots,M$，$j=1,2,\cdots,M$，则

$$x\in c_i \tag{7-8}$$

式（7-7）是 Bayes 分类判决准则。

在封闭测试中，设有训练样本文献 $D(w_1,\cdots,w_i,\cdots,w_d)$，若 D 应分到 c_i 类，则按照式（7-7）的 Bayes 分类判决准则，有 $P(D/c_i)P(c_i)>P(D/c_j)P(c_j)$，$i=1,2,\cdots,M$，$j=1,2,\cdots,M$，即 $P(D/c_i)P(c_i)$ 为最大值。其中，若 w_i 独立，即表达 D 的各个主题词是相互独立的，则 $P(D/c_i)P(c_i)=\displaystyle\sum_{j=1}^{d}P(w_j/c_i)P(c_i)$ 为最大值。

若设 $P(c_i)=P(c)$，即样本在各类中的分布是均匀的，则有若 $P(D/c_i)P(c_i)=\displaystyle\sum_{j=1}^{d}P(w_j/c_i)P(c)$ 为最大值时，$i=1,2,\cdots,M$，则

$$D\in c_i \tag{7-9}$$

实际中，已知 w_j 出现在类别 c_i 的概率 $P(w_j/c_i)$ 为 $P(w_j/c_i)=\dfrac{P(w_jc_i)}{P(c_i)}=\dfrac{\frac{n_{ij}}{N}}{P(c)}=\dfrac{n_{ij}}{N\cdot P(c)}$，其含义是指语料库中样本属于类别 c_i 的条件下，出现主题词 w_j 的概率。这里，n_{ij} 表示 w_j 在类别 c_i 中的出现次数，N 表示语料库中的总主题词的个数。式（7-8）是文本自动分类中的传统 Bayes 分类方法，该方法的目的是使训练样本 D 错分到 c_i 类的错分概率 q_i 为最小，即

$$q_i=1-P(c_i/D)=1-\frac{P(D/c_i)P(c_i)}{P(D)}=\frac{1}{P(D)}[P(D)-P(D/c_i)P(c_i)],\quad i=1,2,\cdots,M$$

要使其最小，有

$$q^* = \min\{q_k\} = \frac{1}{P(D)}\left[P(D) - \max\{P(D/c_k)P(c_k)\}\right], \quad k = 1, 2, \cdots, M$$

Bayes 方法的薄弱环节在于，在实际情况下，类别总体的概率分布和各类样本的概率分布函数（或密度函数）常常是不知道的，为了获得它们，就要求样本要足够大。

7.3 小结

本章针对信息处理的众多基本模型和方法，选取了文本模式的匹配算法和分类算法两个最具代表意义的信息处理模型方法做了较为详细的介绍。其中，文本模式的匹配算法介绍了经典的单模式和多模式匹配算法，还针对性地介绍了汉语等多字节文本的匹配算法。分类算法一节中详细地介绍了在较为经典以及应用广泛的多个算法，并介绍了这些分类算法的分类以及各个算法的优缺点。通过对基本模型和方法的学习与了解，为更好地理解后续的内容打下了基础。

7.4 思考题

1. 请找一个或几个近似匹配的算法，并分析该算法与本章中精确模式匹配算法的异同。

2. 最近邻分类法是在样本集中寻找与被分类样本最相似的样本，从而完成分类的一种分类法。最近邻方法还可以应用于聚类中，请设想如何通过寻找最相似样本实现自动聚类。

3. 在匹配算法的基础上设计并实现一个在同一个文本中查找重复字串的快速算法。

4. 请试着使用两种或多种分类方法提高分类精度。

第 8 章 基于深度学习的图像处理

本章主要介绍神经网络的发展、常见的图像处理深度学习网络，并列举了两个图像处理应用实例。

8.1 神经网络的起源与发展

一般认为，迄今为止神经网络的发展已经经历了三次重大突破性阶段：

第一个阶段：20 世纪 40 年代到 60 年代，出现了最早的神经网络雏形；

第二个阶段：20 世纪 80 年代到 90 年代，出现了多层感知机及反向传播算法；

第三个阶段：21 世纪至今，随着计算机 CPU 计算性能的大幅度提升，GPU 计算能力不断突破，神经网络深度结构有了突破性创新，深度学习这一术语开始出现。

1943 年，McCulloch 和 Pitts 的工作被视为神经网络的开山之作，最早的神经网络是仿神经元建立的，该论文的主要贡献是将生物神经系统归纳为 "M-P 神经元模型"。图 8-1 展示了一个神经元的基本组成。

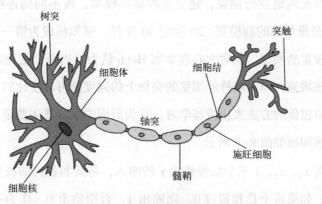

图 8-1　神经元结构

神经元在结构上主要由细胞体、树突、轴突和突触四部分组成。

1. 细胞体

细胞体（Soma）即神经元的控制中心，是细胞核的所在。细胞体的边界是细胞膜，细胞膜将膜内外细胞液分开。膜内外存在离子浓度差，所以会出现电位差，这种电位差称为膜电位。

2. 树突

树突（Dendron）是突触的一种。从细胞体向外延伸出很多树突，负责接收来自其他神经元的信号，相当于神经元的输入端。

3. 轴突

轴突（Axon）是突触的一种，是从细胞体向外延伸出的最长的一条突起。轴突比树突长且细。轴突也叫神经纤维，末端处有很多细的分支称为神经末梢，每一条神经末梢可以向四面八方传出信号，相当于细胞体的输出端。

4. 突触

一个神经元通过其轴突的神经末梢和另一个神经元的细胞体或树突进行通信连接，这种连接相当于神经元之间的输入/输出接口，称为突触（Synapse）。

通常一个神经元具有多个树突，主要用来接收传入信息，信息通过轴突传递进来后经过一系列的计算（细胞核）最终产生一个信号传递到轴突，轴突只有一条，轴突尾端有许多轴突末梢可以给其他多个神经元传递信息。轴突末梢跟其他神经元的树突产生连接，从而传递信号。这个连接的位置在生物学上叫作"突触"。这种结构表明了一个神经元接入了多个输入，最终只变成一个输出，给到了后面的神经元，那么基于此，人工神经网络是从信息处理角度对人脑神经元网络进行抽象，建立某种简单模型，按不同的连接方式组成不同的网络。M-P 神经元是最早期的脑模型，20 世纪 50 年代，感知机成为第一个能根据每个类别的输入样本来学习权重的模型。加拿大心理学家 Hebb 认为，当两个细胞同时兴奋时，它们之间的连接强度应该增强，即人脑神经细胞的突触上的强度是可以变化的。于是，计算科学家们开始考虑用调整权值的方法来让机器学习。这为后面的学习算法奠定了基础。一个基本的可以调整权值的感知机如图 8-2 所示。

这个感知机将 x_1、x_2、1 三个信号作为 y 的输入，将其和各自的权重相乘后，计算这些加权信号的总和。如果这个总和超过 0，则输出 1，否则输出 0。作为一种线性分类器，感知机可说是最简单的前向人工神经网络形式。感知机主要的本质缺陷是它不能处理线性不可分问题和异或问题。这也导致了 20 世纪 70 年代该领域研究一度陷入低谷。

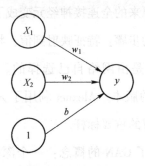

图 8-2　感知机结构

20 世纪 80 年代，神经网络研究的第二次浪潮随着反向传播及一系列相关技术而出现。反向传播是训练学习能力更强的多层感知机的基础。多层感知机包括至少一个隐藏层（除了一个输入层和一个输出层以外）。单层感知机只能学习线性函数，而多层感知机也可以学习非线性函数。多层感知机的学习过程是用反向传播误差算法来迭代调整网络参数。这个算法由最小二乘法导出，使得输入样本的标记与对应的输出节点类别判断的平均误差最小。通过多次迭代实验，准确率可以达到预期的精度。用这个调整好参数的神经网络来识别新输入的手写体数字，也能够取得超过 90% 的预测准确率。

其中关键的反向传播在 20 世纪 60 年代早期由多位研究人员提出。PaulWerbos 在 1974 年的博士毕业论文中深刻分析了将之用于神经网络方面的可能性，成为美国第一位提出可以将其用于神经网络的研究人员，但其研究未受到重视。1986 年，反向传播算法得到了进一步发展。1989 年，著名的卷积神经网络 LeNet 被提出，并使用了反向传播算法进行网络训练。

在那个时候，人们普遍认为深度网络是难以训练的。20 世纪 80 年代就存在的算法能工作得非常好，但是直到 2006 年前后都没有体现出来。这可能仅仅由于其计算代价太高，以当时可用的硬件难以进行足够的实验。

神经网络研究的第三次浪潮始于 2006 年的突破。Geoffrey Hinton 表明名为"深度信念网络"的神经网络可以使用一种称为"贪婪逐层预训练"的策略来有效地训练神经网络。这一次的浪潮普及了"深度学习"这一术语，强调研究者现在有能力训练以前不可能训练的比较深的神经网络。此时，深度神经网络已经优于与之竞争的基于其他机器学习技术以及手工设计功能的 AI 系统。

在这一时期，深度学习中最著名的卷积神经网络（CNN）得到了重大的发展。在原来多层神经网络的基础上，加入了特征学习部分，这部分是模仿人脑对信号处理上的分级的。具体而言，卷积网络可以看成将原来的全连接神经元变成了部分连接的卷积层与降维层。简单来说，原来多层神经网络操作的步骤：特征映射到值，特征是人工挑选的。深度学习操作的步骤：信号→特征→值，特征是由网络自己选择的。2012 年，Alex Krizhevsky 发表了 AlexNet。它是 LeNet 更深、更广的版本。Alexnet 利用了大数据集、GPU 训练等多种手段，这些技术手段都成为后来深度学习的重要标杆。

2014 年，Ian Goodfellow 提出了 GAN 的概念：一个深度网络尝试创造它认为真实的图像，另一个深度网络负责分析创建的样本并尝试确定该样本究竟是真实的还是凭空创建的。由于第二个深度网络努力学习如何区分真实的图像与假的生成的图像，所以第一个深度网络在对抗之中将会逐渐学会模仿真实图像。这种方式是一个单独的深度网络无法完成的。此后有关研究 GAN 的论文便如雨后春笋般涌现，这一对抗思想也是深度学习中一股重要的潮流。

总而言之，早期神经科学被视为深度学习研究的一个重要灵感来源，但它已不再是该领域的主要指导。如今，神经科学在深度学习研究中的作用被削弱，主要原因是根本没有足够的关于大脑的信息来作为指导去使用它。要获得对被大脑实际使用的算法的深刻理解，需要有能力同时监测（至少是）数千相连接的神经元的活动。现在做不到这一点，甚至连大脑最简单、最深入研究的部分都还远远没有理解。深度学习研究者比其他机器学习领域（如核方法或贝叶斯统计）的研究者更可能地引用大脑作为影响，但是大家不应该认为深度学习在尝试模拟大脑。现代深度学习从许多领域获取灵感，特别是应用数学的基本内容，如线性代数、概率论、信息论和数值优化。尽管一些深度学习的研究人员引用神经科学作为灵感的重要来源，然而其他学者完全不关心神经科学。

8.2　常见图像处理深度学习网络简介

最早的神经网络学习算法旨在模拟生物学习的计算模型，试图通过模拟大脑神经网络处理、记忆信息的方式进行信息处理。随着时代的发展，神经网络的结构和层数不断变化，最终形成了深度学习理论和网络模型结构研究。本节将介绍神经网络的起源和发展历史，通过神经网络的发展变革，加深对深度学习理论的了解。

8.2.1 CNN 分类网络原理

1. CNN 的原理

卷积神经网络（CNN）的基本思想是从视觉皮层的生物学上获得启发的。视觉皮层有小部分细胞对特定部分的视觉区域敏感。Hubel 和 Wiesel 于 1962 年进行的一项有趣的实验详细说明了这一观点，他们验证出大脑中的一些个体神经细胞只有在特定方向的边缘存在时才能做出反应。例如，一些神经元只对垂直边缘兴奋，另一些对水平或对角边缘兴奋。Hubel 和 Wiesesl 发现所有这些神经元都以柱状结构的形式进行排列，而且一起工作时才能产生视觉感知。这种一个系统中的特定组件有特定任务的观点在机器中同样适用，这就是CNN 的基础。

CNN 的出现是为了解决多层感知机全连接和梯度发散的问题。其引入三个核心思想：局部感知、权值共享和下采样。这些技术极大地提升了计算速度，减少了连接数量。由于卷积神经网络是神经网络的一种分支，因此本节将从基本神经网络开始介绍。图 8-3 所示为一个神经网络中的基本神经元的结构。

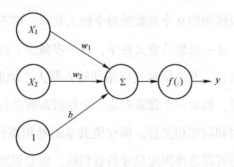

图 8-3 基本神经元结构

可以看出，一个神经元将多个输入和偏执项先进行线性加和，之后引入一个非线性函数 $f(.)$，使该神经元获得非线性表征能力，最终得到输出 y。传统的多层神经网络即是将多个这样的神经元在广度和深度上进行排列，并进行全连接，最终得到输入与输出的映射模型。图 8-4 展示了一个拥有单隐藏层的全连接网络。其中，隐藏层中每一个圈圈都表示了一个图 8-3 所示的神经元。

对于一个 256×256 的输入图像而言，如果某一个隐藏层的神经元数目为 100 个，若采用全连接，则这个隐藏层有 256×256×100 = 6,553,600 个权值参数。随着网络层数的增加，

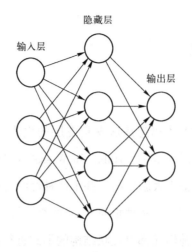

图 8-4　单隐藏层神经元网络

如此数目巨大的参数几乎难以训练。因此，CNN 采用了局部连接，隐藏层的每个神经元仅与图像中的局部图像相连接，那么权值参数将直接减少多个数量级。局部连接并进行加权求和的操作可以看作是对图像进行卷积操作，因此，CNN 的卷积操作可以看作是一种特殊的全连接神经元。

　　而 CNN 中的权值共享则是表明了某一层的输入使用同一个卷积核的参数。例如，一个 3×3×1 的卷积核，这个卷积核内的 9 个参数被整个输入共享，而不会因为图像内位置的不同而改变卷积核内的权系数。这一思想的意义在于，进一步减少了训练参数，并充分利用图像空间的局部相关性。通常而言，全连接神经网络的输入是人工抽取到的特征，而 CNN 将卷积操作引入图像处理领域后，如果一个像素对应一个权值系数进行连接，那么每一层都会有大量的参数，并且没有利用到局部相关性。而权值共享的卷积操作有效地解决了这个问题，无论图像的尺寸是多大，都可以选择固定尺寸的卷积核，而卷积操作保证了每一个像素都有一个权系数，这些系数是被整个图片共享的，大大减少了卷积核中的参数数量。

　　CNN 网络中最后一个重要思想就是下采样，在卷积神经网络中，没有必要一定要对原图像做处理，而是可以使用某种"压缩"方法，这就是下采样，也就是每次将原图像卷积后，都通过一个下采样的过程来减小图像的规模。通过下采样操作，CNN 的特征能够有更低的维度，减少计算量，并且在训练过程中不容易过拟合。

　　根据以上思想，一个 CNN 网络的基本结构包含：卷积层、激活函数和池化层。

　　图 8-5 展示了一个基本的卷积层，输入是一个 4×4 的矩阵，该卷积层使用了一个 3×3 的卷积核对该 4×4 输入进行步长为 1 的卷积操作，最后得出了一个 2×2 的输出矩阵。

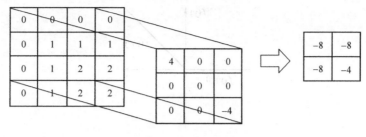

图 8-5 卷积层示意图

从这个例子可以看出 CNN 卷积层的几个基本元素。卷积神经网络中每层卷积层由若干卷积单元（卷积核）组成，每个卷积核的参数都是全图贡献，并且可以通过反向传播算法优化。卷积运算的目的是抽取输入的不同特征，随着卷积层的不断叠加，抽取的特征就更为复杂，如第一层卷积层可能只能抽取一些低级的特征，如边缘、线条和角等，更多层的网络能从低级特征中迭代抽取更复杂的特征。

CNN 中最重要的卷积核，本质上是一个很小的矩阵，如 1×1、3×3、5×5 等。卷积核会在原数据（多维的大矩阵）上移动，移动的像素间隔称为步长，如图 8-5 中的步长为 1。随着卷积核每次移动，两个矩阵做一次点乘，得到一个数字。该步骤会一直进行直至遍历完完整的大矩阵。可以看出，卷积操作利用了图片空间上的局部相关性，这也是 CNN 的一个重要特点，即特征的自动抽取。权值共享后每一个卷积核可以抽取到一种特征，为了增加 CNN 的表达能力，一般卷积层采用多个卷积核增加每层卷积层的表征能力。打个比方，可以将卷积核看成是对一幅图像用不同的滤镜去观察，开始的滤镜可能只能表示出一幅图的颜色区域，随着滤镜的增多和深度的增加，一幅图中如形状等信息也可以被观察到了。

卷积层后一般会加入激活函数引入非线性表征能力。激活函数给一个在卷积层中刚经过线性计算操作的系统引入非线性特征。过去，人们用的是像双曲正切和 sigmod 函数这样的非线性方程，但从 2012 年 AlexNet 发表后，研究者发现 ReLU 函数的效果要好得多，网络能够在准确度不发生明显改变的情况下把训练速度提高很多。ReLU 函数同样能帮助减轻梯度消失的问题——由于梯度以指数方式在层中消失，导致网络较底层的训练速度非常慢。一般而言，sigmod 和 tanh 被称为饱和型激活函数，ReLU 等被称为非饱和激活函数。非饱和激活函数能解决深度神经网络的梯度消失问题，并且加快收敛速度。图 8-6 展示了 ReLU 函数的形式。

由图 8-6 不难看出，ReLU 函数其实是分段线性函数，把所有的负值都变为 0，而正值不变，这种操作被称为单侧抑制。因为有了单侧抑制，神经网络中的神经元也具有了稀疏激

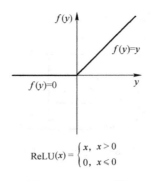

$$\text{ReLU}(x) = \begin{cases} x, & x > 0 \\ 0, & x \leqslant 0 \end{cases}$$

图 8-6 ReLU 函数

活性。尤其体现在深度神经网络模型（如 CNN）中，当模型增加 N 层之后，理论上 ReLU 神经元的激活率将降低 2 的 N 次方倍。这种稀疏激活性保证了网络的快速收敛。另外，由于非负区间梯度为常数，也避免了梯度消失。当然，ReLU 函数也存在缺点，如当其输入值为负的时候，输出始终为 0，其一阶导数也始终为 0，这样会导致神经元不能更新参数，因此发展出不少 ReLU 函数的衍生型。

在激活函数之后，CNN 一般会根据具体任务采用不同的池化层。池化层也被叫作下采样层。在这个层中，常见的操作有最大池化、平均池化等。以最大池化为例，它基本上采用了一个过滤器和一个同样长度的步幅。把它应用到输入内容上，输出过滤器卷积计算的每个子区域中的最大数字。图 8-7 展示了一个最大池化操作的例子。

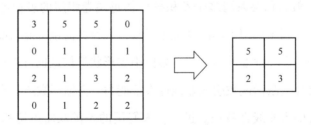

图 8-7 最大池化操作

图 8-7 中，一个 4×4 矩阵作为输入，经过了一个 2×2 的最大池化，最终得到了一个 2×2 的输出矩阵。显而易见，这一层大幅减小了输入卷的空间维度。其背后的直观推理是：一旦知道了原始输入中一个特定的特征，它与其他特征的相对位置就比它的绝对位置更重要。通过池化操作可以达到两个主要目的：第一个是减少权重参数的数目，降低计算成本；第二是控制过拟合。过拟合是指一个模型过度匹配训练样本，导致在其他样本上效果不佳。另外，由于池化层会不可避免地丢失信息，因此对于不同的图像处理任务，所采用的池化操作和池化层的数目都需要根据具体任务来设计。

2. CNN 常见网络及特点

根据 CNN 基本原理，研究者对 CNN 提出了各种各样的网络结构。下面来介绍目前常见的网络及其特点。

Yann LeCun 在 1994 年提出的 LeNet，是首次出现的卷积神经网络之一，推动了深度学习领域的发展。LeNet 的架构是基础性的，特别是其中的两大洞见：图像特征分布在整张图像上，基于可学习参数的卷积是使用更少参数抽取多个位置上的相似特征的有效方法。当时没有用于训练的 GPU，CPU 也很慢，因此能够节省参数和计算在当时是一个关键优势。图 8-8 所示为 LeNet 的结构。

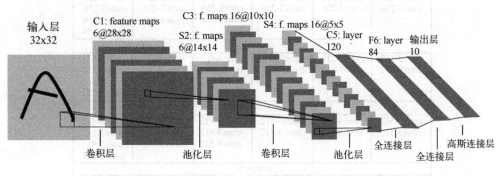

图 8-8 LeNet 的结构

LeNet 卷积网络成功应用于手写数字识别，但很快被 SVM 等机器学习算法的辉煌所掩盖。

2012 年，Alex Krizhevsky 发表了 AlexNet，是比 LeNet 更深、更广的版本。AlexNet 在困难的 ImageNet 竞赛中遥遥领先。AlexNet 将 LeNet 扩展到一个大得多的网络，该网络可以用于学习更复杂的对象和对象层级关系。AlexNet 的主要贡献在于：使用 ReLU 作为非线性激活函数，使用 Dropout 技术重叠了最大池化操作，利用 GPU 进行网络训练。AlexNet 的成功开启了一场小革命，从此卷积神经网络成为深度学习的主力。图 8-9 所示为 AlexNet 的结构。

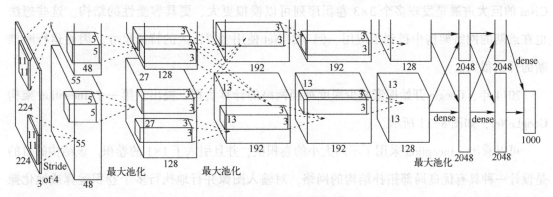

图 8-9 AlexNet 的结构

2014 年，Oxford 在 ILSVRC 2014 提出了 VGGNet。图 8-10 所示为常见的 VGGNet 的结构。

ConvNet配置					
A	A-LRN	B	C	D	E
11 weight layers	11 weight layers	13 weight layers	16 weight layers	16 weight layers	19 weight layers
输入(224×224 RGB图像)					
conv3-64	conv3-64 **LRN**	conv3-64 **conv3-64**	conv3-64 conv3-64	conv3-64 conv3-64	conv3-64 conv3-64
maxpool					
conv3-128	conv3-128	conv3-128 conv3-128	conv3-128 conv3-128	conv3-128 conv3-128	conv3-128 conv3-128
maxpool					
conv3-256 conv3-256	conv3-256 conv3-256	conv3-256 conv3-256	conv3-256 conv3-256 **conv1-256**	conv3-256 conv3-256 **conv3-256**	conv3-256 conv3-256 conv3-256 **conv3-256**
maxpool					
conv3-512 conv3-512	conv3-512 conv3-512	conv3-512 conv3-512	conv3-512 conv3-512 **conv3-512**	conv3-512 conv3-512 **conv3-512**	conv3-512 conv3-512 conv3-512 **conv3-512**
maxpool					
conv3-512 conv3-512	conv3-512 conv3-512	conv3-512 conv3-512	conv3-512 conv3-512 **conv3-512**	conv3-512 conv3-512 **conv3-512**	conv3-512 conv3-512 conv3-512 **conv3-512**
maxpool					
FC-4096					
FC-4096					
FC-1000					
soft-max					

图 8-10　VGGNet 的结构

VGGNet 相比 AlexNet 的一个改进是采用连续的 3×3 的卷积核代替 AlexNet 中的较大卷积核。对于给定的感受野，VGGNet 证明了采用堆积的小卷积核是优于采用大的卷积核。虽然这违背了 LeNet 的原则（在 LeNet 中，大型的卷积用来刻画图像的相似特征），然而，VGGNet 的巨大进展是发现多个 3×3 卷积序列可以模拟更大、更具容受性的结构。这些想法也在近期的网络架构中得到了应用。但 VGGNet 使用多层巨大的特征尺寸，因而运行时推断的开销很大。

2014 年，Google 开始探索减少深度神经网络的计算负担，提出了第一个 Inception 架构 GoogLeNet，如图 8-11 所示。

可以看出，Inception 采用了不同大小的卷积核，并且引入了 1×1 的卷积。该结构的目的是设计一种具有优良局部拓扑结构的网络，对输入图像并行地执行多个卷积运算或池化操作，并将所有结果拼接为一个非常深的特征图。不同大小的卷积核与池化操作可以获得输入

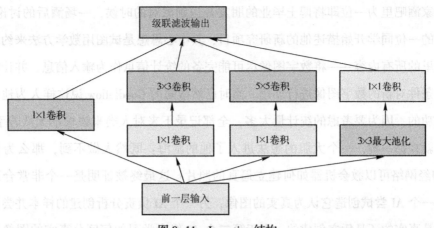

图 8-11　Inception 结构

图像的不同信息，并行处理这些运算并结合所有结果将获得更好的图像表征，并且采用 1×1 的卷积核来进行降维。

2015 年 12 月，ResNet（残差网络）掀起了网络架构的革命。ResNet 提出了新的思想：将两个连续的卷积层的输出加上跳过了这两层的输入传给下一层。其基本结构如图 8-12 所示。

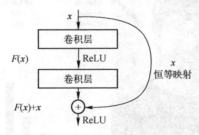

图 8-12　ResNet 基本结构

对于之前的网络而言，网络越深，能获取的信息越多，而且特征也越丰富。但是根据实验表明，随着网络的加深，优化效果反而越差，测试数据和训练数据的准确率反而降低了。ResNet 正是为了解决这一问题而提出的。以往解决该问题的方法是引入正则化初始化和中间的正则化层，但又会出现退化问题，即随着网络层数增加，在训练集上的准确率却饱和甚至下降了。ResNet 引入残差后的映射对输出的变化更敏感，去掉相同的部分，突出微小的变化，从而获得更好的效果。

8.2.2　生成对抗网络原理

1. 生成对抗网络思想的缘起

2014 年，现在已经名满天下的 Ian Goodfellow 当时还只是蒙特利尔大学的一位在读博士生。在一家酒吧里为一位即将博士毕业的朋友开送别派对的时候，一场酒后的讨论发生了。参与派对的一位同学开始描述他的新研究项目，其中心思想是试图用数学方法来约束并确定数字图像里的所有内容——将数字图像尽可能完备的统计信息作为输入信息，并让模型自行根据约束条件对新的数字图像进行创建。当时已然微醺的 Goodfellow 说这样人为地去约束是不可能成功的，因为要考虑的统计量太多，全部记录下来对人类来说根本无从着手——嗯，人类。而就在那一刻，一个大胆的想法进入了他的脑海：既然人做不到，那么为什么不是 AI 呢？神经网络可以教会机器如何建立逼真的照片！这最终被证明是一个非常合理而优雅的设计：一个 AI 尝试创造它认为真实的图像，另一个 AI 负责分析创建的样本并尝试确定该样本究竟是真实的还是凭空创建的。由于第二个 AI 努力学习如何区分真实的图像与假的生成的图像，所以第一个 AI 在对抗之中将逐渐学会模仿真实图像（见图 8-13）。这种方式是一个单独的 AI 无法完成的。

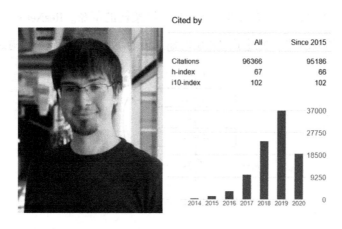

图 8-13　生成对抗网络之父 Ian Goodfellow 及其 Google Scholar 统计论文被引用数

当时深度学习已经风靡整个学术界，神经网络作为一种常被与人类大脑相类比的模型，可以通过识别数字图像中的内容理解分析来进行学习，也理所应当地成为生成对抗网络构想中的 AI 的最佳选择。在酒吧里，Goodfellow 决定使用现实的照片来供给判别神经网络的学习样本，然后与生成神经网络所产出的假的图像进行对比，学习如何辨别照片是否为假。通过这种不断对抗、不断进步的方式，生成神经网络最终应该可以生成与真实图像无法分辨的虚假图像。

而当时，Goodfellow 的朋友们十分怀疑，认为这种方法行不通。然而作为一名计算机专业的博士生，心中的不服气在嘴仗中当然无法真正发泄——Talk is cheap, show me the code，一切都应该在代码与实验中见真章。所以，当他结束派对回到家之后便马上开始进行这项实验。按照 Goodfellow 的回忆，当他回家的时候已经有点喝醉了，心中想证明自己理论的正确性的想法无处释放，于是便打开了自己的笔记本电脑，连夜完成了生成神经网络的代码编写。十分幸运，当时编写出来的代码第一次测试就成功运行了。借助这个开拓性的想法，他和一些合作的研究人员在 2014 年发表了一篇论文，阐述了这个想法。这篇名为 *Generative adversarial nets* 的文章发表在当年的深度学习国际顶级会议 Conference on Neural Information Processing Systems（NeurIPS）上，至今已经获得了超过两万次的学术引用，如图 8-14 所示。研究生成神经网络（GAN）的论文从那以后也如雨后春笋般涌现，研究探讨这一概念与其现实应用。

Generative adversarial nets

Authors	Ian Goodfellow, Jean Pouget-Abadie, Mehdi Mirza, Bing Xu, David Warde-Farley, Sherjil Ozair, Aaron Courville, Yoshua Bengio
Publication date	2014
Conference	Advances in neural information processing systems
Pages	2672-2680
Description	We propose a new framework for estimating generative models via adversarial nets, in which we simultaneously train two models: a generative model G that captures the data distribution, and a discriminative model D that estimates the probability that a sample came from the training data rather than G. The training procedure for G is to maximize the probability of D making a mistake. This framework corresponds to a minimax two-player game. In the space of arbitrary functions G and D, a unique solution exists, with G recovering the training data distribution and D equal to 1/2 everywhere. In the case where G and D are defined by multilayer perceptrons, the entire system can be trained with backpropagation. There is no need for any Markov chains or unrolled approximate inference networks during either training or generation of samples. Experiments demonstrate the potential of the framework through qualitative and quantitatively evaluation of the generated samples.
Total citations	Cited by 20262

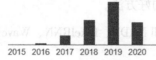

2015 2016 2017 2018 2019 2020

图 8-14　GAN 原始论文

2. 生成对抗网络原理

在论文 *Generative adversarial nets* 中，Goodfellow 提出了让两个神经网络进行相互竞争的思想——一个神经网络试图生成尽可能模拟真实的数据（最初常见的形式为图像，但现今 GAN 所生成的内容已经越来越丰富多彩），而另一个网络在生成网络学习如何生成真实数据的同时，不断试图区分真实的数据和生成网络所生成的数据。生成网络使用判别网络作为损失函数（Loss Function），并不断更新其参数以生成更为逼真的数据。与此同时，判别网络不断更新其参数以更好地学习生成器生成的数据与真实数据的区别，从而更准确地判断样本的真伪。

图 8-15 所示为 GAN 训练过程，细实线是判别器的概率分布，虚线是真实数据的概率分布，而粗实线是生成器的概率分布。一开始判别网络占据绝对优势，因为生成网络所生成的数据不足以以假乱真，判别网络很快就能很好地判断样本的真伪；然而随着训练的不断进行，生成样本的分布越来越接近真实样本，以至于到最后达到了完美的模拟，而此时生成器占据绝对优势，判别器再也无法分辨样本究竟是由生成器创建的还是真实的。当然这只是一个理想化的示意图，现实的生成对抗网络训练过程中真实数据的分布不可能如此简单，生成器的拟合也不可能完美无缺，但是整体而言，训练过程大致可以如此进行描述。

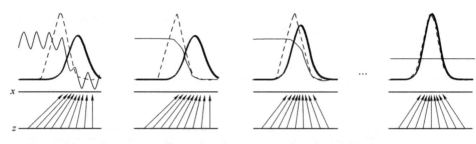

图 8-15　GAN 训练过程示意图

3. 生成对抗网络面临的问题与挑战

根据 GAN 之父 Goodfellow 在国外问答平台 Quora 上对网友的回答，总结 GAN 的主要优缺点如下。

优点：

- GAN 是一种以半监督方式训练分类器的好方法。
- GAN 生成样本的速度比常见的网络（如 NADE、PixelRNN、WaveNet 等）要快，因为不需要依次生成样本中的不同条目。
- GAN 不需要任何蒙特卡洛近似来训练。GAN 一直以其不稳定且难以训练著称，但比起依赖于对数划分函数梯度的蒙特卡洛近似的玻尔兹曼机，它们更容易训练。由于蒙特卡洛方法在多维空间中效果不佳，因此玻尔兹曼机从未能够真正扩展到像 ImageNet 这样的现实任务。
- 与 VAE 相比，GAN 不会引入任何确定性偏差。变分方法引入了确定性偏差，因为它们优化了对数似然性的下限，而不是似然性本身。与 GAN 相比，这似乎导致 VAE 学习后生成的样本质量受限。

- 与非线性 ICA（如 NICE、Real NVE 等）相比，不需要潜在代码具有任何特定维数或生成器网络是可逆的。
- 与 VAE 相比，使用离散潜在变量更容易。
- 与玻尔兹曼机和 GSN 相比，生成样本只需要对模型进行一次遍历，而不需要未知数量的马尔可夫链迭代。

缺点：

- 训练 GAN 需要找到合适的纳什均衡。然而梯度下降并不确定总能找到这个平衡。目前还没有一个好的平衡发现算法，因此与 VAE 或 PixelRNN 训练相比，GAN 训练并不稳定。
- 很难学习生成离散数据，如文本。
- 与玻尔兹曼机相比，很难做到在给定另一个像素的情况下猜测一个像素的值。GAN 的训练使其只擅长在一次生成操作中生成所有像素。

GAN 的局限性主要在于其训练的不稳定、收敛较为困难以及难以对生成的内容进行精准控制，因此各种网络结构、损失函数和监督约束条件层出不穷，也始终代表了 GAN 网络研究的主流方向。尽管生成对抗网络在人脸等数据集上表现十分可喜，甚至超出人们的想象，但是在整体纹理或语义相对复杂的数据集上的效果仍然不尽如人意。如果图像的类别数量太多或者各类样本的量不均衡，还会发生模式坍缩等常见的训练问题。

GAN 最开始只能生成非常简单的图像，如前面引用的论文中 32×32 分辨率的 MNIST 手写数字图像，因为对抗训练在当时十分难把握，生成有意义的内容显得十分困难。此后虽然有以 DCGAN 为首的去掉池化层、全连接层，使用批标准化等尝试，但是生成的人脸图像仍然不理想。直到 2018 年的 PGGAN，GAN 生成的图像才被精细化到了 1024×1024 分辨率。此后，NVIDIA 公司在此基础上继续拓展的 StyleGAN 与 StyleGAN2，也始终引领着 GAN 生成图像的最高水准。而最新的代表性改动，则是在将隐变量送入生成器之前，先经过多层全连接层将其特征进行解耦合操作。这样的操作使得 GAN 对于其生成内容有了前所未有的精准控制能力，通过解耦合得到的代表性轴，生成图像中的面部特性能够精准地进行变化，且在变化过程中仍然保持生成内容的真实程度。

最初的 GAN 在衡量生成数据分布和真实数据分布的差别时采用的是 KL、JS 散度，而这容易导致梯度消失等问题，从而导致训练的不稳定甚至失败。为了解决这类问题，此后出现的 WGAN 等生成对抗网络的新形式试图使用更好的分布差异衡量方法。同时，对训练过程中的中间特征层计算损失函数也成为一种新的尝试方向。然而，当前对生成对抗网络的研究还是始终无法摆脱其训练过程与生成内容的不稳定性，这也仍然是当前对生成对抗网络研究中最为前沿的研究方向之一。

当然，生成图像的真实性作为一个对人类视觉而言极为主观的问题，其客观评价指标的制定也始终是一个难以达成共识的问题。即使是在最为前沿的研究成果中，Inception Score（IS）和 Fréchet Inception Distance（FID）仍然被用来评估生成图像的质量，而这些评价指标往往都是用在 ImageNet 上预训练的网络前向预测来进行打分，而在某种程度上甚至可能还不如人类的主观评分取均值可靠。当前，对于 GAN 生成内容的真实性与质量的评估仍然处在一个"盲人摸象"的阶段，一个公平而可靠的评价体系急待建立。

8.3 图像处理应用实例

当今处于神经网络研究的第三次发展浪潮中，卷积神经网络（CNN）得到了巨大的发展，特别是在图像处理领域。在原来多层神经网络的基础上，CNN 加入了更加有效的特征学习部分，具体操作就是：在原来的全连接层前面加入了部分连接的卷积层与池化层。CNN 的出现使得神经网络层数得以加深，深度学习得以实现。

CNN 结构演化的历史：起点是神经认知机模型，该模型出现了卷积结构，但是第一个 CNN 模型诞生于 1989 年，1998 年诞生了 LeNet。随着 CNN 各种结构改进的提出，以及 GPU 和大数据带来的历史机遇，CNN 在 2012 年迎来了历史突破。

8.3.1 CNN 分类网络在真伪图片识别中的应用实例

进入数字时代以来，各式各样的信息已经通过互联网渗透到生活的各个方面。2015 年 7 月 4 日，国务院印发《国务院关于积极推进"互联网 +"行动的指导意见》。该文件标志着互联网已经成为带动社会经济实体发展的重要技术力量。"互联网 +"旨在让互联网与传统行业进行全面深入的结合，创造全新的社会发展形态。在互联网中，文本、音频、图像和视频是最为常见的四种信息载体形式。与文本载体相比，多媒体数据（即音频、图像和视频）能够提供更大的信息量和更为丰富、直观的视听感受。

然而，随着多媒体编辑技术的日渐成熟，越来越多的不法分子对多媒体数据进行篡改，并通过互联网进行传播，这对社会稳定和国家安全造成了极大威胁。图像数据篡改是一个存在已久的问题。早在数字图像普及后，一般用户便可以通过常用的数字图像编辑软件（如Photoshop等）轻易地对数字图像内容进行篡改。至今，已有大量数字图像篡改恶性事件发生，并造成了严重的社会负面影响。这些频繁出现的篡改图像已经在军事、司法、传媒等领域引起了严重的不良后果，同时也引发了研究学者们对图像篡改问题的关注。因此，如何鉴定并保护多媒体数据的真实性和完整性具有重要的理论与实际应用价值，近年来这已成为信息安全领域的热点问题，引起了专家学者的广泛关注。

2017 年，WIFS 上发表了文章 *A deep learning approach to detection of splicing and copy-move forgeries in images*。该文章提出了一种基于深度学习技术的图像伪造检测方法，利用卷积神经网络从输入的 RGB 彩色图像中自动学习特征。该文章中的 CNN 是专门为图像拼接和复制移动检测而设计的。与其他领域的 CNN 设计不同的是，网络第一层的权值是用空间丰富模型（SRM）里残差图计算中使用的基本高通滤波器组初始化的。这种初始化方式可以有效地抑制图像内容的影响并捕获篡改操作带来的细微失真。利用训练的 CNN 从测试图像中抽取特征，然后结合特征融合技术，得到最终的判别特征，并送入支持向量机进行分类。

该文章提出的模型处理过程分为两个主要步骤：一个是特征学习，另一个是特征抽取。在第一步中，算法使用标记好的图形块进行训练，其中正样本是从篡改图片的修改边缘精心截取的，而负样本则是从正确图片中随机截取的。这样，CNN 就能注意到由篡改造成的局部特征，从而学习篡改图像的结构特征。整个的网络结构如图 8-16 所示。

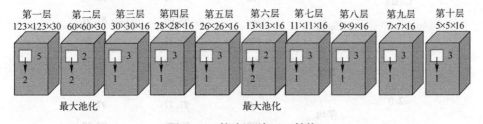

图 8-16　篡改识别 CNN 结构

可以看出，文章使用了 10 层的 CNN 结构，第一层采用了 30 个 5×5 的滤波器，其初始化利用的是 SRM 里的基本高通滤波器作为初始参数。这一点和普通的 CNN 用正态分布初始化各级权值参数不同，是在这一领域常见的处理手段。整个 CNN 在第二层和第六层使用了两个最大池化，其余卷积层的卷积核大小和步长都表示在了方框附近。箭头指示的是步长大小，方框旁的数字表示滤波器大小。

在第二步中，预训练好的 CNN 模型，通过对整张图片的块大小扫描来抽取图片块中的特征。最终，抽取的特征将经过融合并通过 SVM 进行分类。实验结果表明该结构可以有效检测图像篡改。文章在 CASIA v1.0，CASIA v2.0 和 Columbia gray DVMM 三个数据集上验证了卷积网络的效果。图 8-17 展示了该方法与其他方法的准确率对比。可以发现，该方法在 CASIA v1.0 上面达到了 98.04% 的准确率，在 CASIA v2.0 上面达到了 97.83% 的准确率，在 DVMM 数据集上面达到了 96.38% 的准确率。

方法	CASIA v1.0 Acc（%）	CASIA v2.0 Acc（%）	DVMM Acc（%）
Proposed	**98.04**	**97.83**	**96.38**
Muhammad [7]	94.89	97.33	—
He [4]	—	89.76	93.55
Zhao [5]	—	—	93.36

图 8-17　篡改识别 CNN 结构的不同准确率

另外，文章还给出了在图像篡改方面，利用不同结构对检测准确率的影响，如图 8-18 所示。可以看出，利用 SRM 的滤波器进行第一层初始化比利用正态分布初始化的准确率高大概 10%；在步长和池化操作方面，最大池化对于选用的三个数据集有着更好的效果。

数据集	池化	步长	Acc（%）	
			SRM-CNN	Xavier-CNN
CASIA v1.0	最大	64	98.04	88.24
		128	97.39	86.93
	平均	64	98.04	87.91
		128	97.71	88.24
CASIA v2.0	最大	64	97.42	97.19
		128	97.83	97.30
	平均	64	97.77	97.42
		128	97.48	97.30
DVMM	—	—	96.38	74.67

图 8-18　CNN 不同结构对准确率的影响

总而言之，尽管 CNN 的原始设计在于分辨图像的内容，但如果对其结构进行合理的修改，CNN 也可以分辨两张近似的图片。对于图像篡改检测领域，一般对 CNN 的第一层利用传统模型的滤波器进行初始化，以有效地抑制复杂图像内容的影响，并加快了网络的收敛速度。许多研究者在多个公开数据集上进行了大量的实验，结果表明，基于 CNN 的图像伪造检测方法是一个非常有前景的研究方向。

8.3.2　GAN 在人脸图像伪造中的应用实例

GAN 在人脸图像伪造中应用广泛，相关的生成网络层出不穷。从 PG-GAN 到 StyleGAN，再到 StyleGAN2，使用 GAN 来生成的人脸图像越来越逼真，人眼可见的瑕疵越来越少。下面就来介绍上述三个 GAN 的发展历程，并着重对目前效果最好的 StyleGAN2 进行分析。

1. 三种 GAN 的发展历程

PG-GAN 是英伟达首次以生成逼真人脸而闻名于世的功臣。其使用渐进式增大（Progressive Growing）的训练方法，首先生成 4×4 的图像，然后逐渐增大到 8×8、16×16，一直到最终的 1024×1024 的高质量图像，这样做主要是为了训练时候的稳定，使得图像生成过程比较平滑。

StyleGAN 借鉴了 PG-GAN 的思想，同样使用渐进式训练方法。但是，这种方法在生成人脸图像的时候有一个缺陷——过分关注牙齿和眼睛等细节。在生成不同角度的人脸过程中，人脸图像的牙齿和眼睛变化具有跳跃性，即在某个人脸角度范围内，牙齿和眼睛的方向几乎不变，而一旦人脸变化超出某个角度范围，其牙齿和眼睛的方向就会产生突变，这显然是不合常理的。此外，从 64×64 的图像开始，图像周围会出现一些奇怪的"水滴"，并且随着图像质量的提高，"水滴"现象越来越明显，甚至达到了肉眼可见的程度，如图 8-19 所示。即使有一些较小的"水滴"不容易被轻易观察出来，但是在特征图上看的话，水滴现象无疑是一个巨大的缺陷。

图 8-19　"水滴"现象和特征图中的"水滴"

由于上述两种 GAN 的固有缺点，英伟达对 StyleGAN 进行了改进，推出了 StyleGAN2。StyleGAN2 抛弃了渐进式增大，采用了新的方法解决了脸部各个部位姿势不匹配的问题。另外，还对生成器进行了改造，解决了"水滴"现象。接下来会分别对这两部分进行详细的介绍。

2. 解决脸部各个部位姿势不匹配的问题

虽然渐进式增大可以在生成高分辨率图像时使生成过程更加稳定，但正如前面所提到的，在这个过程中，生长器会对某些细节过分关注，这些在英伟达给出的视频中可以清晰地看到。下面截取几张图片作为示例，如图 8-20 所示。

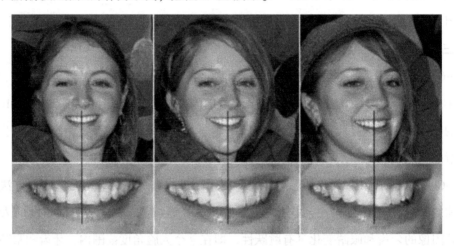

图 8-20　渐进式增大中出现的面部姿势不匹配问题

从图中可以看出，当人物面部进行转动时，牙齿的方向并没有变化，而是始终与镜头保持对齐，如图中竖线所示。同样地，眼睛也会出现类似的问题，即保持一个方向不变。当人物面部变化较大的时候，牙齿和眼睛就会重新定位，直接跳到下一个状态，造成画面的不连贯。

为了解决这一问题，英伟达对 StyleGAN 的网络设计进行了重新评估，并寻找一种既能生成高质量图像，又避免渐进式增长的体系结构。在原始的 StyleGAN 中，生成器和判别器都只使用了前馈设计，但存在许多更好的网络体系结构，例如，跳跃连接、残差网络、分层方法等都被证明是很成功的。研究人员借鉴了 MSG-GAN 的架构，如图 8-21 所示。MAG-GAN 把生成器和判别器的分辨率用多个跳层连接匹配起来。

英伟达的研究人员在 MSG-GAN 基础上，使用上采样（Upsampling）与求和（Summing）的方式来处理不同分辨率下 RGB 输出的贡献；判别器同理，使用下采样（Downsampling），如图 8-22 所示。

除了上述对网络进行上采样和下采样之外，研究人员进一步使用残差连接（Residual Connections）对网络进行了进一步的改进，如图 8-23 所示。

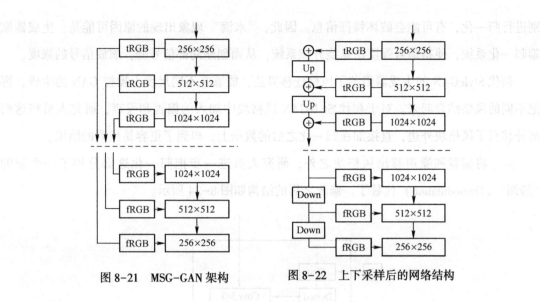

图 8-21 MSG-GAN 架构　　　　　图 8-22 上下采样后的网络结构

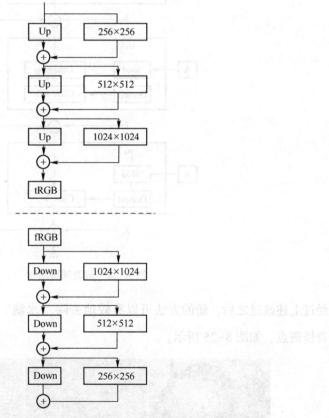

图 8-23 加入残差连接后的网络结构

3. 解决"水滴"现象

对于"水滴"现象，研究人员发现是因为生成器实例归一化的原因。在上一代 StyleGAN 中，使用的方法是自适应实例归一化（AdaIN），这部分将特征图的均值和方差分别进行归一化，有可能会破坏特征信息。因此，"水滴"现象出现的原因可能是，生成器欺骗归一化系统，使得信号强度信息绕开该系统，从而创建局部信号峰，缩放信号的强度。

初代 StyleGAN 的生成器借鉴了风格迁移算法，能够在不同尺度上操控 GAN 的生成，再把不同的风格结合起来。对于初代 StyleGAN 风格块中加入的偏置和噪声，研究人员将这两部分移到了风格块外边，直接加在归一化之后的数据上，得到了更容易预测的结果。

除了将偏置和噪声移出风格块之外，研究人员进一步把归一化这部分用了一个新的"解调"（Demodulation）代替了。修改之后的结构如图 8-24 所示。

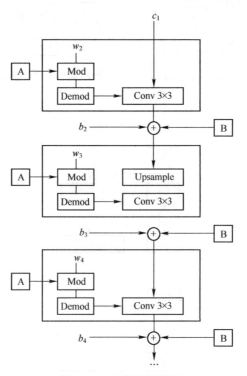

图 8-24　解调网络结构

经过上述改进之后，新的方法可以有效地去除"水滴"现象，消除生成图像和特征图上的奇怪斑点，如图 8-25 所示。

图 8-25　用解调代替归一化后的效果图

8.4 小结

本章重点阐述了神经网络及深度学习的基本原理和主要的发展历程，同时还阐述了其与图像内容分析的结合应用的原理和方法。目前，深度学习已经在音频、图像、视频等多媒体内容安全领域起到了重要的作用，弥补了之前人工方法的局限性。但是，也要看到人工智能方法的发展也刚刚起步，无论是深度网络的理论基础还是可解释性，还有待进一步完善。深度学习方法更偏重于对样本数据的依赖，例如，海量的样本数据、标注准确的样本标签、对抗数据的干扰等一系列问题。随着人工智能理论与方法的不断发展，层出不穷的网络模型也会越来越成熟，可扩展性和迁移学习能力会不断加强，在满足社会需求的不同应用领域的作用也会越来越大。但是与此同时，传统的特征分析方法和统计分析方法的专用性、高效性、对数据依赖性低等特点，对图像、音频、视频内容分析的作用还是非常有价值的研究方向。因此，人工智能方法和传统方法将在未来一段时间内互相支撑，互补交叉发展。

8.5 思考题

1. 什么是神经网络？
2. 什么是深度学习？
3. 简述 CNN 网络的原理。
4. 简述 CNN 常见网络的名称。
5. 举例说明 CNN 用于伪造图片分类的机理。
6. 简述 GAN 的原理。
7. 简述 GAN 的优缺点。
8. 什么是"水滴"现象，并简述其原理。

第9章 基于深度网络的自然语言处理

深度学习在图像处理方面取得了长足进步之后，在无监督训练语言模型方面也取得了突破。2018 年，BERT 等几个大型语言模型的推出，将文本处理带入了真正的深度网络时代，开启了文本处理的新篇章。自然语言是一种具有良好扩展性、灵活性的表达方式，它来自大自然，但反过来能表达大自然所能够展现的一切。

自然语言是整个自然界智能发展的巅峰。人类语言具有非常灵活的表达方式以及可无限扩展的描述能力，无论是表达人纷杂的内心感受，还是表达严谨的数学计算过程均能够游刃有余。当然，另一方面也可以观察到，这些所有的表达方式和描述能力也需要长期的学习训练作为基础。也就是说，语言和其他智能的发展相辅相成，语言并不是独立发展的，而是多种智能协同发展的结果。

不同的人对于同一件事物的语言描述，还会由于每个人理解的差异和表达的差异，所形成的文本也会有很大的不同。与此同时，相同的文本在不同的使用环境下可能引发完全不同的理解，这样的例子也是数不胜数，给文本处理带来了很大的困难。充分认识到自然状态下语言文本的复杂性，是进行文本处理的基本点。

文本（即人类自然语言）的智能处理自 19 世纪 60 年代被提出以来，人们一直用分层的方法将文本处理切分为：字词处理层次（语素、词汇等）、语句处理层次（短语、句法、词性等）、语义处理层次（词义、逻辑表达等）等，从而完成各种特征的抽取，将文本表达为数据进行计算（参见第 4 章相关内容），这些技术在处理样本数量有限的类文本数据时依然有效。这些层次基本上基于语言学家长久以来通过对语言的观察得出的具有统计意义的规律，例如，把词汇分为名词、动词，并得出一些名词和动词的搭配关系。这样的研究思路衍生出了非常多的文本处理模块，如分词系统、句法分析系统、语义消歧系统等。这些系统的建设依赖于大量人工标注完善的语料库以及特制的算法，尽可能地拟合了人类所产生的语言文本中的大多数规律。但这样的分层处理模式很难从整体上对语言进行建模，或者说很难从整体上对语言进行一种统一的建模。

深度学习在复杂函数拟合、特征自动抽取等方面的能力比以往的算法有着很大的优势，因此，它在处理自然语言文本这个领域有很好的应用前景。2010 年以来，在自然语言处理领域提出的 RNN、LSTM 等网络，对语料库的要求比以往的算法相对而言要宽松。例如，在一些机器翻译的任务中，做到句子对齐就可以进行训练。而用其他算法处理相似的任务，则需要对句子进行句法的标注以及词级别的对齐，需要人工来完成特征的标注和抽取。随着有些双语或者多语语料库的出现，深度学习的性能得以不断改进。这些深度网络在应用有监督的语料库的领域逐渐取得了与以往分层处理模式所能取得的相似的效果。

本章首先介绍基于深度网络的语言模型，然后介绍应用这些语言模型进行文本处理的方法和应用。

9.1 应用于文本处理的深度网络

CNN 和 LSTM 是应用非常广泛的两个神经网络模型，它们的设计都参考了动物大脑中的神经网络。CNN 是借鉴了哺乳动物的底层视神经，LSTM 则是借鉴了记忆和遗忘模型。LSTM 可以说来源于 RNN，而 RNN 非常适用于序列数据的处理，所以被广泛应用于文本处理中。

CNN、RNN 和 LSTM 网络均为有监督的深度网络。这些网络被广泛用于文本处理的各类应用中，如文本分类、文本生成等。但受限于语料库的数量，以及网络结构本身，这些模型所能搭建出来的网络基本上都是 1~3 的深度。尽管如此，单纯采用这些模型搭建的神经网络在文本的处理精度方面已经具备一定的实用水平，在很多机器人客服系统中得到了应用。

本节重点介绍这两类网络各自在文本处理上的特点。

9.1.1 卷积网络在文本处理上的应用

在所有图像处理领域 CNN 都得到了广泛的应用，并且能够组建深度很大的网络。在文本处理中，CNN 也能够很好地改进某些文本处理系统的性能。文本的应用和对图像的处理还是存在较大的不同，也受到一些限制，因此下面来详细介绍 CNN 在文本处理中的特点和应用。

正如 CNN 在图像中能够在局部视野里抓取特征，如一个垂直的线条或者一个倾斜的线条，CNN 在文本中同样可以在局部视野中抓取特征。但考虑到文本的特殊性，CNN 在文本中的用法与图像中有很大差异。图像处理中 CNN 的每一个卷积的视野（卷积核）是二维的，如 3×3 或者 5×5 的区域，而在文本处理中文本是一维的序列，因此文本处理中的 CNN 视野是一维的，可设置为 1×2、1×3、1×4 等不同长度。

CNN 本身需要数字化的输入，也就是说，它自身不具备将文本转换为词向量或者字向量的能力，因此需要使用其他方法将文字转换为向量后才能输入到网络中去。例如，可以使用 Word2Vec 训练得来的词向量，这样需要先将文本进行分词处理后，得到词向量。目前，更为常见的是使用 BERT 模型得到字向量。图 9-1 所示是一个 CNN 在文本处理中卷积视野的示意图，为了方便理解，将词向量以词直接表示。以"橡树是一种高大的树木"这句话为例，不同大小的卷积核看到不同长度局部的文本。因此，CNN 网络抓取到的是句子的局部特征，并可以使用最大池化，将某一些局部特征突出出来。

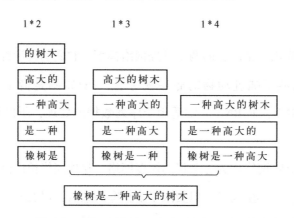

图 9-1　文本处理中 CNN 卷积核的视野示意图

注：图中"＊"代表卷积操作

CNN 抓取到的局部特征以卷积核的长度为限，但根据自然语言的最近依存原理（最近依存原理是指在一个自然语言句子中，句子句法结构倾向于尽量缩短局部依存关系词语之间的距离），绝大多数的关系都是贴近发生的。因此，CNN 的计算过程能够覆盖到贴近依存的关系。

CNN 应用于文本处理的局限同样根植于它的特点。例如，它自身平移和尺度不变性的特点，难以处理语言中前后次序导致的语义差异。再次，长距离的依存关系无法在局部的特征抓取和计算中得以体现。还有，文本在表达上的灵活性导致字符序列的灵活性，这本身也是卷积核所难以应对的。因此，CNN 在文本处理上多用于主题分类。

9.1.2 长短期记忆模型简介

自然语言中词汇之间的长距离依存关系是 CNN 网络难以解决的问题。但在输入数据为序列输入的网络中，有些网络存在梯度消失现象，即随着数据的不断输入，较早输入的数据经过不断的运算后，对隐藏层的影响变得越来越小，以至于逐渐消失不见。由于 RNN 这类序列处理模型存在梯度消失的现象，因此在难以处理这种长距离依存关系时也存在一定的难度。LSTM（Long-short-term Memory，长短期记忆模型）是为了解决这个问题而提出来的。随后被广泛应用于自然语言的各种应用领域，包括语音的处理等。

从原理上看，LSTM 的神经元通过训练一种记忆和遗忘方式来保持细胞本身的一个状态。细胞本身的状态、上一个输入得出的隐藏层输出以及当前输入共同来决定下一个时刻的细胞状态以及隐藏层输出。由于遗忘门或者记忆门都各自有激活函数来激活，那么细胞状态就有可能在多个输入后还保持原有的状态，从而避免记忆的遗忘，可以处理长距离的依存关系。

LSTM 有非常多的变种，变化主要是在于遗忘和记忆的输入、输出以及计算方式。图 9-2 是 LSTM 的神经元示意图。

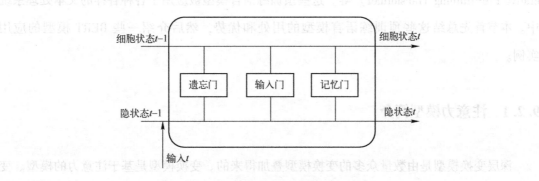

图 9-2 长短期记忆模型的神经元示意图

LSTM 和 RNN 一样都是序列输入的，因此它在处理长句子的情况下没有句子长度等的限制。此外，LSTM 或者 RNN 的输入也可以是序列输出，因此可以被用于文本生成领域。

LSTM 尽管有它的优势，但它的缺点也是很显著的，例如，由于神经元结构的复杂，可训练的参数较多，那么训练网络需要的样本数量就较多，对于训练过程调参的要求也较高。

根据对 RNN 以及各种 LSTM 变种进行的各种对比实验表明，通过细致的调参 RNN 和 LSTM 能达成的最佳性能比较接近，因此网络中优化器的选择比网络的选择可能更需要得到重视。

9.2 基于深度网络的自然语言模型

深度学习在自然语言处理领域得以彻底突破原有分层处理技术的高峰，在于语言模型的突破。语言模型（Language Model）是语言整体规律的一种数学模型，在目前阶段，语言模型建模的目标是语言中较为完整意义的基础语义表达单元：句子。建模的思路有很多种，例如，有的语言模型基于一个句子是否对某类语言的语法合法、语义是否合理，作为判断来建立语言模型，有的则是以预测连续语句的下一个单词的方式进行建模。本节将重点介绍目前应用较为广泛的预训练语言模型 BERT。BERT（Bidirectional Encoder Representations from Transformer）是 Google 公司提出的一个基于变换模型（Transformer）的语言模型。变换模型是一种完全建立在注意力之上的模型，它是在自然语言处理领域第一个能真正训练得到深度网络的神经网络模型，在 15 亿语料的支撑下，2019 年 48 层的变换模型 GPT-2 训练成功。

预训练的语言模型目前已有很多个，例如 ELMo 的 biLM（bi-directional Language Models of Deep Contextualized Word Representation，深度上下文词汇表达双向语言模型）、GPT（Generative Pre-training Transformer）等。这些预训练语言模型被应用于各种各样的文本处理系统中。本节首先总结这些预训练语言模型的用处和优势，然后介绍一些 BERT 模型的应用实例。

9.2.1 注意力模型简介

深层变换模型是由数量众多的变换模型叠加得来的。变换模型是基于注意力的模型。变换模型的多头注意力机制（Multi-Head Attention）意味着存在多个注意力。

注意力分为自注意力和互注意力。在图像和图标题的共同训练中，标题中的关键词和图像中的某一部分建立互注意的关系是最常见的注意力模型的例子。例如，在一个以"海上一艘帆船"为标题的图片中，"帆船"和图中帆船的区域形成强的关联关系，也就是说，在"帆船"这个词的注意力矩阵中，帆船区域的权重大，其他区域的权重小。这种注意力关联关系如果发生在帆船图像的高层表达中，就可以很好地使得帆船这一图像的高层表达与"帆船"这个词产生联系。

在自注意力模型中，数据与自身产生关联。在自然语言文本中，句子意义的表达，一般就是体现句内词汇间的各种关系。例如，在"它是巴迪的狗"这个句子里面，"它"是一个代词，指的是巴迪的"狗"，"它"和"狗"存在着语法上的指代关系，此外，"巴迪"和"狗"存在着语义上的从属关系。多个注意力就能够同时关联同一个句子中不同的关系。

BERT所使用的变换模型由两个部分组成：一是注意力矩阵，二是前馈网络。根据Ashish的文章中给出的变换模型架构，两者的组合是变换模型的核心，如图9-3a所示。

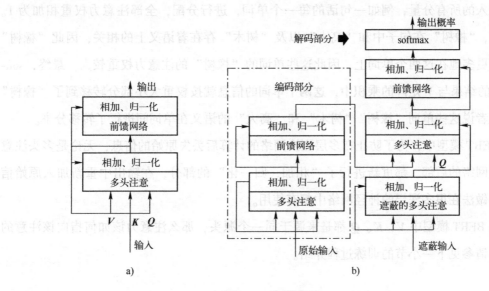

图9-3 变换模型

a）BERT注意力模型 b）BERT的自注意力模型训练网络

注意力模型依赖于有监督的训练，即依赖于整个模型的预测输出和正确结果的差异，通过反馈来调整模型参数，不断提高模型的预测能力。注意力模型通常有三个输入，分别为 V（Value）、K（Key）和 Q（Query）。

- Q：代表注意力正在注意的信息。例如在一幅图中，视线会依次注意图像的不同部位。那么目光的焦点就是当前注意的内容。
- V：代表待处理的原始信息。
- K：代表与查询相关的信息。

在互注意模型下，V 和 K 是不同的内容，例如，在机器翻译中可能是不同语言中的两个句子："我很快乐"和"I am happy"。而在自注意模型下，V 和 K 通常是同样的内容，例

151

如同一个句子。在 BERT 模型中输入句子"橡树是高大的树木"时，输入向量通过乘以注意力模型中定义的三个参数矩阵，从句子向量中计算得到 V、K、Q。这三个参数矩阵正是模型要训练的重要参数之一，通过训练，模型将找到在句子中哪些关系需要注意。

多头注意模块将按不同的权重大小调整各个头的注意方向，各自形成针对特定关系的注意力。下面是一个常见的注意力计算公式：

$$\text{Attention}(\boldsymbol{Q}, \boldsymbol{K}, \boldsymbol{V}) = \text{softmax}\left(\frac{\boldsymbol{QK}^T}{\sqrt{d_k}}\right)\boldsymbol{V} \tag{9-1}$$

从式（9-1）中可以理解到，注意点（Q）和 K 的乘积通过 softmax 函数，将注意力对所有的输入的所有分量，例如一句话的每一个单词，进行分配，全部注意力权重相加为 1。举例而言，"橡树"在句子中和"高大"以及"树木"存在着语义上的相关，因此"橡树"的注意力更多地在这两个单词上，因此这些单词的"橡树"的注意力权重较大。最终，soft-max 函数的结果与 V 矩阵的乘积中，这两个单词的信息就按权重大小部分转移到了"橡树"之上，或者说这些单词"橡树""树木"和"高大"的语义在单词间进行了转移分享。

在 BERT 模型中，为了防止在多层变换网络的计算后丢失原始的信息，无论是多头注意还是前馈网络的后部，都重新进行了"相加、归一化"的部分，在输出中重新加入原始信息。这个做法在很多深层的神经网络中都有使用。

既然 BERT 模型中 V、K、Q 都是来源于同一个源头，那么注意力该如何指向该注意的内容呢？请参见下一小节的训练过程介绍。

9.2.2 BERT 模型简介

BERT 模型的训练过程和 BERT 模型的输入是本小节要介绍的两个重点。

BERT 模型的输入是一个或者两个句子，总长度受限于网络的输入节点数量。作为字符串的句子，在输入网络前做了如下的处理：生成三种特征向量（Embedding），相加作为网络的输入。这三种特征向量分别包含文本本身的信息、文本的位置信息以及句子切分的信息。

1. 文本特征向量（Token Embedding）

文本本身根据有限数量词表被切分为词片（Wordpiece）。所有语言的词汇都是不断扩充的，人类常用的语言中，词汇量基本在十万以上的数量级。但根据语言的齐夫规律，有些字符串的出现频率高。有限词汇表根据词表的预定大小，包括了高频词汇或者长字串，以及短字串与单个字母，具备表达该语言所有句子的能力。例如，embedding 这个词不常见，但可以通过 em、##bed（前缀##表明这个词片是续接前面的词片，而非独立单词的开头）和##ding 三个词片组合起来表达。将字符串分解为有限词汇表中的词片，并索引到这些词片的代码，即作为网络输入的文本特征向量，这种文本特征向量的表示方式是一个字符串的压缩表示方法。其优点在于：

1）词表数量固定，但具备表达基于特定字符集的所有字符串的能力，包括新造词汇。

2）词表对应的词片，输入模型时采用独热编码（One-hot），使用词表中有一些特殊词片，表达句子开头、句子结束等含义。例如：

- [CLS] 句子开头。模型输入的第一个词片。因此这个位置也常常被当作二分类输出的位置。
- [SEP] 句子结束。
- [MASK] 被遮蔽的词片，BERT 模型训练过程中使用。

例如，一个准备输入到 BERT 模型的句子："[CLS] 橡树是一种高大的树木 [SEP]"。

2. 位置特征向量（Position Embedding）

位置特征向量有多种初始化方式：一是随机设置，在预训练模型中加以训练得到；二是使用三角函数初始化。初始化公式为

$$PE[pos, 2i] = \sin\left(\frac{pos}{10000^{2i/d_{model}}}\right)$$

$$PE[pos, 2i+1] = \cos\left(\frac{pos}{10000^{2i/d_{model}}}\right)$$

(9-2)

BERT 模型的训练过程将位置特征向量训练计算完成，因此在 BERT 模型使用过程中，无须输入位置特征向量。

3. 分段特征向量（Segment Embedding）

第一个句子设置为 0，第二个句子设置为 1。用来区分输入前后的两个句子。

以上三个同维度大小（模型输入的维度）的特征向量相加，得到作为网络输入的数据。

可以看出，BERT 充分发挥了深度网络特征自动抽取的能力，在输入端没有输入任何特意处理过的特征，避免了分词等词汇处理上的难题，对世界上的所有人类语言均可以采用同样的处理方式。对于汉语尤其如此，回避了如何界定词汇这个难题，对新词汇的处理非常友好。

最早提出的语言模型的训练方法是对一个文本序列是否是一个合格或能被人正确理解的

某种人类语言的句子进行二分类判断，从而建立起句子中词语以及词语搭配之间的关系。语言模型的发展过程中训练方法也有很多。BERT 语言模型训练方法有两个：

- **完形填空**：对句子中随机**遮蔽（Mask）**部分词汇（15%），让模型预测该词汇。这种训练使得模型具备表达整个句子结构和语义的能力。
- **接话把**：让模型预测输入的两个句子中的第二个句子是否是第一个句子的下一句。这种训练使得模型具备句间承接连续语义的能力。

可以注意到，在图 9-3b 模型的训练网络中分为"编码部分"和"解码部分"。其中编码部分和 BERT 语言模型一样。而解码部分则实现了一个预测过程，通过预测遮蔽的单词或者预测两个句子是否是连续的句子，完成误差反馈，从而实现网络训练。

以完形填空的过程为例。BERT 使用遮蔽输入来完成遮蔽单词的输入。如果句子"橡树是一种高大的树木"中的"橡树"被遮蔽，那么遮蔽输入将是"［CLS］［MASK］是一种高大的树木［SEP］"。

可以注意到，在 BERT 模型训练网络的解码部分，第二个多头注意模块中 V、K 和 Q 是不同的。V、K 仍然是由包含所有句子信息的输入计算得来的，而 Q 则是遮蔽多头注意的输出，即遮蔽了单词后的句子的输出结果。BERT 要想成功地预测被遮蔽的信息，就必须从句子的其他部分获得可以预测这个单词的信息。因此，模型的变换过程可以理解为把单个的文本信息转移分享到句子的其他部分，让原本独立的词片整合在同一个句子下，各自有侧重地带有句子整体的语义，类似于完成了一个**句子的全息造影**。

在多头注意模块的计算公式中，也可以得出类似的结论。

预测输入的两个句子是否为连续的两个句子，则需要综合考虑两个句子的语义，判断是否存在语义连续性。

总的说来，BERT 模型通过多层变换模型尽可能地建模自然语言的句子中词片和词片之间的一切有利于接话把以及完形填空的各类关系，涵盖了词汇、语法以及语义各个层面。

9.2.3　理解基于深度学习的预训练语言模型

从前面的模型介绍中可以看出，BERT 模型的输入是一种词片、位置、句子的总和。而它的输出则是将输入经过多层的变换运算。整个变换又可以部分理解为句子中每一个部分和其他部分进行转移和分享。转移和分享的过程有什么重要的变化？为什么能起到建模整个语言的结果呢？下面分别从以下几个方面来解释。

1. 基于上下文的词向量

"你为啥买小米？""充电快。"这是一个输入到语言模型中的例子。

在该语句中，存在大量的多义词。例如，小米既可以是一种食物，也可能是一个电子产品的品牌。为了使得每个词能够被计算，所有的文本处理系统都必须把词汇转换为一个可计算的，如一个多维的向量。但一个固定的向量所能表达的只能是同一个语义，无法做到多重语义的表达。

而在本书所提到的那些语言模型中，模型的输入是一个或者多个完整的句子。那么句子中某个词汇经过计算（与上下文所有的词汇语义进行转移和分享），例如"小米"这个词汇就可以借助"充电"的帮助，脱离了其是一种食物的可能性，而将语义定格为一个电子产品。这样，模型计算出的"小米"其语义就变得单一和精确。

2. 内涵语义的表达

人类学习使用语言这个工具，一开始是使用了实例化的方法。例如，给一个孩子看一只桃子，并给他说"桃子"。那么桃子的语义就关联上了一个物品。之后用解释词和词之间的关系来学习更多词汇，如"杨桃和油桃有点类似，都是一种水果"。在人工智能的目前阶段，词汇的数学表达、词向量的计算，也是基于词和词之间的关系。Word2Vec 词向量很出色的原因就是存在 King-Male+Female＝Queen 这样的向量运算关系。

BERT 等语言模型同样保证了词汇本身内涵语义的抽取。而且，在词汇搭配造成的语义细节上，BERT 的把握更为精确。例如，"travel to USA"和"travel from USA"的差异体现在词汇的组合上。一般来说，由于介词的应用广泛，介词本身的语义表达比较模糊，而BERT 能很好地结合 to 和 USA 来把握旅游目的地的含义。

3. 句义延伸

由于 BERT 训练中还加入了预测下一个句子的内容，因此不仅能够计算输出一个句子的向量，而且还可以具备一定的句义延伸的能力。例如，Google 的基于 BERT 的搜索引擎实验中发现，"Can you get medicine for someone pharmacy"这个搜索的本意是替其他人拿处方药是否可行的问题，但很多基于关键词的搜索引擎，由于重视"pharmacy"这个关键词而忽视"someone"，通常会返回去药房取药的步骤等结果。而基于 BERT 模型的搜索就相对正确地把握了句中"someone"这个词的延伸含义，并给出了正确的查询结果。

对于变换模型的预训练语言模型，由于其变换的内容是完整的一个或者两个句子，输入内容不仅包含词片，还有词片的位置信息，因此，与词义、句法、句义、句子衔接等的各类关系都有涉及。由于语料库的来源主要是互联网，互联网的整体语言习惯就成为 BERT 所把握和保存的语言模式。基于预训练语言模型的文本处理，相当于使用了整个互联网作为知识背景。对于处理的文本类型相近的文本处理系统而言，这是一个强大的工具。

每一个语言模型都有其各自的优势。例如，GPT 是生成式的，可以给定一个句子作为开头来自动续写文本。要更好地发挥这些语言模型的能力，需要对模型有深入的理解。

9.3 自然语言文本处理实例

本节首先以 PyTorch 为例介绍基于预训练的语言模型的文本处理应用，然后介绍 CNN 和 LSTM 两个网络的应用实例。

9.3.1 基于词向量和句向量的文本处理实例

基于构建良好的语言模型，深度学习的自然语言处理可以被分为两个阶段。

1）第一个阶段是对语言模型的训练（如图 9-4a 所示），使用不需要人工标记的原始语言文本数据，大部分直接取自互联网。训练使用的数据集规模大，语言模型的网络深度深。

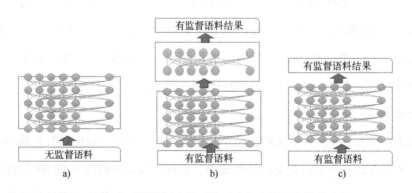

图 9-4　基于预训练语言模型的两阶段自然语言处理过程

a）预训练模型训练阶段　b）任务网络训练阶段（叠加网络）　c）任务网络训练阶段（原网络再训练）

2）第二个阶段是对特定任务的训练，采用有监督的语料。这个阶段可以有几种应用方式：

● 叠加输出网络方式，如图 9-4b 所示。

叠加网络的类型常见于 CNN 和 LSTM。这个方式下，预训练好的语言模型参数保持不变，叠加的输出网络深度无须很深，训练所使用的语料需要根据任务本身进行标注，但由于仅需要训练叠加的输出网络，而该网络不大，因此所需要的样本量较少。

● 微调（Fine-Tune）方式，如图 9-4c 所示。

这个方式下，直接使用预训练的语言模型，将其特定的输出改为样本输出。通过反馈误差，将通用的语言模型微调为适应特定任务的应用系统。

● 叠加+微调方式。

叠加加微调方式是结合上述两种方式，不仅训练叠加的网络，而且微调语言模型。

BERT、GPT、ELMo 等预训练的语言模型尽管在输入和输出方面各有一些差异，但这些模型均输出基于上下文的词向量。有些模型还能够直接给出句向量。因此，在单纯的叠加输出网络方式中，应用系统可以将待处理的句子输入到模型中，直接获得这些富含信息的词向量，用这些词向量来作为后续系统的输入。下面以 BERT 为例，解释如何直接使用语言模型来获得词向量或者句向量。

BERT 的安装可使用 Anaconda 来搭建整个 Python 环境。由于 BERT 需要使用非常多的专用包来进行安装，为了避免相互影响，可使用 Anaconda 命令行来安装一个专门的 BERT 环境：

```
conda create -n bert python pytorch pandas tqdm
```

然后激活这个环境：

```
conda activate bert
```

此外，下面的代码可能需要安装 numpy、scikit-learn 等包，例如：

```
conda install numpy
```

安装 BERT 预训练模型（版本号：0.6）：

```
pip installpytorch-pretrained-bert
```

BERT 目前提供多个预训练的模型：bert-base-uncase、bert-base_case、bert-largeuncase、bert-large_case，以及中文的版本等。可以选择调用某一个模型的词（或词片段）的 token 化模型（向量输出模型）来初始化输入：

```
import torch
frompytorch_pretrained_bert import BertTokenizer, BertModel, BertForMaskedLM

text = "[CLS]" + "Hello Shanghai Jiaotong University. " + "[SEP]"
tokenizer = BertTokenizer.from_pretrained('bert-base-uncased')
tokenized_text = tokenizer.tokenize(text)                    # 将文本用词表进行切分
indexed_tokens = tokenizer.convert_tokens_to_ids(tokenized_text)    # 将词片转换为词片 id
segments_ids = [1] * len(tokenized_text)            # 分段特征向量,由于只有一句因此全为 1
tokens_tensor = torch.tensor([indexed_tokens])      # 模型所用参数 1
segments_tensors = torch.tensor([segments_ids])     # 模型所用参数 2
```

如果使用汉语的预处理模型，需要注意的是，汉语由于句子中没有单词的分割这样的特点，以及汉语字符数量多，BERT 对汉语的处理是按字来处理的。

然后，调用模型（与文本预处理的 token 化使用同一个模型）进行计算：

```
model = BertModel.from_pretrained('bert-base-uncased')    # 导入预训练模型
model.eval()                        # 模型的验证模式,不修改模型中的任何参数
with torch.no_grad():               # 不计算梯度,减少计算量
    # 使用模型进行计算,输入参数为文本特征向量和分段特征向量
    encoded_layers, _ = model(tokens_tensor, segments_tensors)
```

encoded_layers 是 model 计算得来的所有隐藏层的输出，每一个输入的 token 都有一个对应的向量。可以使用如下函数来获得句向量以及词向量：

```
token_embedding = encoded_layers[layer_no][batch_no][token_no]
sentence_embedding = torch.mean(encoded_layers[11], 1)
```

可以指定隐藏层序号、batch 序号和 token 的序号，获得词向量 token_embedding。例子中 sentence_embedding 获得的句向量是模型第 12 层的所有 token 的输出向量的平均。也可以使用句子的第一个 token 即 [CLS] 的输出向量作为句向量。或者用多个隐藏层的输出一起

来计算词向量和句向量。

应用任何预训练的模型时，都需要注意到该模块训练所使用的的语料，以了解该模型网络中构建出来的知识是属于哪种类型的。BERT 等模型训练所使用的语料大多为互联网语料，而且相对而言是比较正规的书面语文本，如 WIKI 的页面内容等。

如果待处理的语料和预训练模型训练所使用的语料有较大的出入（例如，在一些处理医学文档的任务中，可能存在大量的专业词汇，而这些词汇在语言模型的训练语料中没有出现，这样，语言模型不具有这些文本所承载的信息。而且可能由于语言过于简写，句子结构上也不同于普通的文本，语言模型也缺乏这样结构的分析能力），那么，直接使用预训练模型形成的词向量很可能丢失非常多的信息。这时候，微调就可以有不错的效果。下面一小节中将介绍微调方式。

9.3.2 基于 BERT 模型微调的分类实例

在很多情况下均可以使用模型微调来让整个系统达到针对特定任务的更好的性能，例如，预训练语言模型是一个通用型的模型，它的训练语料来源很多，可以有针对性地调整它，让它更适合处理特定类型文本的特定分类任务（如分类情感），或是分类主题。为了一定程度上解决文本语料比较稀缺的情况，还可以进行多任务训练，也就是不同的任务训练不同的分类网络，但前面的语言模型网络共享参数。这样的情况也是一种微调模式。

一般情况下，PyTorch 可使用这样的代码来完成多个网络的误差传播，从而完成参数的调整。

```
import torch
frompytorch_pretrained_bert import BertTokenizer, BertAdam\
    , BertForSequenceClassification ,BertForMaskedLM
from torch. nn importCrossEntropyLoss, MSELoss


# net1 和 net2 是两个网络,后续定义网络各自的优化器和损失函数
optimizer1 = torch. optim. SGD( net1. parameters( ) , lr=0. 005)
optimizer2 = torch. optim. SGD( net2. parameters( ) , lr=0. 005)
```

```
loss_func1 = torch. nn. MSELoss( )          # 预测值和真实值的误差计算公式 (均方差)

loss_func2 = torch. nn. MSELoss( )          # 预测值和真实值的误差计算公式 (均方差)


# 训练过程

for t in range(200):


    # 网络的正向传播过程

    net1out = net1(x)                       # 喂给 net1 训练数据 x, 输出预测值

    net2out = net2(net1out)                 # 喂给 net2 的训练数据是 net1 的输出

    # 网络的反向传播过程

    loss = loss_func2(net2out, y)           # 计算总误差

    optimizer1. zero_grad( )                 # 清理旧数据

    optimizer2. zero_grad( )

    loss. backward( )                        # 误差根据计算图进行反向传播,依次传播到 net1 和 net2

    optimizer2. step( )                      # 将参数更新值施加到 net2 上

    optimizer1. step( )                      # 将参数更新值施加到 net1 上
```

BERT 的微调代码有一定类似之处。下面分几个步骤来介绍微调的代码：模型导入、参数配置、输入数据处理、训练过程。需要注意的是，这里为了方便介绍，训练数据只有一条。BERT 的分类模型需要至少三个参数：文本特征向量、分段特征向量，以及遮蔽文本向量，又称为注意文本向量。由于情感分类中分类模型不需要遮蔽文本，而且句子分类也只有一个句子，因此分段特征向量和遮蔽文本向量为全 1。

```
# 数据准备

text = 'It is one of the best universities! '

tokenizer = BertTokenizer. from_pretrained(BERT_MODEL, do_lower_case = True)

tokenized_text = tokenizer. tokenize(text)

input_ids = tokenizer. convert_tokens_to_ids(tokenized_text)

input_mask = [1] * len(input_ids)

segments_ids = [1] * len(tokenized_text)

# BinaryClassificationProcessor 二分类,0,1

label_ids = torch. tensor([[1]])    # positive
```

```
padding = [0] * (max_seq_length - len(input_ids))
input_ids += padding
input_mask += padding
segments_ids += padding
# 转换为 Tensor 数据类型
input_ids = torch.tensor([input_ids])
input_mask = torch.tensor([input_mask])
segments_ids = torch.tensor([segments_ids])
```

BERT 预训练模型中使用用于序列分类的类 BertForSequenceClassification 来导入分类模型。

```
model = BertForSequenceClassification.from_pretrained(
    BERT_MODEL, cache_dir=CACHE_DIR, num_labels=num_labels)


param_optimizer = list(model.named_parameters())
no_decay = ['bias', 'LayerNorm.bias', 'LayerNorm.weight']
optimizer_grouped_parameters = [
    {'params': [p for n, p in param_optimizer if not any(nd in n for nd in no_decay)], 'weight_decay
': 0.01},
    {'params': [p for n, p in param_optimizer if any(nd in n for nd in no_decay)], 'weight_decay':
0.0}]

optimizer = BertAdam(optimizer_grouped_parameters,
    lr=LEARNING_RATE,
    warmup=WARMUP_PROPORTION,
    t_total=num_train_optimization_steps)
```

模型的参数使用如下设置:

```
BERT_MODEL = 'bert-base-uncased'              # 模型名称
CACHE_DIR = 'cache/'
BATCH_SIZE = 1                                # 由于例子里只一个句子,因此为1
```

```
LEARNING_RATE = 2e-5
num_labels = 2                          # 2 分类
num_train_optimization_steps = 1
WARMUP_PROPORTION = 0.1
```

使用前面准备的那一条文本来进行反向传播的代码如下：

```
model.train()                           # 模型训练
logits = model( input_ids , segments_ids , input_mask , labels=None )    # 参数输入,前向传播
loss_fct = CrossEntropyLoss()           # 计算误差
loss = loss_fct(logits.view(-1, num_labels), label_ids.view(-1))
loss.backward()                         # 反向传播
optimizer.zero_grad()
optimizer.step()                        # 按照梯度调整参数
```

更多数据的训练，需要定制 DataLoader 等数据处理类。

9.3.3 CNN 和 LSTM 网络的文本分类实例

单独使用 LSTM 或者 CNN，或者使用这两者的组合，在自然语言处理中都是常见的网络结构。下面使用这两者的组合来组建一个二类分类的文本分类网络，代码基于 PyTorch。二类分类网络常见于情感分类等情况下。这个例子中网络的输入可以是 BERT 模型计算得来的词向量。

首先同时使用 LSTM 和 CNN 构建一个网络。需要注意的是，LSTM 计算结果输入到 CNN 层之前的数据转置处理以及池化层输出到全连接层的维度处理。

```
W2V_LENGTH = 768
# 先使用 LSTM,输入 [1,句最长,词向量维度],输出[1,句最长,隐藏层节点数]
# 后使用 CNN,卷积核可以是 2(步长 1),3(步长 1),5(步长 2)
# 最后是全连接分类
class LSTM_CNN_Net( nn.Module):
    def __init__(self):
```

```
                    super().__init__()
                    self.lstm = nn.LSTM(W2V_LENGTH, 64, 1, True)      # 单层 LSTM,双向,隐藏层 64
                    self.conv1 = nn.Conv1d(64, 32, 3, 2)     # 卷积长度 3,步长 2,输入 64 维,输出 32
                    self.relu = nn.ReLU()                     # 40 长度的文本,步长 2,卷积后长度为 14
                    self.pool = nn.MaxPool1d(2)               # 池化后长度为 9
                    self.fc1 = nn.Linear(32 * 9, 2)           # 全连接输入为 32×9,两类输出
                    self.sg = nn.Softmax(1)


                def forward(self, x):
                    x, _ = self.lstm(x)                       # lstm 计算输出的是 tuple, x 引用 tensor 本身
                    x = self.conv1(x.permute(0,2,1))          # 为 CNN 转置后两个维度
                    x = self.pool(self.relu(x))
                    x = self.fc1(x.view(-1, 32 * 9))          # 为全连接将后两个维度视为一维
                    return self.sg(x)
```

在数据准备中,由于 CNN 要求的输入维度是固定的,这和 LSTM 的序列输入不同,因此准备数据时需要给定最大长度,并截断长度或者用零补齐。例如, x 为句子原有张量,原有的数据中句子长度小于最长句子长度,则需要补零。

```
x = torch.cat([x, torch.zeros(MAX_SENTENSE_LENGTH-x.size()[0],x.size()[1])], dim=0)
```

网络的优化器,损失函数的定义如下:

```
optimizer = torch.optim.SGD(net.parameters(), lr=0.1)   # 通常学习率应该设置得比较小
loss_func = torch.nn.MSELoss()
```

训练过程如下:

```
net = LSTM_CNN_Net()
y = torch.tensor([1., 0.])    # 单个句子的预测值
for epoch in range(10):
    out = net(x)
```

```
loss = loss_func( out , y)
print('epoch ' , epoch , ':' , loss. mean( ). detach( ). numpy( ))
optimizer. zero_grad( )
loss. backward( )
optimizer. step( )
```

9.4　小结

本章介绍了 2018 年以来在自然语言处理领域的最新成果——基于深度变换模型的语言
模型 BERT，介绍了它的训练方法以及变换模型的原理。预训练语言模型可以应用于非常多
的文本处理领域，如文本生成、分类、问答系统等，为了能够让读者对模型有较为深入的理
解，详细介绍了该模型的输入与词向量的获取，以及微调模型的方法。CNN 卷积网络以及
RNN 和 LSTM 为首的记忆网络都常见于文本处理，为此，本章对这两种网络在文本数据中的
应用也做了介绍。

9.5　思考题

1. BERT 等预训练的词向量被称为是基于上下文的词向量，这样的词向量有什么优点？
2. 从注意力模型的计算过程中，如何理解上下文影响到词向量的生成的？
3. 如果需要处理 C++语言写成的代码文本，是否能够参考自然语言的处理方式建立 C++
语言的通用语言模型？计算机语言的程序语句与自然语言文本之间有哪些显著的不同？
4. 有医学语料需要处理，其中存在大量的简写和专用词汇，句子结构中存在大量省略。
对于这样的语料，是否可以选择预训练的语言模型来处理？有什么优势或者有什么问题？
5. CNN 卷积网络应用于文本时有哪些优势和缺点？

第10章 在线社交网络分析

在线社交网络服务是目前最流行的互联网应用之一，其是网民沟通互动和传播信息的重要渠道与载体。在线社交网络让所有使用者能够平等自由地发布、传播和接收信息，促使社交网络用户成为互联网内容最大的生产者和消费者。因此，在线社交网络分析是网络内容安全管理的重要组成部分。本章首先概述社交网络及其在内容安全管理中的关键分析要素，然后从话题发现模型、个体影响力计算和信息传播与引导三个方面具体介绍社交网络分析的具体方法。

10.1 社交网络分析概述

在线社交网络影响日益广泛，对在线社交网络进行有效管理愈发受到世界各国重视。本节首先从在线社交网络的概念、特点、发展现状以及影响等几个方面，介绍在线社交网络及其发展，然后介绍在线社交网络内容安全管理中的几个关键分析要素。

10.1.1 在线社交网络及其发展

在线社交网络起源于网络社交，网络社交的起点是电子邮件。随着 Web 2.0 理念和技术的成熟，论坛、博客、即时通信、社交媒体等在线社交网络应用迅猛发展，给人们的生活方式、社会经济的运行方式等都带来了巨大变革。这种变革源于社交网络极大地降低了人们社交的时间和物质成本，以及管理和传递信息内容的成本。传统在线社交网络可以理解为是一种在互联网上由社会个体集合以及个体之间的连接交互关系构成的社会性结构，是人类社会关系在信息网络中的映射与扩展。关系结构、网络群体和信息内容是在线社交网络的三个核心要素。社会个体及其之间的交互连接形成关系结构，是社交网络的底层载体；个体在社交网络中呈现非均匀聚集现象，形成网络群体，推动信息内容的传播并影响关系结构的演化，是社交网络重要的中观结构；管理和传播信息内容是个体参与社交网络的重要出发点，信息内容的传播也会影响群体的形成以及关系结构的变化。因此，社交网络的三个要素之间是相互关联和依存的。在线社交网络分析涉及的领域非常广泛，本章主要介绍和社交网络信息内容安全管理相关的几个方面。

随着互联网的发展，特别是移动互联网的普及，在线社交网络的影响力越来越广泛。截至 2018 年 1 月，全球活跃的在线社交网络用户接近 32 亿人，仅脸书（Facebook）的月活跃用户就超过 20 亿，此外，Twitter、Whatsapp、Linkedin 等多个主流社交网络平台也拥有庞大的用户数量。欧盟的研究报告将在线社交网络应用分为即时通信类、在线社交类、微博类以及共享空间等其他类应用。在我国，在线社交网络同样蓬勃发展。截至 2020 年 3 月，我国即时通信类应用用户规模达 8.96 亿，占网民整体数量的 99.2%，微信朋友圈、微博的使用率分别达到 85.1%、42.5%。在用户规模逐年增长的同时，社交产品类型持续创新，社交与视频应用开始深度融合，社交关系细分市场被深度挖掘。除了传统类型的社交应用，越来越多的互联网平台开始从单一功能转向融合社交、搜索、娱乐、购物等多功能的复合社交媒体，以满足用户多种应用场景的需求，进一步推动在线社交网络应用的普及。

与传统的信息媒体应用相比，在线社交网络上的信息内容主要具有以下几个特点：

1）多样性：信息内容的话题不受限制，用户可以讨论任何已知的话题，同时也可以时刻产生新的话题。

2）平等性：人人都有机会成为意见领袖，用户可以平等地发布、传播信息内容，而不只是信息的接收者，所有用户都有机会扩展其影响力，并在突发事件的产生、发酵、爆炒等环节中发挥作用。

3）迅捷性：信息的发布和接收非常方便，同时用户之间的信息传播距离被极大地缩短，新的信息能够迅速被传递。

4）蔓延性：信息内容呈现核裂变式的传播，随着用户的转发传播，信息的接收者数量呈现几何级数式的增长趋势。

社交网络的以上特点促使其蓬勃发展，极大地改变了人们的生活方式。借助论坛、博客、微博、通信群组、公众账号、短视频等在线社交网络平台，人们可以便捷地沟通与交流，分享彼此的观点和经验；党政机构可以快速发布权威信息，回应公众诉求；企业商家可以推广产品，进行商业活动。几乎任何个人、任何组织与机构都能在社交网络上找到应用方向。另一方面，社交平台也因其信息传播的迅捷性、蔓延性等特点易成为散布网络谣言、煽动网络暴力、宣传暴恐思想、发表极端观点等网络违法行为的主要阵地，给国家安全、社会稳定、经济发展等带来了巨大危害。有鉴于此，世界很多国家与地区纷纷出台政策和法规，加强对在线社交网络的监管。除了政策监管，发展社交网络分析技术，从技术层面实现社交网络内容安全管理是消除社交网络负面影响的另一重要途径。

10.1.2 在线社交网络管理关键分析要素

近年来，随着在线社交网络的蓬勃发展，对在线社交网络的研究分析也日益成为学术界的热点。在线社交网络的研究包括结构与演化、群体与互动、信息与传播等诸多领域。本书主要针对其中和内容安全管理紧密相关的部分进行介绍。特别地，针对社交网络内容话题多样的特点，介绍话题发现模型；针对用户能够平等地成为意见领袖推动信息传播的特点，介绍个体影响力计算方法；针对信息传播的迅捷性和蔓延性特点，介绍信息传播模型与引导技术。其中，掌握社交网络上时事话题的动态是社交网络内容管理的基础与前提；有影响力的意见领袖在特定话题的产生、发展和消失过程中起关键作用，因此计算个体影响力并发现意见领袖是社交网络内容管理的重要手段之一；而引导正面信息传播、遏制恶意信息扩散则是社交网络内容管理的主要目标。下面分别简要介绍这三方面内容。

1. 话题发现

话题发现是网络文本分析与挖掘领域的重要研究内容，最初来源于美国国防部高级研究计划局（DARPA）发起的 TDT（Topic Detection and Tracking）项目。在话题发现领域，话题又称为主题，一个话题是词的一个概率分布，反映了不同的词在文档中的共现模式。话题模型在挖掘不同话题的词分布的同时，为不同文档的话题分布建模，从而将那些共享相似话题模式的文档联系起来，形成聚类，便于管理者掌握网络内容全局话题动态，发现焦点话题，并针对感兴趣的话题内容进行详细分析与追踪。话题模型是话题发现的重要方法之一，它是一种概率生成模型，通过概率模型建模文本的生成过程来得到文本的话题。

2. 个体影响力计算

随着社交网络的成熟与发展，不同个体在社交网络中对其他个体在接收信息、改变行为、决策制定等方面产生的影响能力逐渐产生差异。个体影响力计算即研究如何度量并计算个体对其他个体的这种影响能力。个体影响力分析与计算在多个领域有着广泛应用，如推荐系统、意见领袖发现、突发事件检测、广告投放、病毒式营销等。特别地，发现并追踪具有高影响力的个体，监测他们制造的舆论以及针对舆论发表的言论，对于掌握社交网络内容安全态势具有重要意义。同时，还可以利用高影响力的个体传播正面信息，消除负面舆论影响，实现社交网络安全管理。

3. 信息传播与引导

信息传播是个人、组织和团体等利用符号通过媒介向其他个人或团体传递信息、观念、思想或情感的过程。和传统信息媒体非对称信息发布与信息接收相比，在线社交网络作为新型的信息共享平台，最大的特点是使每个个体都有可能成为信息的发布者和传播者。同时，个体通过交错复杂的关系相互连接，使得信息可能具有巨大的传播速度和传播范围。这样的特点一方面使所有个体能够低成本、快捷地接收各种消息，同时能平等地发布或者传递感兴趣的信息；另一方面也可能使社交网络成为恶意信息的集散地，给社交网络内容安全管理带来极大的挑战。研究信息传播，首先要对信息传播进行数学建模。社交网络上的信息传播过程本质上是一个随机过程，因此现有研究大多将传播建模为一个概率模型。在信息传播建模的基础上，可以进一步研究信息传播的引导方法，包括正面信息的传播影响最大化方法和负面信息的传播影响最小化方法，实现社交网络内容传播的有效管理。

10.2 社交网络话题发现模型

随着互联网技术与应用的快速发展和广泛普及，在线社交网络已成为信息发布与获取的更为方便和快捷的平台与渠道。这些信息数量庞大、内容烦杂，给社交网络内容的有效管理带来了挑战。话题模型是文本内容抽象建模的一种方式，对文本话题建模有助于快速把握文本的主要内容。准确发现话题，跟踪话题的演化，挖掘事件态势走向，对网络舆情的监测与引导具有重要意义，同时，在商品推荐、口碑分析等商业应用领域也具有重要价值。目前，针对社交网络话题发现的经典技术主要包括概率潜在语义分析（Probabilistic Latent Semantic Analysis，PLSA）方法和潜在狄利克雷分布（Latent Dirichlet Allocation，LDA）方法。

10.2.1 概率潜在语义分析模型

本小节首先介绍 PLSA 模型的基本原理，然后介绍在该模型下，如何确定一篇新文本的主要话题。

1. PLSA 模型的基本原理

文本本质上是由词组成的，每篇文本可以看作是一个有序的词序列。统计文本建模的目的是学习文本词序列的生成规律。每篇文本并不是完全随机生成的。用户在写一篇帖子时，往往首先要确定写关于哪些主题的内容，再根据这些主题确定要写的词。一篇帖子通常可能由多个主题构成，而每个主题可以用在该主题中出现频率相对较高的词来描述。

上述文本建模思想由 Hoffman 于 1999 年在 PLSA 模型中首先提出并数学化。他认为，一篇文章是由多个话题（Topic）混合而成的，每个话题是词的一个概率分布，文章中的词是由某个特定的话题生成的。具体来说，假设语料库中有 M 篇文本，总共有 K 个话题。用 φ_i 表示第 i 个话题的词分布，φ_{iw} 表示词 w 在第 i 个话题中出现的概率；用 θ_j 表示第 j 个文本的话题分布，θ_{jz} 表示话题 z 在文本 j 中出现的概率。在 PLSA 中，生成第 j 个文本中每个词的概率为

$$P(w \mid d_j) = \sum_{z=1}^{K} P(w \mid z) p(z \mid d_j) = \sum_{z=1}^{K} \varphi_{zw} \theta_{jz}$$

假设文本中共有 n 个词，则生成整篇文本的概率为

$$P(w \mid d_j) = \prod_{i=1}^{n} \sum_{z=1}^{K} \varphi_{zw_i} \theta_{jz}$$

上述概率又被称为文本生成的似然概率，其中的参数 φ 和 θ 可以通过最大化似然概率求得。因为存在隐藏变量话题 z，可以采用著名的期望最大化（EM）算法进行优化求解。EM 算法，是用来求具有隐变量的似然函数最大值的标准算法之一。EM 算法交替进行期望步骤（Expectation Step）和最大化步骤（Maximization Step）。Expectation Step 进行隐藏变量的估计；Maximization Step 固定隐藏变量的值，最大化似然概率求解其他模型参数。

上述 PLSA 模型通常被称为频率学派模型，该学派认为目标分布中的参数都是可以优化确定的值，而不是一个随机变量。也就是说，话题的词分布 φ 和文本的话题分布 θ 都是可以通过最大化似然概率优化确定的，它们本身不再是一个服从其他先验分布的随机变量。

2. 新文本话题的发现

一个新的文本 d_{new} 到来时，需要确定该文本的主要话题。由于在 PLSA 模型中，无法确

定文本话题的先验分布 $P(z)$，因此新文本话题的后验分布 $P(z \mid d_{\text{new}})$ 也难以计算。但是，可以根据新文本在不同话题下的似然分布 $P(d_{\text{new}} \mid z)$ 的大小来确定文本的主要话题。假设新文本中有 n 个词，新文本在话题 z 下的似然概率为

$$P(d_{\text{new}} \mid z) = \prod_{i=1}^{n} \varphi_{zw_i}$$

计算出所有话题的似然概率后，选择似然概率最大的话题作为该文本的主要话题。

10.2.2　隐含狄利克雷分配模型

和频率学派不同，贝叶斯学派认为目标分布中的参数本身也是随机变量，而不是确定的值，它们同样存在先验分布。在文本话题模型中，因为词分布 φ 和话题分布 θ 都是多项分布，所以它们的先验分布的一个好的选择是 Dirichlet（狄利克雷）分布，这就得到了 LDA 模型。

LDA 模型是由 D. M. Blei 等人于 2003 年提出的一个三层贝叶斯产生式概率模型。LDA 模型基于如下假设：该模型是基于词袋（Bag-of-word）模型的，即在该模型中为考虑词序性，认为文档中的词具有可交换性，每个词都是独立出现的，交换顺序对于文档无影响。这样的假设对真实的自然语言进行了简化，以便于算法处理。

假设语料库中共有 M 篇文本，用词向量和话题向量表示这些文本：

$$\boldsymbol{W} = (w_1, \cdots, w_m, \cdots, w_M)$$
$$\boldsymbol{Z} = (z_1, \cdots, z_m, \cdots, z_M)$$

其中，w_m 表示第 m 篇文本中的词，z_m 表示这些词对应的话题编号。如果每个词的话题已知，则可以将统计的文本话题频率和话题的词频作为文本话题分布与话题词分布的估计。可以用概率图模型表示 LDA 模型中语料库的生成过程，如图 10-1 所示。

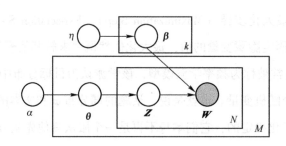

图 10-1　LDA 概率图模型

其中，空心圆圈代表隐含变量，实心圆圈代表可观察变量，有向边代表条件概率依赖，方框代表重复次数。M 表示语料库中文档的总数，α 和 η 是 Dirichlet 分布的参数，$\boldsymbol{\beta}$ 表示话题的词分布向量，随机变量 $\boldsymbol{\theta}$ 是文本的话题分布向量，$\boldsymbol{W}$ 表示文本中观察到的词，$\boldsymbol{Z}$ 表示词 w 上分配的话题。在 LDA 中，话题的词分布和文本的话题分布都被认为是随机变量，且服从 Dirichlet 分布。用 Dirichlet 分布作为它们的先验分布的原因是，Dirichlet 是多项分布的共轭先验，而 $\boldsymbol{\beta}$ 和 $\boldsymbol{\theta}$ 分别是两个多项分布。

具体来说，生成一篇文档 d 主要包括两个物理过程：

1）抽样词的话题 z。在生成文本 d 时，先基于 Dirichlet 先验采样该文本的话题分布向量 $\boldsymbol{\theta}_d$。如果总的话题数目为 k，则 $\boldsymbol{\theta}_d$ 是一个 k 维向量，基于该话题分布采样词 w 的话题 z。

2）采样观察到的词 w。根据采样的词的话题 z 选择对应的话题的词分布 $\boldsymbol{\beta}_z$，根据该词分布采样生成词 w。

根据上述生成过程，可以计算生成整个语料库的似然概率为

$$P(\boldsymbol{W}, \boldsymbol{Z} \mid \alpha, \eta) = P(\boldsymbol{W} \mid \boldsymbol{Z}, \eta) P(\boldsymbol{Z} \mid \alpha)$$

其中，$P(\boldsymbol{Z} \mid \alpha)$ 和 $P(\boldsymbol{W} \mid \boldsymbol{Z}, \eta)$ 分别对应两个 Dirichlet-Multinomial 共轭结构，可以基于该共轭结构进行计算。上式中，$\boldsymbol{W}$ 是观测到的已知数据，$\boldsymbol{Z}$ 是隐含变量。需要计算分布 $P(\boldsymbol{Z} \mid \boldsymbol{W})$ 并对 $\boldsymbol{Z}$ 进行采样，可以采用 Gibbs Sampling（吉布斯采样）方法实现。该模型的训练主要包括以下几个步骤：

1）随机初始化，对语料库中每篇文本的每个词 w，随机赋予一个话题 z。

2）重新扫描语料库，对每个词，采用 Gibbs Sampling 方法重新采样并更新它的话题。

3）重复以上重新采样话题的过程，直到收敛。

4）统计语料库中的文本—话题频率矩阵以及话题—词频率矩阵，得到的矩阵即分别作为文本的话题分布和话题的词分布。

10.3 社交网络个体影响力计算

在社交网络平台上，用户们通过关注、评论、转发等行为与他人进行互动。影响力就是通过用户间的互动行为来传播的。社交网络中的重要节点由于其网络拓扑结构方面的特点和自身较大传播影响力等因素，相较于其他节点能够更容易地影响附近节点状态，从而使得消

息获得更大范围的传播。如何衡量每个节点的重要性，研究人员提出了一系列的算法。早期的计算方法主要有度中心性、介数中心性、接近中心性、网页排名等，这些算法都是基于网络结构的方法，即利用用户能够影响的用户总数或者用户信息被传播的次数等数据来计算用户的影响力。但是，随着社交网络个体行为和话题内容的发展，简单的基于网络拓扑结构的特征挖掘方法，无法很好地解决社交网络节点传播影响力的计算问题。对于这一问题，研究逐渐向结合用户属性、用户行为和用户交互信息的主题等更贴合实际社交网络传播场景的方向发展。本节围绕个体影响力计算选取了基于网络结构、基于话题、基于综合评价模型几个常用的指标，并对这些指标的内容和适用范围进行了详细的分析。

10.3.1　基于网络结构的个体影响力计算

基于网络结构的个体影响力计算主要从网络的节点和连边出发，利用这些内容建立指标提取网络的结构信息，计算得到的节点的影响力大小。这些指标又大致可以分为两类：一类是考察节点自身的结构特点，代表性指标有度中心性、介数中心性、接近中心性；还有一类是同时考虑节点自身和邻居节点对其影响的贡献，代表性指标有局部高引用指数（LH-index）和网页排名（PageRank）。

1. 度中心性

Freeman 提出度中心性（Degree Centrality）的概念，该指标指的是网络内节点与邻居节点连边的数量。在社交网络中，节点的邻居节点越多，这个节点的影响力就越大。使用微博的例子可以很清楚地解释这个观点，例如，拥有百万粉丝的"大 V"明显比只有几百粉丝的普通微博用户有更高的影响力。作为节点重要性度量的重要指标，度中心性的概念十分明确和高效。一个由 n 个节点构成的网络，网络中节点 i 的度中心性的值用 $d(i)$ 表示，$d(i)$ 的具体计算公式如下：

$$d(i) = \sum_{j \neq i}^{n} v_{ij} \tag{10-1}$$

其中，v_{ij}是用来判断节点 i 和节点 j 之间是否有边的参数，当节点 i 和节点 j 之间存在边时，v_{ij}等于 1，否则等于 0。度中心性可以比较直观地衡量一个节点的影响力，但这一指标仅仅反映了节点在社交网络局部结构中的影响力，无法反映节点在整个网络中的影响力。

2. 介数中心性

为了能够从整个网络考察节点的影响力，Sabidussi 从整个网络中经过所考察节点的最短路径数目出发，提出基于最短路径的介数中心性（Betweenness Centrality）。介数中心性这一指标很有意思，它就像平时生活中的社交达人，很多人的朋友都是通过这个人介绍认识的，所以这个人在认识朋友的过程中起到了中介的作用。介数中心性指的是一个节点成为其他任意两个节点最短路径上的必经之路的次数。一个节点成为必经之路的次数越多，它的重要性就越大。介数中心性这一算法能够发现在信息传输的过程中起关键作用的节点。一个有 n 个节点的网络，网络中节点 i 的介数中心性的值用 $b(i)$ 表示，$b(i)$ 的具体计算公式如下：

$$b(i) = \sum_{p \neq i \neq q}^{n} \frac{g_{pq}(i)}{g_{pq}} \tag{10-2}$$

其中，g_{pq} 表示节点 p 到节点 q 最短路径的数目，$g_{pq}(i)$ 表示从节点 p 到节点 q 的 g_{pq} 条最短路径中经过节点 i 的路径的数目。在实际的场景中，研究者们面对的社交网络规模十分庞大，介数中心性的计算复杂度过高，无法快速计算出社交网络中节点的影响力。

3. 接近中心性

为了能够从整个网络考察节点的影响力，研究者从所考察节点和网络中的其他任意节点最短路径的平均长度出发，提出基于最短路径的接近中心性（Closeness Centrality）。接近中心性的概念也很好理解，例如，大的商场一般都会建在离顾客比较近的地方。对于一个节点来说，它与网络中的其他节点距离越近，它的重要性就越高。社交网络中，最短路径上节点的数量对网络中信息的传输效率有着直接的影响。一个由 n 个节点构成的网络，网络中节点 i 的接近中心性的值用 $c(i)$ 表示，$c(i)$ 的具体计算公式如下：

$$c(i) = \frac{n - 1}{\sum_{j \neq i}^{n-1} st_{ij}} \tag{10-3}$$

其中，st_{ij} 是网络中节点 i 和节点 j 之间的最短距离。接近中心性需要计算网络中所有节点对之间的最短路径的长度，因此这个指标的计算复杂度比较高。

4. LH-index 算法

上面介绍的三个指标都只分析了所考察节点本身的网络结构特点，并没有分析邻居节点的拓扑结构对所考察节点影响力的作用，所以有学者提出了 LH-index 指标。LH-index 使用了 h-index 的思想，并且给这个指标引入了邻居节点影响力的概念。对于网络中某个节点而言，它的邻居节点的影响力水平越高，这个节点的影响力水平就越高。h-index 称为 h 指数，这个指标是计算学术成就的一种方法。h 表示学者的"高被引用次数"，一位学者的 h 指数是指他至多有 h 篇论文被其他科研工作者共引用了 h 次。h 指数可以用来衡量一个学者的学术影响力，这个值越大，则表明他的学术影响力越大。网络中节点 i 的 LH-index 的计算公式如下：

$$LH(i) = w_1 \cdot h(i) + w_2 \cdot \sum_{v \in N(i)} h(v) \qquad (10\text{-}4)$$

其中，$h(i)$ 是节点 i 的 h-index 值，$N(i)$ 是节点 i 的邻居节点集合。w_1 和 w_2 分别度量在计算节点的综合影响力水平时，节点本身的影响力水平和它的邻居节点影响力水平所占的比重，这个比重可以按照需求进行调整。

5. PageRank 算法

PageRank 算法是由 Larry Page 提出的。这个算法最初应用于搜索引擎中，根据网页之间的链接关系计算网页的影响力排名，即一个页面的影响力是由所有与它有链接关系的页面的影响力决定的。随后，有学者将该算法应用到社交网络中，成为一种对社交网络节点的影响力进行排序的算法。

现在来具体分析这个算法。将每个网页都看成一个节点，从某个网页到其他网页的链接可以看成指向其他节点的一条有向边，而从其他网页到这个网页的链接则可以看成指向该节点的一条有向边。这样整个网络就变成一张有向图，可以使用图论中的有向图模型，完成对此类问题的建模。PageRank 的计算充分使用了两种假设：数量假设和质量假设。

1）数量假设：一个网页与其他网页之间的链接数量越大，这个网页的质量就越高。

2）质量假设：与这个网页有链接关系的网页的质量越高，这个网页的质量就越高。

使用上面的两个假设，每个网页的初始影响力相同，通过多次迭代来更新每个网页的影响力，直到每个网页的影响力稳定为止。

PageRank 迭代更新的基本思想是：如果网页 A 有一条指向网页 B 的链接，那么表明网页 A 需要引用网页 B 的内容，所以网页 A 的作者认为网页 B 重要，那么网页 A 的一部分重要性得分会被赋予给网页 B。这一部分重要性分值为 $\dfrac{PR(A)}{L(A)}$，其中，$PR(A)$ 为网页 A 的 PageRank 值，$L(A)$ 为网页 A 的出链数。

PageRank 的计算过程如图 10-2 所示。其中的三个节点分别表示三个网页，图中的有向边表明网页之间存在链接关系。从点 A 到点 B 有一条有向边，它的含义是网页 A 有一条链接可以跳转到网页 B。每个网页的重要性都是由与这个网页有链接关系的网页的重要性决定的。由图 10-2 可知，网页 A 或网页 C 可以跳转到网页 B，所以网页 A 和网页 C 决定了网页 B 的重要性。网页 A 既可以跳转到网页 B，又可以跳转到网页 C，因此网页 A 将重要性平均

分给了网页 B 和网页 C。假设网页 A、网页 B、网页 C 的重要性分别为 $\mathrm{PR}(A)$、$\mathrm{PR}(B)$、$\mathrm{PR}(C)$，那么每个网页的重要性分别为

$$\mathrm{PR}(A) = \frac{\mathrm{PR}(C)}{2} \tag{10-5}$$

$$\mathrm{PR}(B) = \frac{\mathrm{PR}(A)}{2} + \frac{\mathrm{PR}(C)}{2} \tag{10-6}$$

$$\mathrm{PR}(C) = \frac{\mathrm{PR}(A)}{2} + \frac{\mathrm{PR}(B)}{1} \tag{10-7}$$

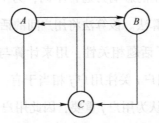

图 10-2　简单的有向图

对上面的式子进行转换，用矩阵乘法的形式来表示式子，计算公式如下：

$$\begin{bmatrix} \mathrm{PR}(A) \\ \mathrm{PR}(B) \\ \mathrm{PR}(C) \end{bmatrix} = \begin{bmatrix} 0 & 0 & \frac{1}{2} \\ \frac{1}{2} & 0 & \frac{1}{2} \\ \frac{1}{2} & 1 & 0 \end{bmatrix} \begin{bmatrix} \mathrm{PR}(A) \\ \mathrm{PR}(B) \\ \mathrm{PR}(C) \end{bmatrix} \tag{10-8}$$

由于会存在一些出链为 0 的网页，即不被其他网页引用的孤立网页。有学者提出了一个策略，每个网页都设置一个最小得分，使得每个网页都有一定的概率被访问到。他们对 PageRank 的公式进行了修正，即在原先公式的基础上增加了阻尼系数 q，使得搜索用户有一定的概率检索到这些网页。q 的取值一般为 0.85，计算公式如下：

$$\mathrm{PR}(A) = \left(\frac{\mathrm{PR}(B)}{L(B)} + \frac{\mathrm{PR}(C)}{L(C)} + \frac{\mathrm{PR}(D)}{L(D)} + \cdots \right) q + 1 - q \tag{10-9}$$

这里需要解释公式中每个参数的物理意义，q 的意义是用户到达某页面后并且继续浏览与这个页面有链接关系的页面的概率。$1-q$ 的意义是用户停止点击页面，随机跳转到新的网页的概率。上面的算法使得每个网页都至少有一个最小的影响力值，不存在影响力为零的情况。

175

改进后的 PageRank 的计算公式如下：

$$\pi = qp\pi + (1-q)\frac{1}{n}\boldsymbol{e}, \boldsymbol{e} = (1,1,\cdots,1)^{\mathrm{T}} \tag{10-10}$$

其中，π 为网络中节点的影响力向量，$\boldsymbol{p}$ 为网络中节点的概率转移矩阵。

10.3.2 基于话题的个体影响力计算

社交网络中用户在不同话题中的影响力通常不同，为了计算不同话题中的用户影响力，Jianshu Weng 提出了 TwitterRank 算法。该算法将用户间的话题因素加入到节点的影响力计算中，在 PageRank 的基础上引入了话题相关性，用来计算与主题相关的 Twitter 用户的影响力。与 PageRank 相类似的是，用户 i 关注用户 j 相当于有一条链接由网页 i 指向网页 j。由于用户 i 关注用户 j，所以用户 i 认为用户 j 重要，因此用户 i 的一部分重要性得分会按照一定的概率传给用户 j。这个概率就是上面提到的用户之间的话题相关性，每对用户间的话题相关性随着主题的变化而发生改变。不同主题下的具体的计算流程如下：

首先需要定义矩阵 $\mathbf{DT}$，$\mathbf{DT}_{ij}$ 表示用户 i 在第 j 个话题下发布的 Twitter 数量。然后进行数据标准化处理，需要对矩阵 $\mathbf{DT}$ 做关于用户 i 的行归一化和关于话题 j 的列归一化，分别得到矩阵 $\mathbf{DT'}$ 和矩阵 $\mathbf{DT''}$。

如果用户 i 关注用户 j，则用户 i 和用户 j 在第 t 个话题下的相似度 $\mathrm{sim}_t(i,j)$ 定义如下：

$$\mathrm{sim}_t(i,j) = 1 - |\mathbf{DT'}_{it} - \mathbf{DT'}_{jt}| \tag{10-11}$$

如果在给定话题 t 下，用户 i 关注用户 j，那么用户 i 转移到用户 j 的转移概率 $P_t(i,j)$ 定义如下：

$$P_t(i,j) = \frac{|T_j|}{\sum\limits_{s_a}|T_a|} * \mathrm{sim}_t(i,j) \tag{10-12}$$

其中，$|T_j|$ 表示用户 j 在话题 t 下发布的所有的博文数量，$\sum\limits_{s_a}|T_a|$ 表示用户 i 的所有的好友在话题 t 下发布的博文数量。$\mathrm{sim}_t(i,j)$ 表示用户 i 和用户 j 在第 t 个话题下的相似度。

如果用户 i 不一定关注用户 j，在第 t 个话题下，用户 i 的影响力矩阵 E_t 定义如下：

$$E_t = \mathbf{DT''}_{.t} \tag{10-13}$$

其中，$\mathbf{DT''}_{.t}$ 是矩阵 $\mathbf{DT''}$ 的第 t 列。

在给定的话题 t 下，使用 PageRank 的思想，用户的影响力计算公式用矩阵表示如下：

$$\pi = qp_t\pi + (1-q)E_t \tag{10-14}$$

式（10-14）经过变换，用户的影响力计算公式改变成如下形式：

$$\pi = (E - qp_t)^{-1} \cdot (1-q)E_t \tag{10-15}$$

10.4　社交网络信息传播与引导

随着用户日益增长的信息分享行为，社交网络上产生了巨大的信息流。社交网络在信息传播过程中发挥着重要作用，逐渐影响着人们的生活。其作为信息共享和传播的重要平台，拉近了人与人沟通的距离，为用户信息交流提供了新的途径。理解海量信息的传播机制对诸多应用领域有重大意义，如病毒式营销、社会化推荐、快速辟谣等。本节首先介绍三种基本的信息传播模型，然后介绍几种典型的传播引导问题及其常用算法。

10.4.1　社交网络信息传播基本模型

1. 独立级联模型

独立级联模型（Independent Cascade Model，ICM）由 Goldenberg 等人于市场营销领域中最早提出，之后在 Kempe 等人于在线社交网络领域，研究著名的影响力最大化（Influence Maximization，IM）问题时，得到了正式定义，用来模拟用户间的信息影响力传播过程。ICM 作为一个概率模型被广泛用于在线社交网络中信息传播相关领域的研究。

下面先给出 ICM 中的预备概念与设定。对于一个社交网络所对应的有向图或无向图 $G = (V,E)$，在传播过程中的任意时刻，规定每一个节点 $u \in V$ 都只能处于激活（Active）状态或者未激活（Inactive）状态。一个处于激活状态的节点意味着它被网络中的信息有效地影响了。此外，每一条边 $e = (u,v) \in E$ 都被赋予了一个激活概率 $P(u,v)$ 作为权重。这个 $P(u,v)$ 表示当节点 u 去尝试激活节点 v 时，以概率 $P(u,v)$ 能够成功激活节点 v，以概率 $1-P(u,v)$ 激活失败。激活概率的常见设定方式有以下四种：

1）让每一条边在 [0,1] 范围内，均匀地随机取值作为激活概率。

2）把所有边的激活概率都设定为一个较小的常数，比如 0.001、0.01 或者 0.1。

3）节点 v 的入度为 $|N_{in}(v)|$，令所有指向节点 v 的边的激活概率为节点 v 的入度的倒

数，即设 $P(u,v) = 1/\left| N_{in}(v) \right|$。这意味着 v 的父节点对于 v 有着同等的影响力。

4）每条边的激活概率从预设的概率集合 $\{0.1, 0.01, 0.001\}$ 中随机选取一个。

ICM 的传播过程以离散时间步展开进行，将传播的初始时刻记为 $t=0$，整个传播过程是由 $t=0$ 时刻，处于激活状态的节点所激发而展开的，这些节点构成的集合记为 S，一般称集合 S 为种子集合（Seed Set），而在 $t=0$ 时刻的其他节点均处于未激活状态。当时间步 $t \geq 1$，对于每一个在 $t-1$ 时刻首次被激活的节点 u，都有唯一一次机会，去尝试激活它的所有处于未激活状态的子节点 v。若一个节点在某个时刻，同时被多个父节点尝试激活，则这些父节点以随机次序相互独立地去尝试激活该节点。该传播过程将一直持续，直到无新的被激活节点出现为止。此外，规定节点被激活后始终保持激活状态，不可从激活状态转变回未激活状态。

若用一个布尔变量 $s_u(t)$ 来表示节点 u 在 t 时刻的状态，当 $s_u(t) = 1$ 时，表示节点 u 在 t 时首次被激活，否则 $s_u(t) = 0$，这表明节点 u 是未激活态或者它是在 t 时刻之前已经被首次激活。如果已知网络中所有节点在 $t-1$ 时刻的状态，那么此时任意一个未激活的节点 v 在 t 时刻被首次激活的概率可由下面的公式计算得到：

$$\Pr(s_v(t) = 1) = 1 - \prod_{u \in N_{in}(v)} \left[1 - s_u(t-1) \cdot P(u,v) \right]$$

ICM 的主要特点是它的可计算性好。它假设一个节点的父节点们对其产生的影响是相互独立的，并且它还很好地从微观层次刻画了信息（影响力）传播最基本的级联传播性，整个传播过程非常形象直观。使用该模型时，常希望计算在一个种子集合 S 的初始作用下，网络当中最终被激活的节点总量的期望值 $\sigma(S)$。$\sigma(S)$ 也代表了集合 S 的影响力。已有文献证明了在 ICM 下精确计算 $\sigma(S)$ 是一个 #P-hard 问题。人们一般利用蒙特卡洛模拟（Monte Carlo Simulation, MCS）来估算 ICM 下的 $\sigma(S)$，也就是将 ICM 的传播过程进行 R 次模拟（R 充分大），将这 R 次模拟得到的影响力结果求和再取平均来作为 $\sigma(S)$ 的估计值。记第 k 次模拟得到的影响力结果为 $\sigma_k(S)$，则 $\sigma(S)$ 可由下面的公式计算：

$$\sigma(S) = \frac{1}{R} \sum_{k=1}^{R} \sigma_k(S)$$

MCS 方法能比较准确地估算 $\sigma(S)$，但计算开销巨大。

2. 线性阈值模型

线性阈值模型（Linear Threshold Model, LTM）也是一个被广泛研究和采用的影响力传播模型，它最初由 Kempe 等人在 Granovetter 和 Schelling 等人的研究工作基础上正式定义。

LTM 对网络中节点的状态定义跟 ICM 一样，规定一个节点只能处于激活状态或者未激活状态，且也只能从未激活态转化为激活态，激活态的节点始终保持激活状态。LTM 体现了影响力的累积作用，它着重于刻画一个用户节点受到多个用户节点共同影响的情况。具体而言，在 LTM 中，每一个节点 v 都被赋予一个阈值 θ_v，θ_v 通常从区间 $[0,1]$ 上随机选取或均匀随机选取，它意味着节点 v 成功受其父节点们共同影响的难易程度，若 θ_v 越大，则节点 v 越难被影响，即越难被激活，反之则越容易激活节点 v。边 $e=(u,v)\in E$ 的权重记为 $b_{u,v}$，代表了父节点 u 对子节点 v 的影响力，并有约束如下：

$$\sum_{u\in N_{\mathrm{in}}(v)} b_{u,v} \leq 1$$

当节点 v 的所有激活状态的父节点对其影响力权重的累积总和超过阈值 θ_v，那么节点 v 就会被激活。节点 v 的激活条件如下：

$$\sum_{u\in N_{\mathrm{in}}(v),\,u\text{ is active}} b_{u,v} \geq \theta_v \tag{10-16}$$

当种子集 S 已知时，LTM 的传播过程在离散时间步内按下述三个步骤进行：

1）令时间步 $t=0$ 为初始时刻，此刻网络中只有种子集 S 中的节点处于激活状态。

2）令时间步 $t=t+1$，在 t 时刻，$t-1$ 时刻的处于未激活状态的节点 v 判断是否满足式（10-16）的条件，若满足，则节点 v 被激活，且保持激活状态直至传播过程结束，否则节点 v 在 t 时刻仍是未激活状态。

3）重复第 2）步，若网络中没有新的被激活的节点出现，则影响力传播过程结束。

综上所述，LTM 的一大特点是它的传播激活过程是确定的，只要初始条件不变，即社交网络的网络结构、$b_{u,v}$、θ_v 和 S 不变，那么在该过程中被激活的节点最终都一样。

3. 传染病模型

一些研究者采用传染病模型（Epidemic Models）来模拟网络中节点的感染和恢复过程。这最初是在流行病学中描述疾病如何在人群中传播的。常见的传染病模型按照传染病类型分为 SI、SIR、SIRS、SEIR 等。如果是按照连续时间来划分，那么这些模型可以被分为常微分方程（Ordinary Differential Equation）、偏微分方程（Partial Differential Equation）等多种方程模型；如果是基于离散的时间来划分，那么就是所谓的差分方程（Difference Equation）。

一般把传染病流行范围内的人群分成如下几类：

1）S 类：易感者（Susceptible），指未得病者，但缺乏免疫能力，与感染者接触后容易受到感染。

2）E 类：暴露者（Exposed），指接触过感染者，但暂无能力传染给其他人的人，对潜伏期长的传染病适用。

3）I 类：感病者（Infectious），指染上传染病的人，可以传播给 S 类成员，将其变为 E 类或 I 类成员。

4）R 类：康复者（Recovered），指被隔离或因病愈而具有免疫力的人。若免疫期有限，R 类成员可以重新变为 S 类。

下面简要介绍常见的传染病传播模型——SIR 模型。

在 SIR 模型里，节点状态（个体状态）分为三种：易感状态（Susceptible）、感染状态（Infected）和恢复状态（Recovered）。一个节点若处于易感状态，意味着它还没有受到疾病的影响，暂时是健康的，称其为易感者。若疾病成功影响了该节点，则它的状态会变为感染状态，并且具有了传染能力，称该节点为感染者。恢复状态则代表处于感染状态的节点，治愈了疾病并且不会再受到疾病影响的状态，称它为免疫者。一般假设易感者接触感染者会以概率 λ 变为感染状态，从而变成感染者，而感染者本身的传染病治愈概率为 μ，感染者治愈之后，它的状态变为恢复状态，成为免疫者从此对传染病免疫。

若用 $S(t)$、$I(t)$ 和 $R(t)$ 分别代表 t 时刻网络中易感者人群、感染者人群和免疫者人群的人口密度，则 SIR 模型的传播动力学模式可用下面的微分方程组来描述：

$$\begin{cases} \dfrac{\mathrm{d}S(t)}{\mathrm{d}t} = -\lambda I(t) S(t) \\[2mm] \dfrac{\mathrm{d}I(t)}{\mathrm{d}t} = \lambda I(t) S(t) - \mu I(t) \\[2mm] \dfrac{\mathrm{d}R(t)}{\mathrm{d}t} = \mu I(t) \\[2mm] S(t) + I(t) + R(t) = 1 \end{cases}$$

研究人员们利用传染病传播模型作为谣言传播模型时，往往会考虑更多的实际因素，对 SIR 模型进行拓展，然后再考虑设计有针对性的谣言传播抑制策略。

10.4.2　社交网络传播引导

早期，受市场营销等应用推动，传播引导的最主要目标是使影响力最大化。后来，随着新的应用问题不断涌现，出现了很多传播影响最大化问题的延伸和变形。本小节首先介绍经典的传播影响最大化问题及其常用算法，接着介绍该问题的几种常见变形。

1. 传播影响最大化算法

社交网络中的影响力最大化问题最早是由 Domimgos 和 Richardson 等人提出，他们把问题建模为马尔可夫随机场，采用启发式算法解决该问题。Kempe 等人于 2003 年在论文 *Maximizing the spread of influence through a social network* 中设计了一个贪婪算法，算法从空的种子集开始，迭代地添加相对于当前种子集具有最大边际增益的节点。这个贪婪算法在种子集的质量上具有严格的保证，对后面的研究具有十分重要的启发意义。

下面首先介绍贪心算法 BasicGreedy。其基本策略为每次选取使一个目标函数 $f(\cdot)$ 增益最大的目标节点加入到初始种子集合 S，直到初始种子集合大小为 K。假设初始化活跃的节点为 S，用 $f(S)$ 表示最终活跃的节点数量，那么影响力最大化问题的最终目标就是最大化 $f(S)$。然而，找到一个由 K 个节点组成的集合 S，使得 $f(S)$ 最大的问题是一个 NP-hard 问题。贪心算法 BasicGreedy 将每次往集合 S（初始为空集）添加一个节点 v^*，而该节点需要满足条件 $v^* = \underset{v \in V}{\mathrm{argmax}}(f(S+v) - f(S))$。当传播影响力函数 $f(S)$ 同时满足子模性、单调递增性和 $f(\varnothing) = 0$ 这三个条件时，就能够采用贪心算法 BasicGreedy 求解对应的影响力最大化问题，并能达到 $1 - \dfrac{1}{e}$ 的精度保证，即 $f(S^g) \geqslant \left(1 - \dfrac{1}{e}\right) f(S^*)$。其中，$S^*$ 为最优解，S^g 为通过贪心算法得到的近似解。

接下来分别介绍子模函数和单调函数这两个关键的概念。

子模函数，如果集合函数 $f: 2^V \to \mathbb{R}$ 对于 $S \subseteq T \subseteq V$ 和 $v \in V - T$ 满足如下不等式：

$$f(S \cup \{v\}) - f(S) \geqslant f(T \cup \{v\}) - f(T)$$

那么，函数 f 满足子模性，称为子模函数。子模型可以概括为当依次添加节点到目标集合中时所获得的边际收益是递减的。

单调递减函数，如果 f 对于任意 $S \subseteq T \subseteq V$ 满足如下不等式：

$$f(S) \leqslant f(T)$$

那么，函数 f 满足单调递增性，称为单调递增函数。

贪心算法 BasicGreedy 简单易懂并且具有 $1 - \dfrac{1}{e}$ 的近似保证。但是在时间复杂度上面显得却十分糟糕，往往需要运行几天的时间，对于如今庞大的社交网络更是难以适应。因此，接下来介绍一种优化的贪心算法 CELF（Cost-effective Lazy-forward），由 Leskovec 等人在论文 *Cost - effective outbreak detection in networks* 中提出。CELF 算法利用了函数子模性（Submodular）的特点，在第一轮选择种子结点时，计算网络中所有节点的边际收益，但在之后的过程中，不再做网络节点边际收益的重复计算，这相对于传统的贪心算法BasicGreedy，将在时间上得到非常明显的改善。CELF算法见表10-1，其中重要的功能函数LazyForward见表10-2。

表10-1　CELF算法

算法：$\text{CELF}(\mathcal{G}=(\mathcal{V},\mathcal{E}),R,c,B)$
$\mathcal{A}_{UC} \leftarrow \text{LazyForward }(\mathcal{G},R,c,B,UC)$
$\mathcal{A}_{CB} \leftarrow \text{LazyForward }(\mathcal{G},R,c,B,CB)$
return $\text{argmax}\{R(\mathcal{A}_{UC}),R(\mathcal{A}_{CB})\}$

表10-2　LazyForward函数

函数：$\text{LazyForward}(\mathcal{G}=(\mathcal{V},\mathcal{E}),R,c,B,\text{type})$
$\mathcal{A}\leftarrow\varnothing$;foreach $s\in\mathcal{V}$ do $\delta_s\leftarrow+\infty$
while $\exists s\in\mathcal{V}\backslash\mathcal{A}$:$c(\mathcal{A}\cup\{s\})\leqslant B$
for each $s\in\mathcal{V}\backslash\mathcal{A}$ do $cur_s\leftarrow$ false;
while true do
if type=UC then $s^*\leftarrow \underset{s\in\mathcal{V}\backslash\mathcal{A},c(\mathcal{A}\cup\{s\})\leqslant B}{\text{argmax}}\delta_s$;
if type=CB then $s^*\leftarrow \underset{s\in\mathcal{V}\backslash\mathcal{A},c(\mathcal{A}\cup\{s\})\leqslant B}{\text{argmax}}\dfrac{\delta_s}{c(s)}$;
if cur_s then $\mathcal{A}\leftarrow\mathcal{A}\cup s^*$；break;
else $\delta_s\leftarrow R(\mathcal{A}\cup\{s\})-R(\mathcal{A})$； $cur_s\leftarrow$true;
return $\mathcal{A}$

2. 其他传播引导问题

传播引导问题通常从两个角度进行变形和延伸：一是优化目标，二是传播模型。在优化目标方面，传统影响力最大化问题旨在寻找 k 个初始活跃节点，使最终传播影响范围最大。后来有学者研究，为了影响给定数量的节点，如何寻找种子节点，使需要的种子节点数最小的问题。还有学者研究，为了影响给定数量的节点，如何寻找种子节点，使其能在最短的时间内激活目标数量的节点。类似的问题适用于不同应用环境中的业务需求。

在传播模型方面，传统影响力最大化问题针对单一传播主体进行研究。也就是说，其假设在社交网络上，所感兴趣的信息能够不受外界影响的传播。然而，在实际情况下，在同一时刻很可能存在多个传播主体，且不同传播主体可能存在竞争关系。也就是说，传播主体的内容是相互对立的，社交网络中的用户最多只会接收并传播其中一个主体。在这种竞争传播环境下，优化目标更加多变。总体来说可以分为两类，在给定一个传播主体 B 的传播源的情况下，如何选择另一个传播主体 A 的种子节点，使得 A 的传播影响最大化，或者使得 B 的传播影响最小化。在这两个基本优化目标下，还存在着很多其他变体。例如，如何在使对方传播范围不超过一定范围的条件下，最大化己方的传播范围；如何在使己方至少传播一定范围的条件下，最小化对方的传播范围等。具体研究哪一个变体的问题取决于面临的应用场景。

10.5　小结

在线社交网络是最重要的互联网内容聚集平台之一，其已渗透到社会生活、经济运行、行政管理等方方面面，对降低人际沟通成本、开阔个人视野、提升产品推广效率、促进社会民主建设和公平公开等都具有重要意义。同时，社交网络在信息传播上的平等性和迅捷性等特点也可能会被不法分子利用，从事破坏社会稳定、危害国家安全等方面的违法行为。为了降低社交网络的负面影响，需要对其进行研究分析，进而实现安全管理。本章从在线社交网络分析概述开始，介绍了其基本现状以及和安全管理相关的关键分析要素。然后，分别详细介绍了三个关键分析要素，包括话题发现、个体影响力计算和信息传播与引导。

10.6　思考题

1. 如何定义和建模在线社交网络的"关系"？社交网络和其他复杂网络有什么异同点？

2. 为什么要选择多项分布的共轭先验 Dirichlet 分布作为文本话题分布和话题词分布的先验分布？

3. PLSA 和 LDA 在设计思想上有什么不同？

4. 如何验证多个计算节点影响力排名的指标的准确性？

5. 社交网络中的信息传播分析研究主要可以分为哪几类？除了三个常见的信息传播模型外，你还能列举出哪些模型并说明其应用场景？

6. 基于传播影响力最大化（最小化）算法的传播引导方案是如何在实际的舆情引导或谣言管控的应用场景中实现，请详细举例说明（提示：可从结构优化、传播优化等多角度比较说明）。

第11章 信息过滤

　　信息过滤有很多定义。Belkin 和 Croft 给出了这样的定义：信息过滤是用以描述一系列将信息传递给需要它的用户处理过程的总称。Doug Oard 对信息过滤以其目的为核心给出的定位：信息过滤系统是从大量动态产生的信息中选择并展现给那些用户以满足他或她对信息的需求。Tauritz 给出的定义：信息过滤是根据给定的对信息的需求，只在输入数据流中保留特定数据的行为。

　　本章首先给出信息过滤的概念，回顾信息过滤技术发展的历程，介绍信息过滤的分类体系、评价反馈以及相关应用；随后，针对内容安全中的信息过滤进行重点分析；最后，详细讨论一种基于主题抽取和一种基于分类的过滤系统。

11.1　信息过滤概述

　　Belkin 和 Croft 提出的信息过滤通用模型如图 11-1 所示。

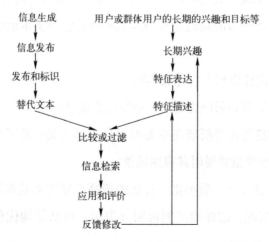

图 11-1　Belkin 和 Croft 提出的信息过滤通用模型

他们还在文章中指出：

1）相对于传统的数据库来说，信息过滤系统是一个针对非结构化或半结构化的信息系统。

2）信息过滤系统主要处理的是文本信息。

3）信息过滤系统常常要处理巨大的数据量。

Hanani 等人给出了信息过滤的另一个定义：信息过滤是指从动态的信息流中将满足用户兴趣的信息挑选出来，用户的兴趣一般在较长一段时间内不会改变（静态）。信息过滤通常是在输入数据流中移除数据，而不是在输入数据流中找到数据。Hanani 等人同样给出了一个通用信息过滤模型，如图 11-2 所示。

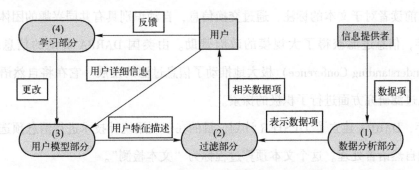

图 11-2　Hanani 等人给出的通用信息过滤模型

综上所述，信息过滤的定义大致相似。简单地讲，信息过滤可以认为是满足用户信息需求的信息选择过程。在内容安全领域，信息过滤是提供信息的有效流动，消除或者减少信息过量、信息混乱、信息滥用造成的危害。但在目前的研究阶段看，仍然处于较为初级的研究阶段，为用户剔除不合适的信息是当前内容安全领域信息过滤的主要任务之一，如为学校的学生提供绿色互联网内容。本章也以不良信息的过滤作为讲述的重点。

11.1.1　信息过滤研究的历史

1958 年，Luhn 提出了"商业智能机器"的设想。在这个概念框架中，图书馆工作人员根据每个用户的不同需求，建立相应的查询模型，然后通过精确匹配的文本选择方法，为每个用户产生一个符合其查询需求的新文本清单；同时，记录用户所订阅的文本，以用来更新用户的查询模型。他的工作涉及信息过滤系统的每一个方面，为信息过滤的发展奠定了有力的基础。

1969 年，人们对选择性信息分发系统（Selective Dissemination of Information，SDI）产生了广泛的兴趣。当时的系统大多遵循 Luhn 模型，只有很少的系统能够自动更新用户查询模型，其他大多数仍然依靠职业的技术人员或者由用户自己来维护。SDI 兴起的两个主要原因是实时电子文本的可用性和用户查询模型与文本匹配计算的可实现性。

1982 年，Denning 提出了"信息过滤"的概念。他描述了一个信息过滤的需求例子，对于实时的电子邮件，利用过滤机制，识别出紧急的邮件和一般的例行邮件。1986 年，Malone 等人发表了较有影响的论文，并且研制了"Information Lens"系统，提出了三种信息选择模式，即认知、经济和社会。所谓认知模式即基于信息本身的过滤，经济模式来自于 Denning 的"阈值接收"思想，社会模式是他最重要的贡献。在社会过滤系统中，文本的表示是基于以前读者对于文本的标注，通过交换信息，自动识别具有共同兴趣的团体。

1989 年，信息过滤获得了大规模的政府赞助。由美国 DARPA 资助的信息理解会议（Message Understanding Conference）极大地推动了信息过滤的发展。它在将自然语言处理技术引入信息过滤研究方面进行了积极的探索。

1990 年，DARPA 建立了 TIPSTER 计划，目的在于利用统计技术进行消息预选，然后再应用复杂的自然语言处理。这个文本预算过程称为"文本检测"。

1991 年，Bellcore 与 ACM 办公信息系统特别兴趣小组（SIGOIS）共同支持了一个高性能信息过滤（High Performance Information Filtering）会议，将已有的许多研究工作综合在一起，为信息过滤研究构造了一个坚实的基础。

1992 年，NIST（美国国家标准和技术研究所）与 DARPA 联合赞助了每年一次的 TREC（Text Retrieval Conference，文本检索会议），其对于文本检索和文本过滤倾注了极大的热忱。TREC 最初提出了两个主要的研究任务，此外还先后提出了十多个项目。

从 1997 年的 TREC-6 开始，文本过滤的主要任务逐渐固定下来。文本过滤项目包含三个子任务。其中一个是被称为"Routing"的子任务。它是这样被定义的：用户的检索需求固定，提供对应于该检索需求的训练文档集中的相关文档，从检索需求构造查询语句来查询测试文档集。还有一个子任务是批过滤（Batch Filtering）：用户需求固定，提供对应于该用户需求较大数量的相关文档作为训练数据，构造过滤系统，对测试文档集中的全部文本逐一做出接受或拒绝的决策。最后引入的，也是最重要的子任务是自适应过滤（Adaptive Filtering）。它要求仅仅从主题描述出发，不提供或只提供很少的训练文档，对输入文本流中的文本逐一判断。对"接受"的文本，能得到用户的反馈信息，用以自适应地修正过滤模板；

而被"拒绝"的文本是不提供反馈信息的。

11.1.2 信息过滤的分类体系

信息过滤按照操作方法、操作位置、过滤方法和获取用户知识的不同，可以使用图 11-3 所示的分类体系图来进行表示。

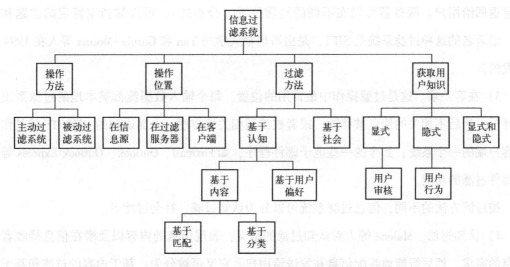

图 11-3 信息过滤的分类体系图

按主动性（操作方法）分类，信息过滤系统可分为主动式信息过滤系统和被动式信息过滤系统。

1）主动式信息过滤系统。这些系统动态地为用户查找相关的信息。这种查找可以在一个很狭窄的领域内进行，如新闻组；也可以在很宽的领域内进行，如 WWW。系统通过用户的特征描述，在一定的空间中查找、搜集并发送相关的信息给用户。一些系统还采用了"推"技术，把相关信息"推"给用户。

2）被动式信息过滤系统。这种系统从输入信息流和数据中忽略不相关的信息。被动过滤系统通常应用在电子邮件过滤或者新闻组中，因为在这种系统中不需要收集数据。一些系统过滤出不相关的内容，而另外一些系统则提供给用户所有信息，但是按照相关性给出一个排序。一个典型的例子就是 GHOSTS 过滤系统。

按过滤器所在位置的不同，过滤系统可安装在信息的源头处，在专门的服务器上，以及在客户端。

1）在信息的源头。在这种方法中，用户把自己的偏好提供给信息提供者，信息提供者就按照用户的特征描述把相关的信息提供给用户。这种类型的过滤又被称为"剪辑服务"。最典型的例子是 Bates 曾经提供给用户的一种服务，在对话系统中按照需求向用户提供不同的信息。但这种服务通常是付费的。

2）在过滤服务器上。一些过滤系统在特殊的服务器上实现。一方面，用户将自己的偏好提交给服务器，另一方面，信息提供者将数据发送到服务器，最终由服务器来选择相关的信息返回给用户。服务器可以在不同的地理位置（分布式），可以被指定特定的主题和兴趣。最著名的这种过滤系统是 SIFT，是由斯坦福大学的 Yan 和 Garcia-Molina 等人在 1994 年开发的。

3）在客户端。这是过滤操作中最常用的位置。每个输入数据流都被本地的过滤系统进行评价，然后不相关的信息被移除，或者被按照相关性排序。上面讲到的 GHOSTS 就是作用在客户端的一个系统；如今的一些电子邮件程序，如 Foxmail、Outlook、Outlook Express 等都有邮件过滤的功能。

按过滤方法的不同，信息过滤系统可以分为认知过滤、社会过滤等。

1）认知过滤。Malone 等人对认知过滤的定义：表现信息的内容以及潜在信息接收者对信息的需求，然后智能地匹配信息并发送给用户。它又可被分为：基于内容的过滤和基于用户偏好的过滤。许多商业的过滤系统都是基于内容的过滤方法，例如，McCleary 的基于内容的商业过滤系统就可以提供事先分类好的新闻给他的用户。大多数的邮件系统提供基于关键词匹配的垃圾邮件过滤功能。基于用户偏好的过滤，则需要建立用户的偏好模型，通过对内容的分析来判断是否属于用户喜好的内容，从而完成内容的过滤。

2）社会过滤。Malone 等人对社会过滤的定义：通过个体和群体之间的关系进行的过滤。社会过滤的假设是找到其他有相似兴趣的用户，将这些用户感兴趣的内容推荐给特定用户。社会过滤与基于内容的过滤不同，它不基于任何文档内容的信息，而是完全基于其他用户的使用模式。一些学者又将社会过滤称作协作式过滤（Collaborative Filtering）。社会过滤系统试图克服基于内容过滤系统的不足。为了可以"预测"用户的信息需求，需要从各个不同的角度去对用户兴趣建模，并对用户进行聚类。它是对基于内容过滤系统的一种很好的补充。

不同的信息过滤系统使用不同的方法获取用户的知识，这些知识形成了用户模型，通常以用户特征描述或者规则的形式存在。获取用户知识的方法包括显示的方法、隐式的方法，以及显式和隐式相结合的方法。下面主要介绍显式和隐式的方法。

1）显式的方法。显式的方法是让用户通过调查表等形式来主动地表达自己的意愿。通常要求用户填充一个描述用户兴趣和其他相关参数的一个表单，系统利用这种方法，得到用户的偏好。这样的例子有很多，如视频网站会让用户注册时填写一些表格，包括选择不同类型的兴趣点。

2）隐式的方法。隐式的方法不需要用户的参与知识询问，对用户来讲，这是一种更容易接受的方法。这种方法往往通过记录用户的行为，例如 Web 浏览的时间、次数、上下文、行为（保存、放弃、打印、浏览、点击）等来学习用户的兴趣，并建立用户的特征描述。例如，电子商务网站中用户的购买历史、查询历史都可以用来收集用户的信息。

11.1.3 信息过滤的应用

信息过滤可以被应用到很多方面，以下是它最常见的应用：

1）Internet 搜索结果的过滤。即使是用最好的搜索引擎进行搜索，同一个问题也会返回数目众多的结果，对绝大多数用户来说，这是一个令人头痛的问题。所以，在搜索结果中进一步按照用户的偏好进行过滤，对 Internet 搜索是一种很好的补充。

2）用户电子邮件过滤。电子邮件已经成为用户在 Internet 上使用最多的应用之一。垃圾邮件困扰着每个电子邮件用户。信息过滤技术在反垃圾邮件中做出了一定的贡献。

3）服务器/新闻组过滤。在服务器/新闻组端，在第一时间对不良信息进行过滤，避免类似信息的传播，是 ISP 最希望做到的。所以，信息过滤技术在服务器/新闻组有广阔的应用空间。

4）浏览器过滤。定制客户端的浏览器，按照用户的偏好，在浏览时直接对相关信息进行过滤，也是信息过滤的一个很好的应用方向。

5）专为儿童的过滤。儿童是最容易被色情、暴力、反动信息迷惑的人群，使用信息过滤技术，为儿童的网络世界创造一个洁净的天地，是各国信息过滤研究者都致力研究的方向，也是家长、老师们的共同心愿。

6）为客户的过滤。在 Internet 网络服务中，不同的客户有不同的爱好、兴趣，针对不同客户的需要进行推荐，同样是信息过滤发展的一个重要方向。

11.1.4　信息过滤的评价

人们通常都是通过使用信息检索的评价方法来对信息过滤进行评价，最为常用的是信息检索中的两个指标：查全率和查准率。对于在信息过滤中的应用，可以做如下定义：

定义 1：查全率，或称召回率，是被过滤出的正确文本占应被过滤文本的比率。其数学公式表示如下：

$$查全率 = \frac{过滤出的正确文本数}{应被过滤的文本总数}$$

定义 2：查准率，或称准确率，是被过滤出的正确文本占全部被过滤出的文本的比率。其数学公式表示如下：

$$查准率 = \frac{过滤出的正确文本数}{过滤出的文本总数}$$

但实际上，信息过滤的评价是一个很复杂的工作，并没有一个真正的标准，即使目前也是如此。

在实际评价中，还可以通过以下方法来进行评价。

1. 通过实验来评价

这种评价方法必须在实际系统上进行，评价是基于系统使用者的参与。这种评价方法依赖于参加评价人员的人数和运行的系统。研究者应该考虑这些通过有限的文章和查询过滤产生的结果能否被推广到其他领域中去。Tague-Sutcliffe 在文章中指出了设计一个好的实验应该提供的选择。通过实验，由 Internet 用户来评价是过滤系统常常使用的方法，如 GroupLens、Fab 等。

2. 通过模拟来评价

通过模拟来评价的一个主要好处是使用同样的数据来测试多个系统实现的方法。这样就可以评估当使用不同的方法时，过滤模块（方法）在系统中的性能。它的主要缺点是：为了得到结论，结果必须被归纳。但是，归纳很少才能非常准确，因为在实际情况、实际数据库和实际用户中，结论往往是不同的。

有很多种模拟的方法。一些研究者使用用户的偏好、特征描述、反馈来进行模拟，如NEWT；还有像 Michel 一样的诊断性的模拟评估；更多的模拟过滤系统以批处理的方式来执行，而不是用户与系统相互作用。在 Shapira 的系统和 TREC-6 中都使用了这种方法来评价过滤系统。

11.2 内容安全的信息过滤

11.2.1 信息过滤和其他信息处理的异同

信息过滤不同于信息检索（Information Retrieval），信息过滤应用了大量信息检索的方法去实现信息过滤，同时信息过滤又在很多方面不同于信息检索：

- 广义地讲，信息过滤是信息检索的一部分。
- 信息过滤的信息需求将反复使用，长期用来进行特征描述；信息检索的信息需求往往只是用户查询时使用一次。
- 信息过滤过滤出不相关的数据项或者收集数据项，信息检索选择相关的数据项来查询。
- 信息过滤的数据库是动态的，但是需求是静态的；信息检索的数据库是静态的，同时需求也是静态的。
- 信息过滤使用用户偏好，而信息检索使用一般查询。
- 信息过滤用户要对系统有所了解，信息检索则不需要。
- 信息过滤涉及用户建模/个人隐私等社会问题。

信息过滤与信息检索针对不同信息需求的变化如图 11-4 所示。

图 11-4 信息过滤与信息检索针对不同信息需求的变化

信息过滤和分类（Classification）之间的关系：

- 分类法中的分类不会经常改变。相对而言，用户偏好会动态变化。
- 信息过滤需要用到分类的方法。

信息过滤和信息提取（Information Extraction）之间的关系：

- 信息提取是指从一段文本中抽取指定的一类信息（如事件、事实），并将其（形成结构化的数据）填入一个数据库中供用户查询使用的过程。

- 信息过滤关心相关性，信息提取只关心抽取的那些部分，不考虑相关性（在知识表示中有很大的区别）。

信息过滤和其他信息处理的区别见表11-1。

表 11-1 信息过滤和其他信息处理的区别

处 理	信息需要	信 息 源
信息过滤	稳定的、特定的信息	动态的、非结构化的
信息检索	动态的、特定的信息	稳定的、非结构化的
数据访问	动态的、特定的信息	稳定的、结构化的
信息提取	特定的信息	非结构化的

11.2.2 用户过滤和安全过滤

网络内容安全是网络安全的一个重要组成部分，它指的是信息发布、传输过程中，由于信息内容的不适当传播而引发的安全问题。随着网络成为信息发布、传播的一种高效、开放的平台，并日益得到越来越广泛的应用，网络内容安全也引起了越来越多的关注。网络内容安全包含两个基本方面：数据安全和社会安全。也就是说，对危害数据安全和危害社会安全的两类信息，它们的发布和传播过程都需要进行有效的控制与过滤。

根据过滤目的的不同，把信息过滤分为两类：一是以用户（个人、团体、公司、机构）兴趣为出发点，为用户筛选、提交最可能满足用户兴趣的信息，称为**用户兴趣过滤**，简称"**用户过滤**"；二是以网络内容安全为出发点，为用户去除可能造成危害的信息，或阻断其进一步的传输，称为**安全过滤**。

随着社会对保证网络内容安全越来越急迫的要求，安全过滤的技术研究与实践得到更多的关注。要保障网络内容安全，就要控制危害数据安全和社会安全的信息的发布和传播。危害数据安全的情况主要表现在以下两个方面：

1) 受控信息在网络上的不当流通，如机构内部机密数据的外流。这种情况的出现可能是侵入型的，如黑客入侵；也可能是内部型的，如能接触到受控信息的合法用户有意或无意的泄露行为，这种泄露就需要通过对信息的自动过滤来防止。

2) 危害到计算机系统安全以及受控信息安全的信息流通，如病毒和木马。此类信息是可执行代码，有二进制、脚本代码等不同形式。现有的病毒防火墙等就是自动进行此类信息过滤的实用系统。

以上信息统称为**"有害信息"**，它们都是安全过滤所应该过滤掉的信息。阻止这些信息造成危害最好的方法就是阻断它们的传播。但由于网络分布式的特点及其海量的数据，用人工的方法显然是难以完成的。所以，对"有害信息"的自动过滤是这类问题的最终解决方法。在已有的信息过滤的研究中，侧重点更多地属于用户过滤。

安全过滤和用户过滤所使用的技术与方法有着很多相似之处。它们都是从待处理的原始信息中分辨出要过滤的特定信息，并进行相应的处理。在实现方法上，它们都可以借鉴和使用自动检索、自动分类、自动标引等信息自动处理的方法与技术。用户过滤的常规结构通常包括过滤特征描述、数据特征表示和过滤过程三部分，即

- 如何建立及更新待过滤信息的特征描述（Profile）。
- 如何进行待过滤信息的特征抽取。
- 如何进行信息间特征匹配，以及进一步处理。

在过滤内容以及具体实现方面，安全过滤和用户过滤并不是泾渭分明的。安全过滤的系统结构同样具有以上三大模块。实际上，它们可能会在同一个信息过滤系统的不同子系统中出现。例如，一个电子邮件过滤系统中可能包含：病毒、木马检查；机密数据审查；有害信息屏蔽；垃圾邮件清理；Email 重要性评估以及邮件分类等内容。其中后三项属于用户（兴趣）过滤，而前三项属于安全过滤。

安全过滤与用户过滤相比，除了具有上述相似之外，还有以下的异同：

1) 用户过滤的特征描述针对的是用户长期的信息需求，但即使是长期的兴趣，这种需求也是在不断地转移和变化；安全过滤中有害信息的特征表达与之相比则是相当固定的，在相当长的时期内会有增加，但基本上不会发生变化。

2) 用户过滤侧重信息的主题内容，而安全过滤则较为侧重信息的细节部分。所以，安全过滤所要过滤的信息单元要比用户过滤小。

3) 用户过滤通常为防止丢失具有潜在价值的信息而不删除信息，安全过滤则一般会直接删除过滤出的信息。因此，安全过滤系统要求更高的准确度。

4) 用户过滤系统的设计目标是提供用户辅助的信息发现，以及协助加快浏览，是辅助性的系统；内容安全过滤系统的设计目标是尽可能准确地过滤掉不良信息，避免用户浏览相

关信息，是自主性的系统。

5）在用户界面的设计和实现上，用户过滤系统通常采用友好的界面使用户能够更便捷、有效地表达兴趣，以及采用各种可视化手段来协助用户来自行进行信息相关度的判断；而安全过滤系统通常不需要提供此类界面。

6）及时和方便的用户反馈在用户过滤中受到相当多的重视，用户群的社会合作过滤（Collaborative Filtering）也是用户过滤的研究重点；而安全过滤基本无须用户反馈和群体合作。

7）用户过滤的测试工作主要依靠用户来判断，主观性强，且由于用户兴趣的转移，会引起评估准确度误差；安全过滤的评估则相对客观。

8）在评价指标上，用户过滤应用最为普遍的是准确率和召回率，安全过滤的评价指标同样可以采用这两个指标。

由于安全过滤与用户过滤有着以上的异同，安全过滤的技术实现可以在参考用户过滤技术的基础上得以发展。

11.2.3　现有信息过滤系统及技术

进行 Internet 不良信息的过滤已经成为世界各国的共识。欧盟在 1996 年就发起了一个称之为《提倡安全使用 Internet 的行动计划》；1997 年，欧盟向世界电信委员会提出了欧盟成员国向 Internet 不良内容做斗争的报告；2000 年，克林顿签署了《儿童 Internet 保护法案》，以立法的形式保证学校、图书馆等对 Internet 不良信息进行过滤（Public law 106-554）；2003 年，布什签署了新法案，在互联网上建立儿童专用的域名，在其中杜绝所有不适合 13 岁以下儿童接触的信息。世界上许多国家也对此做出了很多有益的努力，有相关的提议和规则出台，如以下项目都是旨在净化 Internet 而发起的：DAPHNE、WHOA：Women Halting Online Abuse、SafetyEd International 和 PedoWatch。

我国政府颁布了一系列互联网管理办法。除了加强网络服务商及信息服务商的监管力度，也很重视安全过滤中自动过滤技术的发展，并在这方面投入了很多的科研力量。上海交通大学电子工程系现代通信研究所承担的 863 信息安全主题的重大项目中就有一部分内容是围绕这个课题进行深入研究的。

PICS（Platform for Internet Content Selection）是应用最为广泛的基于 WWW 浏览的分级标准协议（http://www.w3.org/PICS）。PICS 提供了过滤规则定义语言 PICSRules，这个规

则允许父母、老师和图书馆员来指定哪些信息是适合孩子浏览的。通过建立和保存网络站点分级标志，提供给网络用户，并由支持 PICS 的浏览器（如 Internet Explorer）实现内容过滤。除了 PICS 模式以外，还有很多类型的不良信息过滤服务，如图 11-5 所示是根据前面讨论的过滤位置不同而进行的分类。

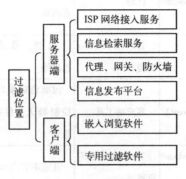

图 11-5 安全过滤的分类

服务器端的过滤系统可以综合使用搜索技术、个人评价、监视和数据库更新等方法，采用高速的机器，取得良好的性能。但是，服务器端的过滤方式欠灵活，不能满足用户的个性化需求，它在管理和维护支持上的花费较高，而且还会降低网络的效率。

客户端过滤常用的方法是关键词过滤。这些软件对从 Internet 上下载的文章进行关键词匹配，如果存在关键词列表中的词或者一些词的组合，则过滤掉；这些软件还可以针对网址进行过滤。相比于服务器端的过滤系统而言，客户端软件过滤可以给用户更大的灵活性（自定义关键词和 URL 列表），但是客户端过滤的速度、性能、URL 和关键词数据库更新都不能得到较好的保证。

表 11-2 列出了一些现有的不良信息过滤系统。除此之外，一些信息检索服务商还提供对检索结果内容的过滤，如 AltaVista（http://www.alltheweb.com）提供对令人讨厌的内容的过滤选项供用户选择使用。也有不少网站提供安全网上冲浪的入口网页，由这个网页提供的链接都是经过审查的"绿色网站"，如 Yahoo ligans（http://www.yahooligans.com）、Surfing The Net With Kids（http://www.surfnetkids.com）提供的网站链接都是由人工精心挑选的。

表 11-2 现有不良信息过滤系统

系 统 名 称	过 滤 位 置	过 滤 内 容	具 体 实 现
Honorguard（http://www.honorguard.net/）	网络接入	攻击性或色情内容	采用人工制定的规则自动搜索因特网，并由人最终判断、生成阻塞网址列表，实现网址阻塞

系 统 名 称	过 滤 位 置	过 滤 内 容	具 体 实 现
Windows 10 内置儿童账户功能	客户端	分级内容	分级
Websense Content Gateway（http://www.websense.com/content/support/library/deployctr/v76/dic_wcg.aspx）	代理	恶意代码，动态网页	内容分类，按类型过滤
HedgeBuilders（http://www.hedge.org/）	客户端及 Proxy 两类	色情、暴力、暴露等	专用服务器提供阻断 URL 和 IP 列表，过滤搜索关键词。列表靠人工更新
CYBER PATROL（http://www.cyberpatrol.com/）	客户端工具	过滤色情暴力；控制聊天；保护隐私	专用服务器提供 PICS 标注数据；客户端完成关键词过滤、PICS 分级标注过滤和自定义网址过滤
KidSplorer（https://www.devicode.com/products/kidsplorer/）	客户端专用浏览器	儿童不宜内容	提供可修订更新的绿色网站列表，提供可修订更新的阻塞网站列表
Kiddle	专用搜索引擎	儿童不宜内容	Google 的儿童版，对搜索结果进行过滤
McAfee Web Gateway（https://www.mcafee.com/enterprise/zh-cn/products/web-gateway.html）	网关	病毒等	URL 过滤、基于规则、基于信誉和分类

虽然过滤的地点不同，所过滤的内容也有些不同，但在目前过滤系统的实现方法上并没有太多不同。这些实现方法主要有：

1）建立不良网站的 URL 或者 IP 列表数据库，当用户访问这些站点时给予阻断。建立绿色网站 URL 数据库，只允许用户访问这些站点。这个方法称为 URL（IP）过滤。

2）建立网站的分级标注，通过浏览器的安全设置选项实现过滤。

3）对文本内容、文档的元数据、检索词、URL 等进行关键词简单匹配或者布尔逻辑运算，对满足匹配条件的网页或者网站进行过滤。这个方法可统称为关键词过滤。

4）基于内容的过滤，应用人工智能技术，判断信息是否属于不良或不宜信息。

在实际应用中，前三种方法应用范围最广。表 11-3 对这些方法进行了简单比较。

表 11-3 目前常用的过滤方法比较

技 术 路 线	速 度	灵 活 性	技 术 难 度	防 欺 骗 性	因特网覆盖
URL（IP）过滤	快	差	易	差	窄
关键词过滤	快	中	易	中	广
人工分级标志	快	中	易	差	窄
基于内容的过滤	慢	好	难	好	广

URL 过滤方法的缺陷表现在两个方面：

1）URL 列表的更新无法跟上网络上不良网站的增加和变化速度。

2）用户可以轻易地通过代理、镜像等获取到被封锁网站上的内容。关键词过滤的主要缺陷在于其错误率过高，导致封锁范围扩大化。

分级标注过滤除了面临与 URL 过滤类似的问题，还存在蓄意错误标注，误导读者的可能。内容过滤的最大问题在于其运行速度慢以及技术实现的难度较大。多数现有的系统混合应用了各种方法，以改善单一方法的局限性。

有的系统还针对特定过滤方法的缺陷进行了一定的改进。例如，Honorguard 系统为了加强对因特网的覆盖，通过爬行者（Crawler）自动搜索，并辅以规则判断，以加快更新 URL 列表的速度。但为保证其阻断的正确性，列表还是经由人来最终审核。Benjamin Edelman 的实验表明，现有商业软件对色情网站的过滤可达 70%~90%。新加坡大学的一项研究中，在 URL 过滤的基础上，进行了基于内容过滤的实践，对 Web 文本的链接、复合词等遵循一定启发性规则进行分析，使系统能够加快 URL 列表的更新速度，由此过滤效率从 60% 提升到 85%，甚至 90%。

据不完全统计，全球有 500,000 以上的色情网站，另外，每天都有新的色情网站加入 Internet，还有很多提供信息中转的代理服务，以方便用户从旁路获得被封堵的信息内容。因此，基于 URL 或 IP 封堵的过滤方法有极大的局限性。

随着网络的不断发展，尤其是各种新型分布式系统、协议、技术的发展，对信息来源进行封堵的方法不再能起到良好的效果。新的信息流通机制，如 P2P，使得信息的流通失去了很多可利用的辅助信息，如作者名、信息链接、出处等，这种情况下，对于不良信息的过滤只能基于信息的自身内容进行。所以，基于内容的过滤将成为，也必然成为安全过滤发展的趋势和方向。

11.3　基于匹配的信息过滤

特征字串匹配法也是被各类过滤系统广泛应用的方法之一。文档元数据的特征字串是指在 URL、标题、作者等文档的元数据中与不良内容常相伴出现的字串，例如，色情网站的 URL 中常出现 xxx、aaa 等，这些都可以认为是特征字串。但通过在元数据中匹配特征字串来进行过滤，其错误率相当高，实用效果很差。例如，www. aaai. org 本是一个学术网站，但却被一些过滤软件所封堵。

除文档元数据特征字串匹配过滤以外，还有基于文档内容特征字串的过滤（关键词匹配）。这种方法首先对信息内容进行特征字串的匹配，然后辅以一定的启发规则（如简单的特征字串布尔与、或规则）进行判断。这是目前基于内容匹配的文本不良信息自动过滤的基本方法。

11. 3. 1　特征字串匹配查全率估算

下面通过几个实验，粗略估计了这个方法的效果。实验中，借用信息检索的两个指标——查全率（Recall）和准确率（Precision）来进行实验效果的评价。实验中采用的样本都是汉语文本，本实验所过滤的不良信息主要以色情信息为主。

估计特征字串匹配法的查全率，实验步骤如下：首先收集色情样本集（色情样本集由人工建立，共包含 4000 个样本，全部为汉语纯文本格式），并从中提取可用于特征字串法的特征字串。在样本集中，随机选择 1600 个样本，采用文章所介绍的主题词抽取算法自动抽取并经过人工挑选，初步建立了一个包含 815 个词的特征词表。接下来将分析这些特征字串在全体样本集中的分布情况，进而估计特征字串法的查全率。

在初选的特征词表中，根据特征词在所有样本中出现概率（借用数据挖掘术语"置信率" B 来表示）的多少生成了 5 个大小不等的特征词表，分别包含有 815（全部词条），以及 $236(B>=2.5\%)$ 、 $154(B>=5\%)$ 、 $78(B>=10\%)$ 、 $34(B>=20\%)$ 个特征词。应用这五个词表，分别统计文档中包含有 3、5、8、15 个以上特征词的样本覆盖率（即出现 N 个特征词的样本占全部样本的比例）。

置信率：

$$B=(D/S)\times100\%$$

其中，B 为特征词的置信率，D 为特征词出现的文档数，S 为样本集文档总数。

样本覆盖率：

$$C=(D'/S)\times100\%$$

其中，C 为样本覆盖率，D' 为文档中出现 N 个特征词的文档数，S 为样本集文档总数。这里用样本覆盖率来近似替代查全率。

统计结果如图 11-6 所示。

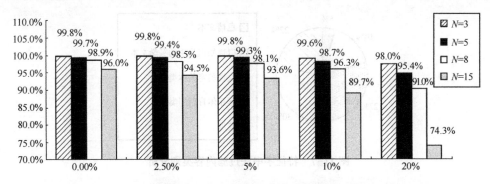

图 11-6 色情样本覆盖率与特征词表及特征词个数的关系

从图中可看出，随着特征词表词条的增多，样本覆盖率总的趋势是增加的。但是，特征词表中词条数目的增加，在提高了查全率的同时，必然会导致准确率的下降。而且，实验表明，词条数目的增加速度与覆盖率的增加速度并不是成正比的，包含 815 词条的词表 3 特征词的覆盖率与只包含 154 词条的词表相同，比 154 词条少接近一半的 78 词条的词表，它的 3 特征词覆盖率只比 154 词条的词表低了 0.2%。这说明，在实际系统中，应该慎重增加特征词表中的词条数目。

还可以看出，样本覆盖率随样本中出现特征词表特征项数的增多而降低，而且降低幅度明显加快。样本包含 5 特征词的样本覆盖率基本上比包含 3 特征词的样本覆盖率平均低 0.5 个百分点，8 特征词的样本覆盖率比 5 特征词的样本覆盖率平均低 1.2 个百分点。随着特征词表中词条数量的降低，覆盖率的降低更为明显。

根据以上的统计数据可以看出，通过 3 特征词的组合使用，进行特征字串匹配以过滤色情文本的方法（即文本中包含 3 个或以上特征词的，就被认为是色情文本），其覆盖率（查全率）相当可观，即使使用 78 个词条的特征词表也能够达到 99.6% 的高查全率。这也是特征字串法被广泛应用的原因所在。

11.3.2 准确率估算实验

应用 78 词条的特征词表在 Google 上进行 3 特征词组合的搜索，在返回的 42000 多个结果中，随机选择 8000 个结果进行人工统计，结果如图 11-7 所示。其中，只有 22% 的属于色情文本（包括色情小说、成人用品介绍、色情短信等），有 30% 的为医学知识（以性知识为主），另有 48% 的其他文本（娱乐体育新闻类 16%、女性美容美体类 27%）。也就是说，在以上实验条件下，特征字串法过滤的准确率近似只有22%。

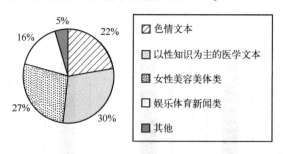

图 11-7　特征字串法过滤内容类别分析

以上数据证明了在色情过滤中，特征字串匹配法明显存在着这样的问题：在过滤了色情作品的同时，也过滤掉了相当多的关于健康、医学、性知识方面的科学内容以及其他文本。这是因为虽然这些内容与色情文本性质完全不同，但二者所使用的词汇有部分重复。为了分析从色情样本中提取的特征词在性知识文本中的分布情况，收集了 2500 篇性、医学知识样本，并进行了样本覆盖率的统计，统计方法同上。统计结果如图 11-8 所示。

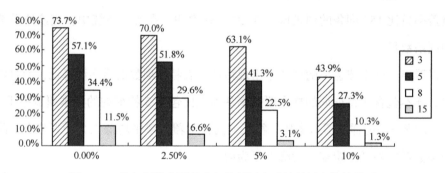

图 11-8　性知识样本覆盖率与特征词表及特征词个数的关系

由图可见，使用 78 词条的色情特征词表能覆盖 43.9% 的性知识文本，且随着特征词表的扩大，该词表对性知识文本的覆盖率也急剧增大。这说明，色情文本中常见的词汇在性知识文本中的分布同样相当广泛。这种情况在一些娱乐新闻和美容美体文本中也同样存在。

通过上述实验，可以清楚地看到，虽然特征字串法过滤色情文本可以做到较高查全率，但准确率却难以保证。这正是目前所有基于内容的不良信息过滤研究中的难点所在。而且，被错误过滤的非色情文本的类别非常集中（医学知识类、娱乐体育新闻类和女性美容美体类），这三类文本共占 93%，称这三类文本为色情文本的"邻近类别"。基于此，提出了基于邻近类别分类的过滤思想，即在使用特征字串法进行初步过滤的基础上，针对过滤结果中掺杂的其他信息（邻近类别）进行分类后，进而再次进行过滤。

11.4　基于邻近类别分类的过滤

借鉴 Belkin 提出的信息检索模型（见图 11-9a），提出一个基于内容的安全过滤系统模型（见图 11-9b）。其中"特征抽取"（Feature Extraction）、"特征精选"（Feature Refinement）、"邻近类别分类"（Neighborhood Classification）和"分级或标注"（Ranking or Labeling）四个模块是该安全过滤模型中全新和独有的内容。

假设过滤系统处理的全部信息用全集 A 表示，不良信息用集合 R 表示，那么不被过滤的信息就是 R 的补集 $\bar{R}$。在应用人工智能的各种学习或者分类算法来识别这两类信息时，只有 R 可建立足够大的样本集来表示，而 $\bar{R}$ 却很难。所以在实际研究中，定义了"**近似信息**"来替代。近似信息（见图 11-9c）是与不良信息的某些外在特征近似，但在性质上却截然不同的信息。例如，色情文本的近似文本有与文体相同的小说、散文等描述性文本，以及与之使用类似词汇的性知识、医学类文本等，如图 11-9d 所示。这样在设计和开发过滤系统的过程中，可以有针对性地识别近似信息和不良信息，从而达到把不良信息从其他信息中过滤出来的目的。

安全过滤是指从待过滤的一类不良信息样本集、案例集出发，进行样本或案例的"特征抽取"，从中抽取或挖掘出不良信息的特征，然后剔除近似信息中同样具备的特征，以进行"特征精选"。在待过滤信息的近似信息中进行"特征精选"，其优势是显而易见的。由于近似信息的种类有限，特征分布较为集中，所以能够便捷地分辨出那些在待过滤信息中广泛出现，但并不专属于待过滤信息的特征。例如，在色情文本中广泛出现的词汇中，存在着在所有文本中都广泛出现的高频词汇，这些词汇在色情文本的近似文本中同样广泛出现。"特征抽取"和"特征精选"两个模块以近似信息作为负样本，待过滤信息作为正样本，挖掘待过滤信息的特征表达。特征选择的最后阶段是把精选后的特征表达（Representation）成此类不良信息的特征描述（Profile or Query）。

"比较与过滤"（Comparison and Filtering）模块用来进行信息替代文本与特征描述之间的匹配比较。根据匹配程度的高低，或者成功匹配部分在信息中所占的比例等数据，判断信息是否为不良信息，或者估算该信息与不良信息间相关度的大小。不良信息相关度小于给定阈值的信息，则被认为是不必过滤的信息。由于安全过滤对信息过滤的精度要求比用户兴趣

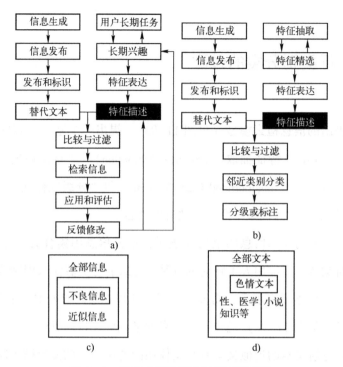

图 11-9　基于内容的安全过滤系统模型

a）Belkin 提出的信息检索模型　b）基于内容的安全过滤系统模型　c）近似信息　d）近似信息举例

过滤要高，单纯的"比较与过滤"模块并不能保证高精度，该模块的过滤结果通常混杂有相当数量的近似信息。这是因为，"比较与过滤"模块所进行的比较，是在待处理信息与待过滤信息的特征描述之间进行的。而这种待过滤信息的特征描述，只能是该类信息部分的正面描述。负面描述的缺乏必然造成大量信息被误过滤，造成过滤系统的低精度。这也是目前安全过滤系统的误过滤情况较为严重的主要原因。为了解决这个问题，模型中添加了"邻近类别分类"模块来对"比较与过滤"模块的过滤结果做进一步的处理。

"邻近类别分类"模块对"比较与过滤"模块的过滤结果，即被怀疑为不良信息的信息（称之为疑似信息）进行分类处理，进一步判断该信息是不良信息还是近似信息。这一步算法可以应用 KNN、Bayes 等精确的分类算法，以确保信息分类的高精度。分类实验证实了"邻近类别分类"模块能很好地区分待过滤信息和近似信息，提高系统过滤的准确度，提高系统的实用化水平。"分级或标注"模块用以对被过滤出的不良信息进行分级（Ranking）、标注（Labeling）等进一步的处理工作。例如，在 HTML 或者 XML 文件中加入相应的 tag 标记，或者进行 PICS 标注，或将不良信息替换为警告等。

11.5　小结

信息过滤是基础的信息处理应用技术之一，涉及信息特征抽取和表达、分类、聚类等基本的信息处理技术。信息过滤在信息获取、信息收集等各个应用领域使用广泛。在信息内容安全领域，信息过滤是垃圾邮件过滤、病毒等有害代码过滤的基础技术。本章从介绍信息过滤系统的分类开始，介绍信息过滤系统实现的各种方法并分析各类方法的优缺点。随后通过一个在信息内容安全领域中的特定信息过滤系统来说明内容安全过滤和其他信息过滤系统的异同。并探讨了一种专门设计在该内容安全过滤系统中使用，以提高准确性的过滤方法。通过对具体系统的分析和实验，为读者设计并实现更加灵活和高性能的过滤方案提供思路。

11.6　思考题

1. 如何描述病毒的特征？如何实现基于匹配的病毒过滤？
2. 病毒过滤系统的分类体系是否可用文中提出的分类方法进行分类？
3. 简单比较客户端病毒过滤系统和服务器端病毒过滤系统的异同与优缺点？
4. 病毒过滤是否也可以通过社会过滤来实现？
5. 应用社会过滤方法的过滤系统面临的威胁有哪些？

第12章　基于大数据的信息内容安全管理

基于大数据的信息内容安全管理，主要解决的问题是，面向互联网中大量传输与发布的信息，进行全面且准确的公开大数据感知采集与主动获取、多媒体大数据智能分析与知识应用，以及基于内容的网络访问控制。其中，基于内容的网络访问控制属于传统的信息内容安全管理与应用方法。该类应用系统通过对网络传输内容的全面提取与协议恢复，在内容理解的基础上进行必要的过滤与封堵等访问控制。典型的基于内容的网络访问控制系统包括带有关键字词过滤的防火墙、具备特征码匹配能力的防病毒防火墙，以及具备过滤能力的反垃圾邮件服务器等。基于内容的网络访问控制系统通常应用于国家、企业与组织的边界防护，实现对有害内容的管理。

当前，面向互联网公开大数据的信息内容安全管理，更加强调舆情掌控、信息搜索与情报分析，进而派生出网络舆情监测与预警、互联网大数据搜索与网上情报信息分析三大应用场景。网络舆情监测与预警应用是在网络公开发布信息主动获取的基础上，通过对海量非结构化信息的挖掘与分析，实现对网络舆情的热点信息、焦点内容及其演变趋势的掌握，从而为网络舆情监测与引导部门的决策提供科学依据；互联网大数据搜索应用是基于全媒体多模态数据融合和协同挖掘分析的大数据支撑框架，对在时空上分散的信息、内容与知识等进行大规模实时关联和因果分析，以应对全行业、各层次的信息搜索、内容检索与知识利用需求；网上情报信息分析应用则是通过全面且有效的互联网公开言论倾听和观察、掌握与"我"相关的内幕性情报信息。

由于现阶段我国普遍缺乏基础理论方法、通用算法模型与技术应用体系，因此面向互联网开展基于全球大数据的信息内容安全管理应用的理论、模型与技术研究，符合我国当前时代需要，并且具备重要的理论价值和重大的战略意义。同时，研究成果有助于及时洞察并防范可能影响乃至危害我国政治、经济、文化、社会和军事安全的网络内容安全事件。

12.1 网络舆情监测与预警

网络信息技术的飞跃发展正在全方位、深层次地改变着人们的生产与生活方式。信息发布与传输的方式正经历着巨大变革。互联网等新兴信息载体的出现，一方面为社会大众提供了前所未有的海量信息资源，另一方面也为民众提供了便捷的、表达各自观点的平台。互联网逐步成为网络信息时代主流的传输载体，不仅改变了人们对于大众媒体的传统认识，而且也极大地改变了传统的信息传播程式。具体表现如下。

1. 社会大众信息发布能力的快速提升

与传统的大众传播媒体不同，互联网可以称为是一种跨国界、多语种、分布式和多种接入方式下的信息交互与资源共享平台。从技术角度分析，在该平台下的信息发布具有"零门槛"，即任何具有接入互联网机会的个体均拥有信息发布的条件和能力。因此，与传统媒体中大量信息来自于固定信息编写群体不同，互联网真正提供了广泛的信息表达渠道。随着Blog 和 RSS 等技术的发展与成熟，越来越多的个人发布的信息将成为网络媒体的重要信息来源；随着互联网技术的推进与普及，社会大众信息发布能力必将获得革命性的提高。这既保证了网络媒体平台的活力与网络文化的百花齐放，也对互联网信息资源定位与管理带来巨大的挑战。

2. 社会大众信息应用与解读能力的不断平均

互联网的快速发展在另一方面带来巨大变革的是社会大众对于信息应用与解读能力的不平均。影响信息综合应用和解读能力的因素主要包括对于信息源的及时了解、对于相关信息源的及时掌握，以及多信息源的关联分析。在使用传统大众传媒的情况下，由于社会大众接触的信息源无论在数量上还是在内容上均受到相当的约束，因此社会大众对于信息资源的应用与解读能力存在明显的差异。部分人群由于可以接触到更多的非大众媒体信息源，因此可以做出对信息资源更好的应用与解读。而互联网可以为社会大众提供海量的信息源和大量的针对个人/组织的各类信息研判。对于互联网时代的社会大众而言，其对于信息资源的利用与解读能力得到了前所未有的提升。从另一个角度讲，由于互联网中信息资源的海量性和覆盖性，传统大众传媒存在的社会大众对于信息资源利用与解读能力的不均衡已经被极大地改善了。

3. 非主流信息的非比例传输能力引起各界关注

从技术基础角度讲，互联网是提供面向社会全面的信息发布与传输体制。由于参与互联网信息发布与传输人群的利益与关注话题的特殊性，互联网作为信息时代重要的传播载体却体现出一个与传统大众传媒完全不同的特点——非主流信息的非比例传输能力。由于传统媒体采取的是由固定信息编写群体提供信息的方法，因此非主流信息在传统媒体中得到的关注相对较小，其主要表现为对于弱势群体意向和影响面较小事件缺乏足够的关注。随着互联网技术的普及，这种现象得到了彻底的改变，在某种情况下甚至出现了矫枉过正的现象。突出的表象是各类非主流信息得到了社会的广泛关注，对某些问题甚至超越了对主流信息的关注度。例如，在互联网上引起广泛探讨的针对矿难、腐败、国际关系等方面的问题。对于非主流信息的非比例传输能力从一个侧面也反映了互联网平台发展的不确定性和多变性。目前这一特点已引起社会各界的高度关注。

随着我国信息化建设的深入，互联网已经成为我国最重要的大众传播载体之一。根据中国互联网信息中心（CNNIC）在 2020 年 4 月发布的第 45 次《中国互联网络发展状况统计报告》，截至 2020 年 3 月我国网民规模达 9.04 亿、互联网普及率达 64.5%，手机网民规模达 8.97 亿、网民使用手机上网的比例为 99.3%。与此同时，信息发布与信息传输基础设施也取得了长足的发展。目前，全国网络国际出口带宽为 8,827,751 Mbit/s，CN 下注册的域名数已经达到 2243 万个，而实际网站数为 497 万个，".CN"下网站数量为 341 万个。根据这些数据不难看出，在我国，互联网已全面进入人们的日常生活，成为社会影响力巨大的信息传媒力量。

在享受信息化建设和互联网普及带来的巨大便利与海量信息资源的同时，也必须认识到互联网发展带来的潜在的社会舆论和文化安全问题。一是以互联网为代表的新兴媒体影响不断扩大，日益影响着人们的社会生活和经济生活。社会转型期的各种矛盾在网上集中反映，"虚拟社会"的大量情绪性舆论在网上形成一个个大大小小的非理性舆论场。境外敌对势力通过互联网加紧对我国民众意识形态渗透，涉及我国核心利益的舆论攻击从未间断。二是以互联网为代表的新兴媒体的社会属性日益明显。"网络社会"所具有的虚拟性、匿名性、无边界和即时交互等特性，使网上舆情在价值传递、利益诉求等方面呈现多元化、非主流的特点，在交织中碰撞，在传递中发酵，舆论热点发生的频率大大增加，已对舆论生态造成了很大干扰和伤害。三是互联网管理与形势不相适应的矛盾日益凸现。网上即时通信交互工具的广泛应用及各种新技术的不断涌现，也使得"传播高效，控制低效"的矛盾凸现，面临层出不穷的新问题与新挑战。因此，如何有效地利用现有的信息网络平台，充分发挥网络信息平台"千里眼，顺风耳"的积极作用，合理利用互联网中的海量信息资源，为建设和谐社会提供科学的决策参考，是我国各级决策机关所面临的重大挑战。

近年来，我国各级政府在利用互联网信息资源实现社会协调与管理方面取得了不少进步。但必须看到，目前互联网信息内容资源的管理、监测和引导工作相当大的程度上还依赖于简单技术同人力相结合的方式，还依赖于"人海战术"来完成对互联网海量信息的获取和分析。其结果是工作强度大，时效性较差，效果不明显。因此，必须清醒地认识到解决信息化、网络化浪潮带来的问题，只有通过信息化、网络化的技术手段以及先进的管理机制来解决。

12.1.1　网络舆情监测与预警的发展趋势

传统的网络舆情监测与预警，是指通过对某个区域网民的有效抽样，进而面向抽样的网民群体，有效地统计其在某个时间段内的网络舆论，从而实现该时间段内网络社会舆情热点的输出，以及对下一阶段网络社会舆情热点的研判。

网络舆情监测技术体系的关键是对互联网广大网民的有效抽样，重点强调"听得多"，以及对抽样网民群体网络舆论的有效统计。这其中涉及统计学中的抽样理论，以及自然语言理解乃至多媒体信息融合分析领域的主题发现技术。因此，网络舆情监测与预警主要完成互联网海量信息资源的综合分析，提取政府部门决策所需的有效支持信息。目前，国内外政府职能部门与研究机构，尤其是西方发达国家，针对该类系统应用与技术研发投入了相当多的资源，使该类系统与技术得到了全面发展。各国对于通过互联网捕获与掌握各类政治、军事、文化信息都从战略角度予以高度重视。以美国为例，为提高政府对信息的掌控能力，任命了约翰·内格罗蓬特为首任国家情报局长，重点解决多渠道信息的融合和统一表达，提高对信息的控制能力。新加坡、法国等国家也都建立了类似的对公开信息资源进行融合、分析与表达的系统，作为其政府的决策依据。

美国9·11恐怖袭击后，国会即提议设立内阁级国家情报局，美国还加强了情报机构的建设。美国国防部下属的情报和安全司令部已经建立了一个可以提供各种信息的、世界上最大的全球情报信息资料库。该资料库将记录人们日常生活中的每一个细节，以供美国情报部门今后调用。美国军方希望其能成为一个巨大的电子档案馆。通过搜集并保存世界上所有的信息资料库的资料（如各国航空公司预订机票订单、超市收款机存根、手机通话清单、公共电话记录、学校花名册、报纸文章、汽车在高速公路上的行车路线、医生处方、私人交易或工作情况等），使电子档案馆成为"情报全面识别系统"。对于这样一个包罗万象的信息资料库，美国军方明确其信息来源主要是通过互联网、报纸、电视、广播以及各国政府和民间机构的信息网络采集。经过筛选和汇集的信息，在融合的基础上供专业分析人员随时调用。该系统可以帮助情报人员通过关键谈话、有关危险地区的情报、电子邮件、在互联网上寻找后追踪有关的资料之类可疑的"交易"痕迹，并在恐怖分子发动攻击前就可以提供预警信息，抓获罪犯。为了能够将这项庞大的情报搜集计划尽快付诸实施，美国国防部组建了专门机构——情报识别办公室。美国国防部原副部长皮特·奥尔德里奇表示："此系统建成后，只要接通计算机，随时都可以全面了解到各种交易、护照、汽车驾驶执照、信用卡、机票、租赁汽车、购买武器或化学产品、逮捕通缉令和犯罪活动等信息，这对美国安全来说简直太重要了。"

20世纪90年代以来，美国中央情报局一直在采取各种手段和措施，通过发展各种网络侦察技术，改进其情报的搜集和处理能力。2004年11月18日，美国联邦上诉法院做出裁决，允许司法部在追踪恐怖分子和间谍嫌疑对象时，有权使用包括互联网邮件检测和电话窃听在内的情报搜集手段。为了获取犯罪分子内部的网络通信线索，美国联邦调查局曾向包括美国在线、Excite@Home在内的几大互联网服务商发去指令，要求他们在互联网服务器上安装窃听软件，把截取的电子邮件作为情报来源。美国中央情报局也早已制定了内容广泛的互联网情报搜集计划。它主要包括两个方面：一是尽早进入全世界各公司、银行和政府机构等的计算机系统进行信息收集；二是尽早开发出能使遍布世界各地的情报分析人员进行交流、传输信息的计算机网络。

英国、法国、日本、新加坡等国也都在开发基于互联网的情报分析和预警系统。种种迹象表面，随着互联网对社会、经济等领域影响的不断扩大和深化，将互联网视为最大的公开信息资源，实现网络情报的提取和知识的挖掘已经成为各国安全与稳定的重要手段之一。

我国政府同样高度重视互联网信息资源的合理开发和利用，尤其重视对涉及国家安全与社会稳定的信息捕获和分析技术的研究与开发。《〈中共中央宣传部、中央编办、财政部、文化部、国家广电总局、新闻出版总署、国务院法制办关于文化体制改革综合性试点地区建立文化市场综合执法机构的意见〉的通知》（中办发［2004］24号）中明确指出，对于互联网信息资源库的开发和利用是今后一个时期内我国文化与信息化建设方面的重要内容。这表明在互联网信息资源开发和利用的竞争中，我国已迈出具有重要战略意义的一步。党的十九大报告明确指出"加强互联网内容建设，建立网络综合治理体系，营造清朗的网络空间"，这又为新时期网络安全与信息化工作、网络信息内容安全管理与应用工作提出了更高要求。

总体而言，该领域的技术发展趋势可归纳为以下几个方面。

1. 针对信息源的深入信息采集

在各类互联网信息提取分析系统或技术中，核心技术必然包括对互联网公开信息资源的广泛采集与提取。以常见的 Google、HotBot、百度等搜索引擎为例，其核心的技术路线是以若干核心信息源为起点，通过大量的信息提取"机器人"（Agent 或 Spider）完成对信息的广泛提取。虽然各个搜索引擎的具体实现不尽相同，但一般包含 Robot、分析器、索引器、检索器和用户接口这五个基本部分。其基本工作原理如图 12-1 所示。

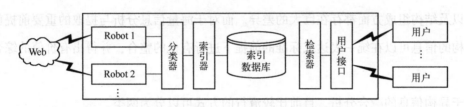

图 12-1　搜索引擎的基本工作原理图

传统搜索引擎中的 Robot，一般采用广度优先策略来遍历 Web 并下载文档。系统中维护一个超链接队列（或者堆栈）包含一些起始 URL。Robot 从这些 URL 出发，下载相应的页面，把抽取到的新超链接加入到队列（或者堆栈）中。上述过程不断递归重复，直到队列（或者堆栈）为空。为了提高效率，常用的搜索引擎中都可能会有多个 Robot 进程/线程同时遍历不同的 Web 子空间。对采集到的信息，使用分类器进行分析。对中文信息而言，通常使用基于分词的技术进行分析。

索引器、检索器和用户接口被用来在传统搜索引擎中实现更加用户友好化的索引和检索。

而以 Google、HotBot、百度等为代表的搜索引擎技术，即俗称"大搜索"的技术，并不能完全满足本项目中网络舆情预警监测系统的需求。具体而言，"大搜索"技术的主要不足体现在对于互联网定点信息源信息的提取率（一般定义为指定时刻提取信息比特数/信息源信息总比特数）过低。究其原因，主要有两点。一是，在"大搜索"引擎中，Robot 需要同时完成广度优先和深度优先的互联网信息提取。而事实上，同时满足广度优先和深度优先设计的 Robot 在性能与可靠度方面均存在一定的缺陷。由于此类 Robot 带来的巨大的网络与服务器性能负荷，大量的 Web 服务器对于简单、机械的 Robot 行为施行了很大的限制。二是，目前大多数 Robot 并不能访问基于框架（Frame）的 Web 页面、需要访问权限的 Web 页面以及动态生成的 Web 页面（本身并不存在于 Web 服务器上，而是由服务器根据用户提交的 HTML 表单生成的页面）。例如，"大搜索"搜索引擎对于网站论坛类信息提取存在严重不足。

在网络舆情监测与预警系统的信息采集中，重点需要解决的是定点信息源信息的深入和全面采集问题。国内外的研究人员已展开了定点信息源的深入挖掘技术的研究和开发。"企业级"搜索引擎、"个性化"搜索引擎等代表了该领域目前重要的发展趋势。

2. 异构信息的融合分析

互联网信息的一大特征就是高度的异构化。所谓异构化，指的是互联网信息在编码、数据格式以及结构组成方面都存在巨大的差异。而对于海量信息分析与提取的重要前提就是对不同结构的信息可以在统一表达或标准的前提下进行有机的整合，并得出有价值的综合分析结果。

对于异构信息的融合分析，目前比较流行的方式可以分为两类。

1）通过采取通用的具有高度扩展性的数据格式进行资源的整合。其中具有代表性的技术是可扩展标记语言 XML。XML 具有结构简单、易于理解的特点，是目前国际上广泛使用的对异构信息融合分析的重要工具。XML 可以很方便地将内容从异构文本信息中分离出来，XML 标记的文档可以使用户更方便地提取和使用自己想要的内容，并使用自己喜欢的表达格式。XML 为异构信息的融合分析提供了基础。通过 XML 可以使内容脱离格式，成为只和上下文相关的数据，以便于内容的检索、合并或者利用。研究人员在 XML 基础上定义的宏数据（Metadata）进一步提高了异构信息融合分析的准确度和效率。宏数据是关于数据的数据，是以计算机系统能够使用与处理的格式存在的、与内容相关的数据，是对内容的一种描述方式。通过这种方式，可以表示内容的属性与结构信息。宏数据分为描述宏数据、语义宏数据、控制宏数据和结构宏数据。在内容管理中，通常是宏数据越复杂，内容提升价值的潜力就越大。一般而言，宏数据模型的产生，需要一个面向客户内容管理的通用数据模型，以适应客户不断变化的需求，达到提升信息价值的目的。宏数据一旦从原始内容中被提取出来，就可以把它与原始的内容分开，单独对它进行处理，从而大大简化对内容的操作过程，实现异构信息的融合分析。另外，语义宏数据与结构宏数据还可用于内容的检索和挖掘。类似的技术还包括 UDDI 和 UML 等。

2）采取基于语义等应用层上层信息的抽象融合分析。这一类技术的代表是 RDF。XML 所存在的问题是因为 XML 不具备语义描述能力，所以在真正处理对于内容融合要求比较高的信息时，难免力不从心。为此，W3C 推荐了 RDF（Resource Description Framework）标准来解决 XML 的语义局限。RDF 提出了一个简单的模型用来表示任意类型的数据。这个数据类型由节点和节点之间带有标记的连接弧所组成。节点用来表示 Web 上的资源，弧用来表示这些资源的属性。因此，这个数据模型可以方便地描述对象（或者资源）以及它们之间的关系。RDF 的数据模型实质上是一种二元关系的表达，由于任何复杂的关系都可以分解为多个简单的二元关系，因此 RDF 的数据模型可以成为其他任何复杂关系模型的基础模型。在实际应用中，RDF 通常与 XML 互为补充。首先，RDF 希望以一种标准化、互操作的方式来规范 XML 的语义。XML 文档可以通过简单的方式实现对 RDF 的引用。通过在 XML 中引用 RDF，可以将 XML 的解析过程与解释过程相结合。也就是说，RDF 可以帮助解析器在阅读 XML 的同时，获得 XML 所要表达的主题和对象，并可以根据它们的关系进行推理，从而做出基于语义的判断。XML 的使用可以提高 Web 数据基于关键词检索的精度，而 RDF 与 XML 的结合则可以将 Web 数据基于关键词的检索更容易地推进到基于对象的检索。其次，由于 RDF 是以一种建模的方式来描述数据语义的，这使得 RDF 可以不受具体语法表示的限制。但是 RDF 仍然需要一种合适的语法格式来实现 RDF 在 Web 上的应用。考虑到 XML 的广泛采纳和应用，可以认为 RDF 是 XML 的有效组合，而不只是对某个特定类型数据的规范表示。XML 和 RDF 的结合，不仅可以实现数据基于语义的描述，也充分发挥了 XML 与 RDF 的各自优点，便于 Web 数据的检索和相关知识的发现。

3. 非结构化信息的结构化表达

与传统的信息分析系统处理对象不同，针对互联网信息分析处理的大量对象是非结构化信息。非结构化信息的特点对于阅读者而言比较容易理解，然而对于计算机信息系统处理却相当困难。对于结构化数据，长期以来通过统计学家、人工智能专家和计算机系统专家的共同努力，有相当优秀的技术与系统成果可以提供相当准确而有效的分析。

对于从非结构化信息得到结构化信息，传统意义上将之归结为典型的文本中的信息提取问题。这是近年来自然语言信息处理领域里发展最快的技术之一。而随着网络的发展，网络中盛行的有异于现实社会的网络语言为该类技术提出了新的挑战。一般而言，文本信息提取是要在更多的自然语言处理技术支持下，把需要的信息从文本中提取出来，再用某种结构化的形式组织起来，提供给用户（人或计算机系统）使用。信息提取技术一般被分解为五个层次：第一是专有名词（Named Entity），主要是人名、地名、机构名、货币等名词性条目，以及日期、时间、数字、邮件地址等信息的识别和分类；第二是模板要素（Template Element），指应用模板的方法搜索和识别名词性条目的相关信息，这时要处理的通常是一元关系；第三是模板关系（Template Relation），指应用模板的方法搜索和识别专有名词与专有名词之间的关系，此时处理的通常是二元关系；第四是同指关系（Co-reference），要解决文本中的代词指称问题；第五是脚本模板（Scenario Template），是根据应用目标定义任务框架，用于特定领域的信息识别和组织。自然语言处理研究是信息提取技术的基础。在现有的自然语言处理技术中，从词汇分析、浅层句法分析、语义分析，到同指分析、概念结构、语用过滤，都可以应用在信息提取系统中。例如，对专有名词的提取多采用词汇分析和浅层句法分析技术，识别句型（如 SVO）或条目之间的关系需要语义分析和同指分析，概念分析和语用过滤可以用来处理事件框架内部有关信息的关联与整合。随着传统的信息提取技术向基于网络的文本信息提取转化，基于贝叶斯概率论和香农信息论的信息提取技术逐步成为主流技术。这一流派的技术主要根据单词或词语的使用和出现频率来识别不同文本在上下文环境中自己产生的模式。通过判断一条非结构化信息中的一种模式优于另一种模式，可使计算机了解一篇文档与某个主题的相关度，并可通过量化的方式表示出来。通过这种方法，可以实现对于文档中文本要素的提取、文本的概念自动识别，以及对该文本相应的自动操作。目前，该技术发展的最新趋势是，对于文本的信息提取已经形成从数据集成、应用集成到知识集成的从低到高的三个不同层面。知识集成实现将组织已建立的非结构化数据库，使用先进的信息采集、信息分类和信息聚类算法，通过系统自身对信息的理解，将信息依照用户的需求，充分、有效地集成为整体。

综上所述，完成非结构化信息的结构化表达是针对互联网信息分析系统的重要发展趋势，并且已经取得了一定的技术成果。目前，国内外针对互联网信息资源管理与控制系统的研究取得了一定的成果。其核心是根据互联网信息的特点，结合目前相对成熟的技术，从信息的采集、融合和表达等若干重要环节进行突破，最终达到系统设计的辅助决策功能。

12.1.2　网络舆情监测与预警的关键技术

根据网络舆情监测与预警的应用需求和目前国内外技术发展趋势，网络媒体信息提取、网络媒体内容聚合分析以及网络媒体内容综合表达等若干方面，共同构成了网络舆情监测与预警的核心关键技术。事实上，这些技术也是互联网中信息资源开发与利用的重要核心技术。这些技术的攻克与应用可初步实现针对互联网海量信息的综合分析，实现网络发展与管理的决策支持。目前，国内外政府职能机构与研究部门，尤其是西方发达国家，针对相关的网络技术投入了很多资源，推动了该类系统与技术的全面发展。下面介绍国内外相关技术发展的主要现状。

1. 高仿真网络信息（论坛、聊天室）深度提取技术

在各类针对互联网信息提取分析的系统与技术中，核心技术必然包括对互联网公开信息资源的广泛采集与提取。以常见的 Google、HotBot、百度等搜索引擎为例，其核心的技术路线是以若干核心信息源为起点，通过大量的信息提取"机器人"完成对信息的广泛提取。事实上，通过以信息提取"机器人"为核心技术的互联网信息提取是互联网的重要研究领域之一。信息提取的效率和准确度一直是互联网中的重要研究课题。该技术在国内外都得到了广泛的研究。而值得注意的是，随着互联网信息的几何级数增长，以及各界对互联网信息资源开发与利用的要求不断强化，信息提取已经与信息搜索和信息资源定位形成了紧密的联系。这也是目前信息提取技术的主要发展方向。根据目前互联网信息提取研究领域的一般共识，对于互联网信息的大规模和自动化提取，其主要目的是进一步的信息资源定位以及资源的开发与利用。因此，研究人员对于如何使信息提取与信息定位更好地结合倾注了更多的精力。典型的研究成果均表述了如何将网络资源通过各种标识方法进行标注，以提高信息提取与信息定位之间的关联性。从根本上说，这样的技术手段将从查询效率和查询关联度方面提高当今信息提取技术的精度和准确度。类似的技术还包括基于 UDDI 的资源统一定位、UML与语义网（Semantic Web）技术。

网络舆情监测与预警的主要目的是对互联网中的各类重点、难点、疑点和热点舆情，做及时、有效的监测和应对。因此，在针对互联网的信息提取中，对动态、实时、分布式发布信息的准确度与采集深度有很高的要求。而这正是目前针对普通网络媒体的信息采集技术严重欠缺之处。具体而言，目前一般的网络媒体信息采集技术有两点不能满足网络舆情监测与预警的基础设施与关键应用的技术需要。

首先是针对定点信息源的全面和深入采集。现有的互联网信息采集技术的代表性产品是搜索引擎。而事实上，目前的搜索引擎在信息提全率方面的表现差强人意。根据中国互联网络信息中心发布的《2019 年中国网民搜索引擎使用情况研究报告》，用户对搜索引擎服务的满意度较高，但对搜索引擎提供的搜索结果信任度相对偏低。数据显示，有84.9%的用户对搜索引擎提供的服务表示满意；同时，仅有71.5%的用户对搜索引擎提供的搜索结果表示信任。更加重要的是，随着互联网信息发布技术的不断发展，尤其是分布式信息发布、动态信息发布和个性化信息发布技术的不断成熟与应用，传统的信息提取技术面临着越来越尴尬的局面。传统的信息提取技术更多地依赖简单的网络爬虫和网络信息提取代理来完成信息的提取，其设计原理通常是根据网络中基本的HTTP 1.0和最为常用的HTML语言。而随着网络信息发布技术的发展，HTTP 1.0已经被HTTP 1.1逐步取代，简单的HTML也正在被更加具有灵活性的各类脚本语言和更加具有通用性的XML语言取代。因此，一般的信息提取技术今天更不可能实现较高的信息提全率。

这里要重点指出的是，两种信息发布技术给互联网信息提取带来的挑战。一是BBS与Blog等具有高度动态性和分布性的网络媒体。对于该类媒体，由于具有较高的动态性，因此对于定点信息采集在准确性和实时性方面有很高的要求。与此同时，大量的BBS需要在信息采集过程中始终保持一定的身份认证与识别，因此，这也对简单的信息采集技术提出了更高的要求。二是基于内容协商（Content Negotiation）的个性化网络媒体。在HTTP 1.1中，为实现更好的个性化网络媒体发布技术，采纳了内容协商机制。在内容协商机制下，网络媒体发布的内容和形式可以根据信息提取者不同的身份和设置而产生不同的组合。因此，简单的信息提取技术此时将只能获取部分简单的信息而无法提取完整的信息。更严重的是，随着内容协商技术的不断成熟与应用，网络媒体运营商拥有更多手段来应付可能出现的内容监测，使得自身的信息发布更加隐蔽和复杂。

综上所述，在针对网络舆情监测与预警系统的信息采集中，需要重点解决的是针对定点信息源的深入与全面的信息采集，尤其是在内容协商机制下对BBS等动态信息的定点深入提取。因此，研究和模拟人机交互技术，实现对操作人浏览网络媒体行为的全面高仿真网络信息（论坛、聊天室）深度提取技术是网络舆情监测与预警系统成功建设的基础核心技术。

2. 基于语义的海量媒体内容特征快速提取与分类技术

互联网信息的一大特征就是高度的异构化和非结构化。所谓异构化，指的是互联网信息在编码、数据格式以及结构组成方面都存在巨大的差异。而对海量信息分析与提取的重要前提就是对不同结构的信息可以在统一表达或标准的前提下进行有机整合，并得出有价值的综合分析结果。

所谓非结构化，指的是当今的互联网中存在的大量信息资源是以不同于普通数据的非结构、离散、多态面貌出现的。非结构化信息的特点决定了互联网主要信息源对于阅读者而言比较容易理解，然而对于计算机信息系统的处理工作却相当困难。对于结构化数据，长期以来通过统计学家、人工智能专家和计算机系统专家的共同努力，有优秀的技术与系统成果可以提供相当准确而有效的分析。因此，完成非结构信息的结构化表达是互联网信息分析系统的重要发展趋势。

关于异构和非结构化信息的融合分析，目前比较流行的方式可以分为两类。一是通过采取通用的、具有高度扩展性的数据格式进行资源整合。该类技术的主要思想是通过统一的资源表达方式，为网络中的信息资源进行统一标识。在这样的技术路线中，信息资源的母体具有多变性，其呈现方式也可能千差万别，但在需要的时刻仍然可以通过对资源统一特征的调度实现资源的统一利用。在这个方向，具有代表性的技术包括 UDDI 和 XML 等。二是采取基于语义等应用层上层信息的抽象融合分析。事实上，对于互联网中已经存在并日益膨胀的信息资源库而言，对其完成统一标识改造是缺乏可操作性的。更重要的是，由于互联网本身的分布式特征，使得语义层的统一标准更加难以推进。为在现有技术的基础上完成对互联网资源的使用，研究人员提出了一种新的技术路线，即通过语义等应用层上层信息的抽象融合，完成对互联网信息资源的统一利用。这方面的代表性研究成果包括 RDF 和知识图谱。在这些研究成果中，研究人员阐述了如何通过语义层的技术，将互联网中的非结构化信息库向结构化信息库转变的技术。其研究成果具有创新性和实用性。

然而，对现有国内外针对海量互联网信息资源结构化分析与分类的技术做进一步分析，不难发现，现有技术仍然存在明显的缺陷，与网络舆情监测与预警的核心基础设施与典型应用的要求仍然存在着差距。首先，现有的技术一般都是针对英文等拼音文字的信息资源进行语义分析和资源归并。中文是不同于一般拼音语言的字符语言。两者之间最大的差别在于，前者的文章组织的基本单位为词，而后者的文章组织的基本单位为字。因此，对于拼音文字的研究成果并不能直接应用于中文网络媒体信息资源的处理。尽管目前有中文分词等技术可以完成将中文文本结构向词单位文本的转化，但无论在准确度和效率方面都无法满足网络舆情监测与预警系统的需要。其次，从现有的研究成果中可以发现，其研究与测试的对象通常是具有一定篇幅的、组织结构较为完善的信息对象。事实上，在我国网络舆情监测与预警基础设施与典型应用中，将需要处理大量的具有一定缺陷或非完整的网络媒体对象。因此，现有的技术成果并不能直接应用于我国网络舆情监测与预警基础设施与典型应用的建设。

为确保互联网中海量的非结构化、异构化和多样的信息资源，必须研究自主知识产权的、基于语义的海量媒体内容特征快速提取与分类技术，才能在信息采集系统的基础上实现进一步的信息特征提取和结构化转变功能，为进一步实现舆情的分析、监测与预警完成必须的信息转化。

3. 非结构化信息自组织聚合表达技术

对于互联网中大量的非结构化的信息资源，一方面需要完成基于语义的结构化转化，另一方面，为满足网络舆情监测与预警基础设施与典型应用的实际需求，还必须实现非结构化信息的自组织聚合表达技术。事实上，对文本信息的聚合分析与表达，长期以来一直是人工智能（AI）和机器学习（Machine Learning）领域中的热点课题。在 RDF 和知识图谱等研究成果中，研究人员重点探讨了如何使用聚类（Clustering）技术从非结构化信息中完成主题提取和主题表达。聚类技术是数据挖掘（Data Mining）中重要的技术手段之一，其主要的理论基础是在未设定主题的情况下，通过统计分析的手段，在聚类模型（流行的模型包括贝叶斯模型等）的基础上，完成信息库中的知识发现。将聚类技术应用于文本信息中，就是目前经常说的文本挖掘（Text Mining）核心技术之一。在国内外研究人员的努力下，通过文本挖掘的方式实现对于互联网信息库的主题挖掘已经取得了一定的进展。

当然，目前在文本挖掘领域使用的聚类分析技术主要是针对英文等拼音文字的，而对于以字为单位的中文文本信息还没有比较成熟的聚类分析技术。更重要的是，对于网络舆情监测与预警的主要处理对象——互联网信息库，由于其形态的多样性和可能存在的数据缺陷等，一般的文本聚类分析技术并不一定能取得预想效果。

12.1.3 网络舆情监测与预警的行业应用

针对国家网络舆情管理职能部门的互联网信息内容安全管理业务需求，需要建设与完善一套技术先进、性能稳定的网络舆情监测与预警系统。网络舆情监测与预警业务具有数据量大、实时要求高等特点，因此在系统建设过程中必须充分考虑系统专用网络的带宽需求。同时，考虑到网络舆情工作的特殊性，在实际的建设中应当采用开放的体系结构，在设计与实现大量信息采集、信息分类、信息表达等智能子系统的同时，为未来的新应用程序预留足够空间。当前，网络舆情监测与预警系统根据功能，可以分为相对独立的前端系统及后台系统两部分，如图 12-2 所示。

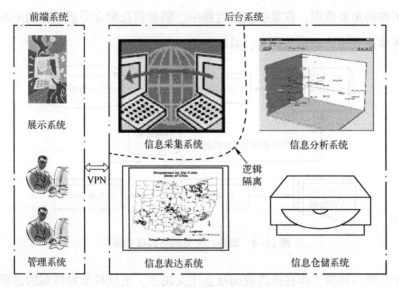

图 12-2　网络舆情监测与预警系统的功能

　　其中，前端系统主要完成展示和管理，而具体涉及信息的采集、分析、表达和仓储的后台系统从逻辑上与前端系统完全隔离。在后台系统中，将与互联网直接连接的信息采集系统与其他三个子系统通过单向传输的逻辑隔离设备进行逻辑隔离，从而确保整个系统的安全性。网络舆情监测与预警系统的基本逻辑功能框图如图 12-3 所示。

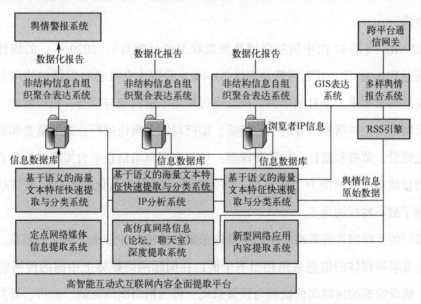

图 12-3　网络舆情与预警系统逻辑功能框图

　　网络舆情监测与预警系统的工作流程以初始的定点网络媒体列表为起点，通过信息采集、信息仓储、信息融合分析和信息表达等若干核心功能模块，最终产生支撑国家网络舆情监测与预警工作的重要数据。在系统运作过程中，随着信息融合分析成果的不断更新，需要不断对网络媒体列表进行调整与完善，具体如图 12-4 所示。

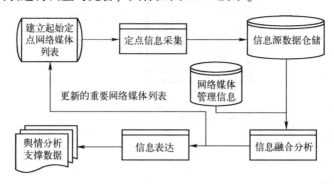

图 12-4　调整、完善网络媒体列表

网络舆情监测与预警工作在推进我国社会主义民主，贯彻科学发展观的进程中起到举足轻重的作用。众所周知，在和谐社会的建设过程中，政府与群众间必须建立有效而可靠的信息交互机制，在让群众充分了解政府方针政策的同时，政府也必须深入了解群众的思想动态。通过信息化手段，对互联网呈现的舆情进行全面、准确和及时的监测与预警，既是建设和谐社会的重要保障，也是信息时代政府提高执政能力的有效途径。因此，在互联网全面渗透人民生活各个环节的关键时机，及时启动网络舆情监测与预警系统的建设，具有相当的迫切性和必要性。

根据 CNNIC（《第 47 次中国互联网络发展状况统计报告》，2020 年）的统计数据，我国网民规模达到 9.89 亿，互联网普及率达 70.4%，我国大众社会对网络的使用和依赖正在不断接近发达国家水平。今日的中国，民众通过网络了解国家与社会，积极参政、议政已成为信息时代网上舆论传播和疏导的一大特征。如何对网上舆论进行有效的监督和疏导是我国推进现代化建设，营造和谐社会的重要课题；如何利用网络信息平台实现对社会有效管理和协调已是衡量政府"执政能力"的尺度；如何充分利用好信息化的手段解决信息化发展中的问题已到了刻不容缓的地步。

我国现行的互联网管理策略对网络舆情的采集和分析工作带来了巨大的困难。其主要表现为：针对互联网媒体的信息采集相当不全面；在国际网络媒体上中国的传播能力严重不足。因此，建设完整的网络舆情监测与预警系统，将为网络舆情监测、分析、研判、疏导工作提供一个强大的技术支持，进而形成人机结合的专家研判体系，这将使我国在网络舆情、舆论的监测与引导方面的能力得到显著增强。

目前，结合我国网络舆情监测与引导工作实际，根据我国网络舆情监测与预警基础设施和实际系统的需要，应当根据"重点突破，兼顾全局"的原则，主要解决针对高仿真网络信息深度提取、基于语义的海量媒体内容特征快速提取与分类，以及非结构化信息自组织聚合表达的技术难点，获得自主知识产权的突破性成果，初步形成相应的功能模型，并试点应用于网络舆情监测与预警基础设施和应用系统的建设，从而在根本上提升我国在网络舆情监测与预警工作中的技术保障能力。

12.2 互联网大数据搜索

随着人类从农业文明、工业文明走到信息文明，人类信息获取的广度也得到了极大拓展。目前，传统互联网从 Web 1.0 走到 Web 3.0，产生的内容迅猛增长，而移动互联网和物联网的发展和普及则真正实现了"信息大爆炸"。这其中，电子商务、社交网络和智能设备把人与物、人与人、物与物连接在一起，使每个人、每个物都成为信息源，形成了信息的海洋。

通用搜索引擎（如谷歌、Bing、百度、360 搜索、搜狗等）使得人类获取海量信息成为可能。这些搜索引擎不间断抓取全网络的页面，并建立索引，通过匹配用户输入的关键字从而返回给用户关联的页面。这些通用搜索引擎掌握的海量数据，在一定程度上反映了用户信息获取的广度。但就目前搜索引擎已展现的能力而言，需要在互联网公开大数据搜索的深入度、准确度和可信度三个方面进行改进，才能满足互联网大数据搜索应用的实际需求。

在深入度方面，通用搜索引擎仅返回用户关联的页面，没有对信息进行进一步加工和挖掘，需要用户自己进行信息关联和推理。因此，搜索平台只是一个信息收集平台，并不能根据用户意图对信息进行综合，缺乏深度。

在准确度方面，通用搜索引擎采用关键字匹配的方式，缺乏对用户意图的真正理解，因而匹配质量仍需提高。搜索引擎采用 PageRank 等技术对搜索结果进行排序，能够把更重要、更相关的页面排在结果页的前列，但由于缺乏真正的用户意图的理解和对原始信息的深入分析，罗列的排序结果并不能精准契合用户需求。

在可信度方面，由于网络空间中信息发布渠道的多样性，存在虚假信息泛滥、信息内容冲突等现象，因此搜索引擎直接罗列的结果中存在很多不可信的信息。另外，一些搜索引擎由于商务需要，引入了很多搜索推广，更加降低了它的搜索可信度。

垂直域搜索产品，例如，搜图书的当当、搜社交网络的舆情产品、搜索机票的携程，以及各种搜索物流、公交信息的平台，是当前通用搜索引擎在搜索广度上的补充，并能做到精准和可信，但信息种类单一，难以进行信息关联和挖掘，没有广度和深度。垂直域的信息生产系统，既包括各行各业的专家系统、商业智能系统和信用评级系统，也包括像百度知道、知乎等的问答平台。这类系统生产的信息很多反映了人类的智慧，具有较高的深度。但这些系统需要人类智慧的实时介入和干预，系统本身缺乏智慧；另外，这些系统多缺乏对互联网上海量相关数据的获取和处理，往往容易形成各自独立的信息"孤岛"。因此，需要重点从大数据搜索知识构建验证、表达存储，以及大数据搜索意图理解应对等方面，突破互联网公开大数据搜索分析应用领域的系列核心关键技术。

12.2.1　大数据搜索知识构建与验证

面向互联网公开大数据实现搜索分析，首先需要实现大数据搜索基础知识构建与验证，具体包括知识抽取、知识推理与知识验证等过程，从而为大数据快速搜索提供充分且有效的基础数据支撑。

1. 基于知识工程和机器学习的知识抽取技术

知识抽取（Knowledge Extraction）指的是从给定的数据源（内部数据以及互联网公开的海量数据）中，自动发现和提取出相应的人、机构、事件的知识，为知识库数据的扩充打下基础，也为大数据搜索提供基础数据支持。

知识抽取正是为了解决互联网公开大数据搜索挑战而提出的一个领域。知识抽取的主要目的是从自然语言文本中抽取指定的实体、关系、事件等事实信息。知识抽取技术可以经过一系列处理把文本中蕴含的无规律化信息转化成结构化信息来存储到数据库中，方便用户快速获取急需的信息。信息抽取研究已经从传统的限定类别、限定领域的信息抽取任务发展到开放类别、开放领域的信息抽取。信息抽取中最常见的是实体关系的抽取，目的是从非结构化自然语言文本中抽取出实体属性信息以及实体之间的关系信息。

开放域抽取会得到比较完备的信息，但由于属性名称不同，数据存储在数据库中难以进行检索，由此提出了"属性对齐"。属性对齐指的是为特定类实体定义一个主体（ontology），预先定义好这类实体的属性，再去存储。这样的话，可以依据 ontology 所定义的属性进行搜索。

因此，当前科研及工程化应用成果，多结合使用知识工程和机器学习两种方式，针对不同重要程度和类型的数据源，采用不同的方法进行知识抽取。首先，要对数据源获取到的数据进行通用性规则的设计。这种设计不涉及语法、语义的标注，只是将一些普遍存在的重要数据进行抽取。例如在微博数据中，通过简单规则就可以将微博发文时间、介质、转发次数、点赞次数，甚至是发文地点提取出来。其次，要对数据中的高价值文本进行抽取。高价值文本指的是结构化和半结构化的数据，这类数据因为具有抽取简单、重要程度高等特点，所以要重点关注。例如，百度百科的信息框就是一个很好的例子，可以从实体中直接找出大量相关属性。

接下来将采用基于知识工程的方法，对纯文本信息进行抽取。首先，要针对相关领域进行规则定制，例如，出生日期多出现在姓名之后，还有性别附近一定有姓名等特征，结合分词工具对文档进行自动分词，针对这些特征分别制定出相应的语法规则，在相关领域知识抽取的过程中分别运用这些规则，从而可以更好地把握所需要属性的准确性。由于规则构建的困难，将首先针对原有离线数据以及重要数据源的数据进行规则构建。

最后，将使用机器学习的方法对纯文本进行抽取。在这里，将会使用远距离标注的方式，生成标注数据，然后对标注数据进行泛化，提高数据泛化能力，生成训练集。机器学习模型将采用 LSTM 神经网络对训练集进行学习和分类，从而抽象出规则和类别之间的关系。对于需要处理的文本，同样需要进行标注和泛化，就可以找出实体与实体、实体与属性、实体与事件之间的关系。

2. 基于张量神经网络的知识推理模型

知识推理是指从知识库中已有的实体关系数据出发，进一步挖掘隐含的知识，建立实体间的新关联，从而拓展和丰富知识网络。知识推理是知识图谱构建的重要手段和关键环节，通过知识推理，能够从现有知识中发现新的知识。知识推理的对象并不局限于实体间的关系，也可以是实体的**属性值**、本体的概念层次关系等。例如，已知某实体的生日属性，可以通过推理得到该实体的年龄属性。如图 12-5 所示，方形框中是已经存在的实体，细实线代表存在的实体间关系，粗实线边就是需要进行推理补充的缺失边。

当前，知识推理模型通常采用神经张量网络（Neural Tensor Network，NTN）模型进行知识推理。NTN 方法首先通过词向量训练方法训练得到词向量，然后将知识库中的实体用实体组成词的词向量平均值来表示。系统中拟采用相对成熟且运用较广泛的 Word2Vec 进行词向量训练。将实体转化成相应的向量 $e_i(i=1,2,\cdots)$ 表示后，下一步就是进行正负样本的

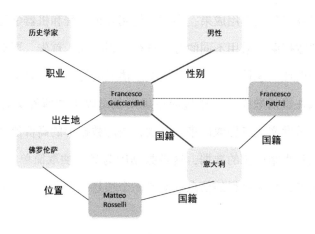

图 12-5　基于张量神经网络的知识推理模型

选择。给定某种关系 R，将知识库中存在的具有 R 关系的实体对(e_1, e_2)作为正样例；给定 e_1 和 R，随机挑选另一个实体 e_3，将(e_1, e_3)作为负样例。通过 NTN 模型对上述大量的正负样本进行训练，最终使得模型能判断任意给出的实体对(e, e)在关系 R 下正确与否。传统神经网络专注于增加正负样本训练集来提高模型的准确度，但这仅仅是增加了训练信息的量却并未改变训练信息的维度。NTN 从增加信息维度切入，在传统神经网络模型的基础上增加张量（Tensor），增加训练的信息量。Tensor 在 NTN 中形如 $e_1 W[1{:}k] e_2$，其中 $W[1{:}k]$ 即为由 k 个切片（Slice）组成的张量。Tensor 的加入使得同层次神经元间的交互维度从一维增加到了二维，从而可以挖掘更多的隐含信息。基于 NTN 的知识推理如图 12-6 所示。

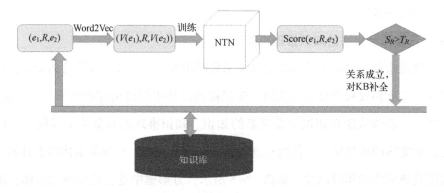

图 12-6　基于 NTN 的知识推理

3. 基于概率软逻辑的知识验证模型

知识图谱构建是一个动态过程，需要及时加入新知识和更新动态知识，对已有知识图谱进行完善与补充。信息抽取系统抽取出新知识往往存在不一致性问题，例如，新知识中**实体标签不唯一**、**实体多种表示形式**、**实体关系不确定**等。新知识的准确性决定了构建出知识图

222

谱整体的质量高低，因此对新知识进行验证是知识图谱构建的重要过程。通过知识验证能选取可信度高的新知识作为候选集，构建出高质量的知识图谱。

知识验证模型主要解决信息抽取系统抽取候选知识集存在错误知识的问题。由于信息抽取系统抽取知识主要是由实体、实体标签（Label）、实体关系（Relation）组成。因此，知识验证模型主要是由两个模块组成：一个是实现候选知识集可信度计算，假设知识的真实性与知识的客观性具有以下关系：客观知识来源比主观知识来源更加真实，因此可以假设从客观的知识源抽取的知识比从主观的知识源抽取知识的可信度更高；另外一个是基于概率软逻辑模型的实体标签与关系验证的实现。

信息抽取系统抽取出候选知识集是由实体、实体关系、实体标签组成。然而，这些知识存在一些数据噪声，以及知识不一致性，因此知识验证模型的任务是对候选知识集中的实体标签以及实体关系进行验证，获取高质量高可用的知识。运用概率软逻辑框架实现知识验证模型，通过实体解析、本体约束技术构建概率框架的逻辑规则表示知识验证过程，概率软逻辑内在 MPE 推理机制计算出知识正确的概率，通过设定合理阈值选取正确知识。

12.2.2 大数据搜索知识表示与存储

在获得面向大数据快速搜索的基础知识后，为了更利于知识表示，需要进一步构建大数据搜索知识表示模型，实现面向大数据搜索的知识融合技术，并且基于知识图谱实现大规模知识存储，以便于大数据知识的管理、搜索和更新。

1. 基于 RDF 的知识表示模型

知识是信息接收者通过对信息的提炼和推理而获得的正确结论。而知识表示是指对知识的一种描述与约定，是知识的形象化和主体化过程。知识表示模型则不仅仅是一个数据模型，还应该提供知识的表达形式和存储方案。对于知识表示而言，建立一组结构良好的知识模型可以方便地对相关知识进行有效的存储、检索、关联及使用等。

知识表示模型的核心的问题是"如何科学化、高效率、有效地表示知识"。知识表示方法常可以分为基于符号、基于语义网、基于联结的表示方法。基于符号的表示法主要是面向逻辑知识的表示，如一阶/描述逻辑的表示法、产生式表示法、框架表示法等；而基于联结的表示法则主要是面向联结知识的表示，如通过优化向量化表示模型、结合文本等外部信息、应用逻辑推理规则等方法，提升了表示学习效果。在实际的知识表示过程中，传统知识表示方法在大量的原子性知识的环境中对复杂知识的表示与推理会产生组合爆炸。因此，为了将传统的无序数据变为有序知识，将基于语义网表示的概念引入知识表示中来。在语义网中，网络内容都应该有确定的意义，而且可以很容易地被计算机理解、获取和集成。

在关于知识表示的研究中，本体论方法是目前知识工程领域的研究热点。它由语义网演化而来，是一种概念化的、结构化的表示方法，可以作为知识组织和知识推理的基础。它能够描述并关联语言文本中隐含的深层语义，使其能够更加有效地处理复杂的、多样化的知识。本体论作为一种对象定义体系，主流的实现方法是通过 RDF（Resource Description Framework）建模去实现，它是目前知识表示模型中较流行的方法。

RDF 即资源描述框架，其本质是一个数据模型，它提供了一个统一的标准，用于描述实体/资源。RDF 形式上表示为 SPO 三元组，有时候也称为一条语句（Statement），在知识图谱中也称其为一条知识，如图 12-7 所示。

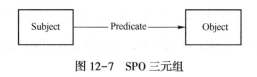

图 12-7　SPO 三元组

RDF 由节点和边组成，节点表示实体/资源、属性，边则表示了实体和实体之间的关系，以及实体和属性的关系。但 RDF 的表达能力有限，无法区分类和对象，也无法定义和描述类的关系/属性，但是这一点在知识表示上是相当重要的，所以出现了 RDFS 和 OWL 这两种技术，以补充 RDF 在知识表示上的缺陷。其中，RDFS（Resource Description Framework Schema）是最基础的模式语言，它可以实现对 RDF 数据进行定义和描述类的关系及属性；而 OWL（Web Ontology Language）是语义网技术栈的核心之一，它可以为 RDF 提供快速、灵活的数据建模能力，并让其具备高效的自动推理能力。

2. 面向信息检索的知识融合技术

随着数据及信息的爆炸式产生及传播，互联网上的语义知识数据量变得越来越多，维度变得越来越复杂，内容变得越来越丰富。虽然 RDF 模型提供了统一的知识描述表示框架，但由于知识库的标准不统一，对于描述同一个事物，不同的知识库对同一实体属性的描述方法又有很大偏差，导致计算机很难判断两个知识库中的实体是否指向同一个真实世界实体。例如，百度百科描述甘蔗的词条名为"甘蔗（学名：Saccharum officinarum），甘蔗属，多年生高大实心草本"，而互动百科描述甘蔗的词条名为"甘蔗，中药名。为禾本科植物甘蔗（Saccharum sinensis Roxb）的茎秆，为我国南方各地常见有栽培植物"。造成实体描述不同的另外一个原因是不同知识库的实体命名角度不同。由于多源知识库中的实体描述与属性描述的多样性造成了知识库中的知识冲突、实体描述不全等问题，这些问题严重影响了知识库的数据质量。

知识融合的目标是整合来自不同知识库却含义相同的实体与属性，实现知识质量的提高。知识融合现有基于本体信息、基于字符串相似度、基于语义相似度，以及基于上下文相似度的知识融合方法。其中，基于本体信息的知识融合方法是根据知识图谱中已有的链接信息进行实体融合，这种方法也是最简单、直接的方法；基于字符串相似度的知识融合方法，在 DBpedia、Openkg、Freebase、Yago2 等大多数知识图谱中，每一个实体都具有自己的标签（Label）、描述（Abstract）信息，因此，需要计算不同实体之间的标签、描述信息的字符串相似度，并设定一个相似度阈值，以判断两个实体是否等价，常用的字符串相似度计算方法有字符串编辑距离、Jaccard 相似度，以及基于 TF-IDF 的 cos 距离、KMP、最长公共子序列等；基于语义相似度的知识融合方法，主要针对不同来源（如百度百科与互动百科）的知识库，直接计算知识库实体的语义相似度，并通过相似度阈值设定判断两个实体是否等价，常用的语义相似度计算方法有 LDA、Word2Vec、Doc2Vec、VSM、Simhash 等，以及基于同义词字典的语义相似度计算等；基于上下文相似度的知识融合方法，需要计算实体或属性的上下文相似度来判断源自不同知识库的实体或属性是否等价，再将实体的所有属性、属性值，以及与该实体有直连边的其他所有实体作为该实体的上下文，随后再利用字符串相似度或语义相似度计算方法，通过相似度阈值设定判断两个实体是否等价。

3. 基于 RDF 的大规模知识存储技术

知识存储的目标是采用一定的方式将获取的知识存储到数据库中，以便管理、查询和更新。目前，知识存储管理框架包括 Neo4J、gStore、Virtuoso、RDF-3X、Hexastore、Apache Jena、SW-Store、BitMat、OrientDB、AllegroGraph 和 HBase 等。

Neo4J 是一个高性能的 NoSQL 图形数据库，它将结构化数据存储在网络上而不是表中，它是一个嵌入式的、基于磁盘的、具备完全的事务特性的 Java 持久化引擎。它的优点是通过便于构建多元组的形式实现数据的多联通，另外，在此数据库中支持路径查找、A* 算法等功能；gStore 是一种原生基于图数据模型（Native Graph Model）的 RDF 数据管理系统，它维持了原始 RDF 知识图谱的图结构，其数据模型是有标签、有向的多边图，每个顶点对应着一个主体或客体；Virtuoso 是基于关系型数据库的方法，它将三元组存到一个包含四列的表中，这四列分别存储主语、谓词、宾语和图；RDF-3X 通过建立六个独立的索引来加快查询速度；Hexastore 提供了多值属性的自然表达，允许连接、交、并操作的快速执行；Apache Jena 提供了操作内存中图的简单接口，图的永久存储则依靠数据库管理系统，Jena 支持 MySQL、PostgreSQL、Oracle 等；SW-Store 是基于列式存储的，它能改进 RDF 数据库的一些查询类型；BitMat 使用了三维压缩矩阵索引，在连接处理中，如果需要管理大量的三元组，该方法的性能优于 RDF-3X；OrientDB 是一个多模式的数据库，支持图形、文档、键值对、对象模型和关系，也可以为图数据库的管理与记录之间提供连接；AllegroGraph 最突出的地方是它的极限承载力和处理速度，AllegroGraph 的集群版本能在大约 14 天的时间里存储一万亿条三元组；HBase 是建立在 HDFS 之上的一个分布式的、存储模式基于列的数据库，主要用来存储非结构化和半结构化的松散数据，由于它是 Apache 的 Hadoop 项目的子项目，所以 Hbase 实现了在 Hadoop 之上提供类似于 Bigtable 的能力。

目前，大规模的知识存储基本上都采用知识图谱模型。该模型由结点和边组成，点和边都有唯一的 ID，每条边上有一个标签，点和边都可以定义属性。这种模型可以解决时间信息存储的问题，时间信息可以作为边的属性被存储起来。对于实体的具体存储方法为：将其表示为属性图中的点，实体间的关系表示为点之间的边（如朋友关系），某个实体具有的属性及其属性值表示为该点的属性键值对（例如，爱好—篮球），某种关系具有的属性及其属性值表示为该条边的属性键值对（例如，事件发生地点—上海市徐汇区）。

12.2.3 大数据搜索意图理解与应对

在基于知识图谱实现大规模知识表示、关联及存储体系构建后，就需要实现对大数据搜索分析应用的有效支撑。在大数据搜索意图理解与应对环节，大数据搜索输入理解与转述技术，以及大数据搜索结果输出质量评估技术仍需重点研究与突破。

1. 大数据搜索输入理解与转述

大数据搜索输入理解与转述是指在知识图谱的帮助下，对大数据搜索用户使用自然语言提出的问题进行语义分析和语法分析，进而将其转化成结构化形式的查询语句，然后在知识图谱中查询答案。对知识图谱的查询通常采用基于图的查询语句（如 SPARQL），在查询过程中通常会基于知识图谱对查询语句进行多次等价变换，如图 12-8 所示。

问题转述主要是用在问答系统中的关键技术。基于知识图谱的问答系统大致可以分为两类：基于信息检索的问答系统和基于语义分析的问答系统。前者的主要代表是 Jacana-

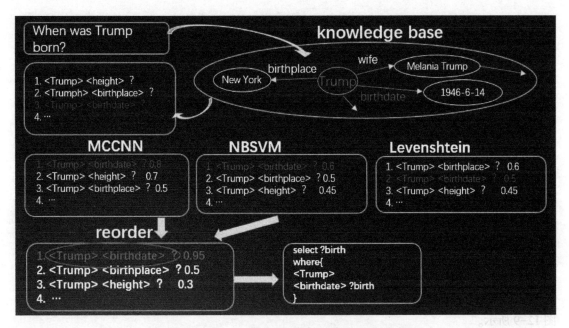

图 12-8　基于知识图谱的大数据搜索输入理解与转述

Freebase 系统和华盛顿大学的 Paralex 系统，后者的主要代表是斯坦福大学的 SEMPRE 系统。两种系统的基本思想如下：

1) **基于信息检索**的问答系统的基本思路是，首先将问题转变为一个基于**知识库的结构化查询**，从知识库中抽取与问题中实体相关的信息来生成多个候选答案，然后再从候选答案中识别出正确答案。

2) **基于语义分析**的问答系统的基本思路是，首先通过语义分析正确理解问题的含义，然后将问题转变为**知识库的精确查询**，直接找到正确答案。

这里拟采用信息检索和深度学习相结合的方法，通过语句重写、实体链接、候选查询生成以及学习排序等技术，将自然语言问句转化为对知识图谱的查询。首先，通过一个**话题短语检测模型**来训练检测出哪些短语是通过预处理问题的主题短语，通过检测主题短语，从短语—实体字典中得到一个或者几个主题实体；然后，从知识图谱中抽取所有主语是主题实体的三元组对，每一个元组都被看作是一个候选答案；接下来，利用深度学习网络建立一个答案排序模型，通过训练模型对抽取的所有主语是主题实体的三元组对进行排序，最终获得最佳答案。

2. 大数据搜索结果输出质量评估

大数据搜索结果输出质量评估的目标，就是对大数据搜索到的候选答案质量进行评估打分，从而将候选答案排序，得到最佳答案。

在现有的研究中，对候选回答的质量评估主要考虑三类特征：与文本相关的特征，作者/评价历史的特征，基于经验的特征。根据考虑的特征不同，质量评估又可以分为两类：基于文本相关度的质量评估，基于其他属性的重要性评估。

基于文本相关度的结果输出质量评估是通过计算查询和文档之间的相似度来排序候选文档的。常用的相关度排序模型包括隐语义分析、向量空间模型，布尔模型以及 BM25 等。传统基于统计的机器学习方法，研究者往往关注如何提取有效的特征，即"特征工程"。"特征工程"是一个费时费力的工作，并且需要外部的知识源，但这些外部依赖的资源并不是总能得到，或者说很难获得。最近，深度学习在自然语言处理的多个任务上取得突破，在问答系统的答案质量排序上也有突出表现。因此，当前多采用基于深度学习的方法，解决大数据搜索系统中关于结果输出的质量评估任务。基于其他属性的结果输出质量评估，通常依据非文本内容的其他特征，采用有监督的机器学习方法，对候选结果文档的重要性进行排序，如图 12-9 所示。

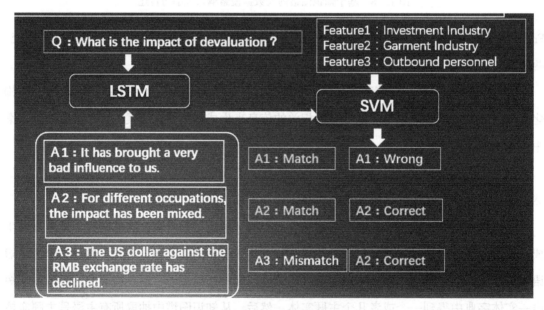

图 12-9　大数据搜索结果输出质量评估

采用深度学习方法，基于文本相关度的结果输出质量评估过程如下：结合卷积神经网络（CNN）和双向长短时记忆模型（BiLSTM），获得关于查询和答案语句的复合表达，进而通过相似性矩阵学习联系问答对，最后用 softmax 层进行分类，根据分类概率排序。通过采用可获得的数据集，对构建的深度学习模型进行端到端的训练，从而形成有效的结果输出质量评估模型。

对其他属性的重要性打分需要根据搜索的数据源，选取有效的特征，采用机器学习的方法排序。例如，对来自社区问答系统的候选答案，首先统计训练集中用户的行为特征，包括最佳答案数、总回答数、用户历史回答信息等。抽取以上答案特征，使用 SVM 模型来对答案的重要性排序。而对在线搜索的来自网页的候选文档，在不考虑查询语句的情况下，可以根据网页（或者链接的文档）之间的图结构来判断文档的重要性。例如，考虑网页来源的权威性，此时关于重要性的排序模型包括 PageRank、HITS、HillTop 等。

12.3 网上情报信息分析

目前，我国正处于经济快速发展、社会结构调整、思想文化多样、社会矛盾复杂的重大转型阶段，同时也处于全面融入全球话语体系、参与全球空间治理的快速发展阶段。然而，全球化浪潮带来的国际政治格局复杂化、国际经济利益一体化、全球打击暴恐一体化，使得影响乃至危害国家安全的国际政经重大主题事件、地缘政治重大主题事件，甚至严重暴力恐怖主题事件爆发的可能性陡增。这就要求国家必须具备崭新的全球化视角，深入了解西方政治、经济和文化生态，并进一步通过全面且有效的倾听和观察，掌握与"我"相关的内幕性**情报**信息。在切实保障国家重大转型与关键发展的同时，真正做到"国家利益拓展到哪里，国家安全的边疆就应延伸到哪里"。

参照情报学科，**情报**可具体定义为：运用一定的媒体或载体，超越时间和空间传递给特定对象的知识或事实，是知识的再激活，是解决具体问题所需要的特定知识。

随着当前社会信息化和网络化的发展，电子信息形式的数据正在爆炸式增长，网络媒体尤其是社交媒体已经成为知识乃至事实的重要传播载体。有统计表明，在每一分钟内 Facebook 用户会新发布约 68.4 万比特的内容、Twitter 用户会新传播超过 10 万条推特、YouTube 用户会上传约 48 小时的新视频、Instagram 用户会共享约 3600 张新照片。在 2020 年，全球信息总量预计将会达到 35 ZB，这其中必然蕴含着大量有待挖掘且与"我"相关的内幕性有效情报信息，经过分析、验证和研判后可以形成知识乃至事实。

首先，因为西方的政治体制制度，一贯允许各种观点和思潮在各类媒体上充分交流乃至碰撞，而社交媒体时代又进一步使得这类观点和思潮信息更易于接触和了解到。以 2016 年美国总统大选为例，希拉里竞选主管 Podesta 的大批邮件被维基解密曝光，以此为有效信息源经过分析研判后，形成美国民主党操纵选举等大量内幕，在网上曝光并产生了巨大的负面影响。相对地，特朗普则合理地利用 Facebook、Twitter 等社交网络，作为其情报信息的来源和政策宣传的载体而成功赢得美国大选。同时，通过事后数据分析发现，互联网上存在着大量的公开情报信息，可用于辅助对手国家情感立场研判，从而有机会实现情报预警，并向政府重大政治决策过程提供有效的情报信息支撑。这是由于某种程度上国家最高机密都有可能在互联网上出现的今天，有关大国间博弈平衡的政策论述线索，乃至对他国内政和外交横加干预的政策论断线索早已在网上比比皆是。互联网公开情报信息已经呈现出政治、经济和社会等要素间的关联链形态，是一把双刃剑，且通常具有极强的"蝴蝶效应"。

其次，相比于我国，西方的社会形态决定了精英"头雁"或"头羊"式的信息传播机制效用更为显著。因此，在国际上有一定影响力和可信度的网络重要媒体和意见领袖，其公开发表的内容更有利于政策的宣贯乃至带领社会的思潮。以 2010—2011 年间，突尼斯的"茉莉花革命"和沙特阿拉伯的"阿拉伯之春"事件为例，Facebook 等西方网站有大量煽动普通民众上街骚乱的言论和行为，操纵小部分社会民众的思想，煽动社会群体性事件。时任美国总统奥巴马公开表示"赞赏突尼斯人民的勇气与尊严"。因此，互联网公开情报信息在隐含路线、方针等政策线索的同时，还可以隐含思潮乃至案件等多层次、多维度的线索内容。其通常以错综复杂的多源信息为载体，在特定目标人员/组织和线上/线下的主题事件间形成了潜在的驱动链。

同样参照情报学科，**互联网公开情报信息**可以定义为来自互联网的公开发布内容，因其隐含政策、思潮乃至案件等线索，经加工、验证和研判后可形成情报的有效信息。

正是因为互联网公开情报信息隐含有效线索内容，通过对其进行主动获取、分析挖掘与智能关联，有很大机会可以获得传统方式下无法获知的情报内容。因此，本节首先讲解网上情报信息分析基础理论模型，进而从非结构化信息自组织聚合表达与挖掘、基于语义的海量文本特征快速提取与情感分类，以及面向网上情报信息分析的多媒体群件理解等方面，展开论述网上情报信息分析应用系列关键基础科学问题。

12.3.1　网上情报信息分析基础理论模型

依据互联网公开情报信息的定义，其感知与分析研究的重点首先在于，面向纷繁复杂的互联网公开发布内容，准确定位其中隐含政策、思潮乃至案件等线索的有效信息，这就与传统的重点强调"听得多"的网络舆情监测技术体系有所区别。这是因为互联网公开情报信息分布于每个特定主题事件中。若要面向每个特定主题事件实现其隐含线索的有效信息定位，需要基于每个特定主题事件信息领域不断扩展的权威性发布源，现阶段更多是面向有一定影响力和一定可信度的网络媒体及意见领袖发布的内容展开，而非面向抽样乃至所有网民群体发布的内容展开。基于此，进一步从权威性发布源的情感立场，实现其隐含的国家机构政策立场、组织群体思潮立场的把握，才有可能输出可用于生成国家安全情报的有效信息。根据互联网公开情报信息应用场景分析不难发现，其重点强调"听得全且准"。因此，在保障国家安全领域的互联网公开情报信息感知分析，已主要表征为在有时间跨度区间和空间覆盖平面的保证下，与我国政治、经济、文化、社会及军事等各领域相关的，国际特定主题事件信息感知与情感分析研究。

因此，网上情报信息分析首先要攻关在情报信息感知分析过程中遇到的**"听得全"**这一难题。虽然可以在国家安全系统专家以及社会科学研究团队的协助下，确立国际特定主题事件信息权威性发布源初始范围及其扩展规则，但还是需要**面向当前广泛分布于网络全媒体**（多通道、多方式发布）的权威性发布源，**研究国际特定主题事件信息主动获取这一基础问题。**

网络全媒体信息主动获取是指面向全球网络媒体和社交媒体，实现其发布内容"请求响应"式获取，而非基于媒体开放接口的数据交互式获取。

有别于"听得多"的网络舆情监测与预警，重点解决其主动获取内容在网络媒体和社交媒体中覆盖"面"（网民抽样度）的问题，国际特定主题事件信息感知是通过深入跟踪、主动获取权威性发布源所有内容的方式，实现互联网公开情报信息感知分析中"听得全"这一难题，其重点解决网络媒体和社交媒体中的单"点"信息主动获取问题。另外，在国际特定主题事件信息感知研究过程中，还需面向单"点"小噪声环境下的数据集，进一步**解决文本主题快速感知这一基础问题**，从而迅速形成影响乃至危害国家安全的国际特定主题事件的初始数据集。

在此基础上，网上情报信息分析还需进一步攻关情报信息感知分析过程中遇到的**"听得准"**这一难题。国际特定主题事件情感分析需要输出有效的情报信息，用于支撑在特定主题事件上国际社会情感立场的研判，从而及时预警影响乃至危害国家安全的事件。这首先需要面向国际特定主题事件数据集，解决其中多以英文形式出现的**文本信息情感分析**这一基础问题。然而，网络媒体与社交网络在表达方式上的不同，增加了上述问题的解决难度。首先，多源于传统新闻媒体的网络媒体，因其表达用词严谨，通常有利于对其开展情感分析；不过由于其更多公开的是发表立场相对模糊的内容，却又增加了对其情感分析的难度。相对地，主要呈现自媒体形式的社交网络，其发布的内容多观点鲜明，易于实现情感分析；不过其不同于网络媒体的短文本表达方式，同样增加了对其情感分析的难度。

同时，在当前"社交移动化、移动社交化"演变过程中，占比较大的中青年用户更愿意利用图像或视频等多媒体信息进行社交。有调查显示，2017年在短博文中更多使用数字图像的用户已经达到85%（如图12-10所示）。同时，41%的用户认为视觉图像是最为重要的信息，超越了32%的认为文字信息重要的用户量。这是因为图文并茂类发布内容更能突破语言的界限，进而让拥有不同语言背景的人互相理解。同时，记录眼球运动的科学实验也表明人类更愿意将目光停留在图像上而非文字上，人类针对视觉信息的处理速度相较于文字信息更为迅速。因此，越来越多的社交网络用户，乃至网络媒体更愿意只用几张图像来表达其情感情绪。这包括了不同情感的正常图像，以及通过正常图像的变形达到负面情感的表达效果，如图12-11所示。

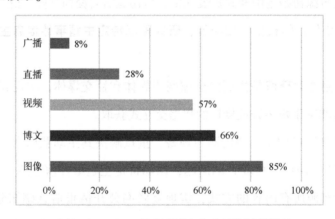

图 12-10　2017 年主流社交方式的统计数据

图 12-11　可用于表达不同情感的正负面图像

因此，**研究国际特定主题事件中的图像情感分析这一基础问题**，可在文本情感分析的基础上，进一步扩展国际特定主题事件情感分析可依赖的有效维度，进而全面提升互联网公开情报信息感知分析过程中"听得准"的能力。

综上，保障国家安全领域的网上情报信息分析，需要重点研究非结构化信息自组织聚合表达与挖掘、基于语义的海量文本特征快速提取与情感分类，以及面向网上情报信息分析的多媒体群件理解等系列关键基础科学问题。

12.3.2　非结构化信息自组织聚合表达与挖掘

非结构化信息自组织聚合表达重点研究的是，针对海量非结构化信息库——互联网情报信息作业库，实现无主题的聚合分析。而实现无主题聚合分析的核心步骤，就是通过非结构化信息自组织聚合表达系统，对互联网海量非结构数据的结构化数据库，进行有效的知识发现和量化的趋势分析。具体如图 12-12 所示。

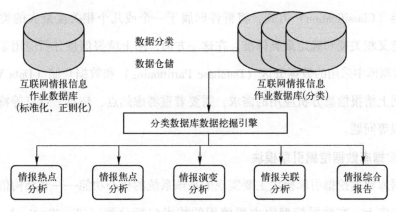

图 12-12　非结构化信息自组织聚合表达

1. 数据分类模块

对于互联网情报信息作业数据库，为做进一步的聚类分析和表达，首先需要对数据库做进一步的处理。其中数据库分区（Database Partitioning）是相当关键的一个步骤。数据库分区的主要目的是对海量数据库进行预处理，将数据按一定的特征进行较粗的划分，为进一步的查询和挖掘实现简单的分类。在数据库分区中，采用的规则更多是经验和常规规则，这也是数据分区模块和数据挖掘模块最大的区别。

在整个网上情报信息分析应用系统中，需要对网络媒体信息进行相对准确的分类，以保障其后的信息聚类与分类分析的针对性和准确性。国内外的研究成果已经表明，在特定空间（Special Domain）中进行分类与聚类更容易获得令人满意的成果。因此，分类空间的标准选择是分类技术的基础。分类空间的选择标准并没有一定的规律可循，和数据仓储、数据挖掘中的特征选择相似，在分类算法中的标准选择在很大程度上需要客户化（Customization）。因此，在网上情报信息分析应用系统建设过程中，对于网站内容分类空间标准选择，将提供一套对不同性质网站具有一般指导意义的标准选择方法，同时研究不同网站在内容分类空间标准选择的差异，并将成果及时反映在标准选择方法中。

2. 数据仓储模块

事实上，可以将网上情报信息分析应用工作抽象为对海量互联网信息库的挖掘与分析。根据一般的工作数据量分析，网上情报信息分析应用系统产生的数据库容量在太字节级。对如此规模的数据库进行进一步分析与挖掘的时候，时效性和系统效率是现实需要考虑的。通过数据仓储模块，可实现对网上情报信息工作数据库的仓储化改造，为提高进一步的查询和挖掘效率奠定了基础。

多媒体群件分类是在选定网站内容分类空间标准的基础上，结合多媒体群件理解的结果，通过分类（Classification）方式，将群件归属于一个或几个相关度最大的类中。在分类中，关键是定义相关度和确定聚类标准。在这一方面，网上情报信息分析应用系统的建设将参考在大型数据库中采用的数据分区（Database Partitioning）和数据仓储（Data Warehousing）技术，结合网上情报信息分析应用的需求，需要着重考虑热点、焦点、难点等特殊分类的划分和报警门限等问题。

3. 分类数据库数据挖掘引擎模块

分类数据库数据挖掘引擎模块主要实现的是该系统的核心功能——非结构信息的自组织聚合表达。事实上，在数据挖掘中主要使用的技术包括分类（Classification）技术和聚类（Clustering）技术。尽管两者都可以对数据库中潜在的知识与规律进行发现，但还是存在明显的区别的。最重要的差别在于是否存在先验的知识与规则。对于分类技术而言，是在先验知识的基础上对数据库中的记录进行进一步的归类，以确认先验知识的正确性；对于聚类技术而言，没有所谓的先验知识，而是根据数据本身的临近性和相似性进行归并。在网上情报信息分析应用系统中，迫切需要的是对互联网中不断出现的新主题和新热点进行及时有效的反应。因此，在网上情报信息分析应用系统建设中，分类数据库数据挖掘引擎模块将着重于聚类技术的使用，重点完成对海量信息库的无主题聚类分析，实现对热点、焦点、难点、疑点等网上情报信息的发现。

在网上情报信息分析应用系统中，尽管也存在着一些先验的知识，如长期关心的课题和长期热点的话题，然而更多的是具有突发性的、未知性的舆论热点与焦点话题。因此，在网上情报信息分析应用系统的建设中，需重点突破基于聚类方式的多媒体信息分析技术。通过将传统数据挖掘与文本挖掘中的聚类分析思想，与网上情报信息分析应用的实际需求相结合，重点探讨在聚类分析中的特征空间选择以及有趣主题挖掘（Interesting Rules），期望获得创新性的聚类分析方法和系统。

12.3.3 基于语义的海量文本特征快速提取与情感分类

基于语义的海量文本特征快速提取与分类技术重点研究的是针对网络文本媒体，特别是中文媒体的基于语义的特征快速提取，并在此基础上形成适合网上情报信息分析应用系统需要的，基于语义的海量文本特征快速提取与分类系统。该系统将独立地对各个信息源采集入库的信息进行语义分析，特别是对信息中的语义特征进行统计和分类，完成对原始数据库的预处理，为进一步的信息聚合分析与表达提供相对标准化和正则化的信息库。具体如图 12-13 所示。

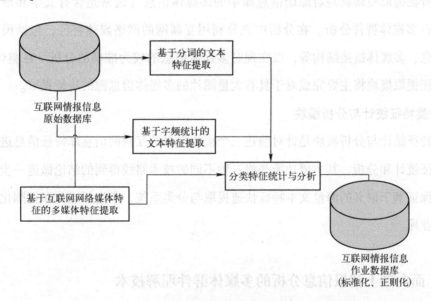

图 12-13　基于语义的海量文本特征快速提取与情感分类

整个系统可以分为基于分词的文本特征提取模块、基于字频统计的文本特征提取模块、基于互联网网络媒体特征的多媒体特征提取模块，以及分类特征统计与分析模块。

1. 基于分词的文本特征提取模块

基于分词的文本特征提取模块主要采用分词—统计—特征提取的技术路线。首先对原始信息库中的信息进行全文分词，接着在分词的基础上进行一定的统计分析，综合分词与统计分析的结果将原始信息库中的信息进行特征提取。在实际系统应用中，将针对文本结构比较合理、用词比较规范的网络媒体信息采用该模块进行文本特征提取。

2. 基于字频统计的文本特征提取模块

基于字频统计的文本特征提取模块主要采用字频—统计—特征提取的技术路线。不难发现，与分词统计相比，在字频统计中不需要经过分词的过程，系统整体性能将有显著提高。在字频统计中，首先对原始信息库中的信息进行全文字频统计，根据字频统计结果对原始信息进行摘要，并在此基础上实现对原始信息库中信息的特征提取。在实际系统应用中，将针对文本结构比较复杂、用词无明显规范的网络媒体信息采用该模块进行文本特征提取。

3. 基于互联网网络媒体特征的多媒体特征提取模块

众所周知，互联网中的网络媒体有与一般传统媒体完全不同的结构和信息。由于网上情报信息分析应用系统处理的主要是互联网网络媒体信息，因此充分利用互联网网络媒体特征，实现对网络媒体信息的多媒体特征提取具有非常重要的意义。基于互联网网络媒体特征的多媒体特征提取模块就是对原始信息库中的多媒体信息（通常是含有文字和图片的网页信息）进行多媒体群件分析。在分析中充分利用互联网的网络媒体特征，包括模板文件中的解释信息、多媒体链接结构等，以实现对多媒体信息的较为准确的分析。在整体系统中，多媒体特征提取模块将主要完成对于具有大量图片的多媒体信息源的特征提取。

4. 分类特征统计与分析模块

分类特征统计与分析模块是针对前述三个模块采集的互联网信息库特征信息进行进一步的分类特征统计和分析，其主要功能是将三种不同的技术路线得到的结论做进一步的融合和统一，以保证基于语义的海量文本特征快速提取与分类系统，产生标准化和正则化的网上情报信息作业库。

12.3.4 面向网上情报信息分析的多媒体群件理解技术

面向网上情报信息分析的多媒体群件理解，主要解决对以网页形式出现的多媒体群件的整体理解。理解的方法是在对群件中的文本个体和图像个体的内容提取基础上，结合环境信息对群件表达的情感做出整体理解。

1. 综合字词和标点、模式匹配、统计模式的文本核心信息快速提取

对于文本的理解，一般的方法都是对关键字、词进行统计，对句式进行匹配等。在一般的文本理解环境中可以保证较好的效果。但在网上情报信息分析应用系统中，文本理解的对象和目的与传统的文本理解不同。在网上情报信息分析应用系统中，文本理解对象是网页中的文本信息，与传统的文本理解对象相比，这类文本通常较小，包含了比文本更多的信息（如 HTML 中的排版信息）；而文本理解是为了进一步的分类，因此在网上情报信息分析应用系统建设中，采用的是结合基于字、词、标识符统计信息和预定模式匹配的理解技术，对文本的核心信息实现快速提取。

2. 图像及视频核心信息快速提取技术

在网上情报信息分析应用系统建设中，采用的图像及视频关键帧理解技术，在对象和目的上也具有独特性。网页信息中的图像通常可以分为三类：第一类是指示性图标，一般尺寸小、信息含量小；第二类是主题图案，一般尺寸大、信息为配合网页主题；第三类是装饰性图案，一般尺寸中等，与网页主题风格相关性高。而对它们的理解是为了下一步的情感分类，因此主要解决图像核心信息的快速提取问题。结合网站内容理解与情感分类的需要，在网上情报信息分析应用建设过程中，必须要解决的是对第二类、第三类图像及视频关键帧图像中核心信息的快速提取，尤其是对图像及视频关键帧中的文字信息与注意力区域，进行基于模式匹配或智能学习的快速提取。

3. 综合环境和媒体信息的多媒体群件情感理解技术

作为网上情报信息分析应用系统的主要信息源，多媒体群件（网页）本身还含有相当丰富的环境信息，如 URL、网页结构、网页间链接信息等。合理利用这样一类信息可以提高多媒体群件的准确度。综合环境信息和相关媒体信息的多媒体群件理解技术目前还没有切实可行的研究成果。在网上情报信息分析应用系统建设过程中，可以采用神经网络的实现方法，选择 URL 信息、网页结构（媒体比重等）、网页间链接信息（链接数，链接页属性等），以及群件内部文件个体的理解结果作为神经网络的特征空间（Feature Space），期望得到性能上的突破。

12.4 小结

本章分别面向网络舆情监测与预警、互联网大数据搜索与网上情报信息分析三大应用场景，分析其应用发展趋势与核心关键技术。其中，网络舆情监测与预警应用需要重点突破高仿真网络信息（论坛、聊天室）深度提取技术、基于语义的海量媒体内容特征快速提取与分类技术，以及非结构信息自组织聚合表达技术，才能从根本上提升我国网络舆情监测与预警工作的技术保障能力；互联网大数据搜索应用需要实现大数据搜索基础知识构建与验证技术，大数据搜索知识表示、融合与存储技术，以及大数据搜索意图理解与应对技术，才可应对全行业、各层次的信息搜索、内容检索与知识利用需求；网上情报信息分析应用则需要研究非结构信息自组织聚合表达与挖掘、基于语义的海量文本特征快速提取与情感分类，以及面向网上情报信息分析的多媒体群件理解等方面的基础科学问题，才能从互联网公开情报信息中提取其隐含的有效线索内容，从而获得基于传统方式无法分析输出的情报内容。

12.5 思考题

1. 网络舆情监测与预警系统的核心功能主要包括哪几个方面？
2. 为什么一般的大搜索技术无法完全满足网络舆情监测与预警系统的需求？
3. 网络舆情监测与预警系统的关键技术主要有哪些？
4. 大数据搜索分析应用具体包括哪些方面的核心关键技术？
5. 简述大数据搜索分析应用领域的知识构建与验证基本过程。
6. 分析大数据搜索分析应用意图理解与应对环节的关键技术要点。
7. 简述情报及互联网公开情报信息定义。
8. 分析网上情报信息分析与网络舆情监测与预警工作的区别。
9. 简述面向网上情报信息分析的多媒体群件理解技术的必要性及其关键要素。

参　考　文　献

[1] 中国互联网信息中心 . 第 45 次《中国互联网网络发展状况统计报告》[R/OL]. （2020-04-28）
[2021-2-3]. http://www. cnnic. net. cn/hlwfzyj/hlwxzbg/hlwtjbg/202004/t20200428_70974. htm.

[2] Information technology – Open Systems Interconnection – Basic Reference Model：The Basic Model：
ISO/IEC 7498-1：1994[S/OL]. https：//www. iso. org/standard/20269. html. [2021-2-3].

[3] RAO Y, NI J. A deep learning approach to detection of splicing and copy-move forgeries in images
[C]//2016 IEEE International Workshop on Information Forensics and Security (WIFS). New York：
IEEE, 2016.

[4] HE K, ZHANG X, REN S, et al. Identity mappings in deep residual networks [J]. Lecture Notes in
Computer Science, Springer 2016 vol 9908：630-645.

[5] LIU S, DENG W. Very deep convolutional neural network based image classification using small training
sample size [C]// ProceedingS of 2015 the 3rd IAPR Asian conference on pattern recognition
(ACPR). Kuala：2015 the 3rd IAPR Asian conference on pattern recognition (ACPR), 2015.

[6] KRIZHEVSKY A, SUTSKEVER I, HINTON G. ImageNet classification with deep convolutional neural
networks [J]. Advances in neural information processing systems, 2012, 25(2)：1097-1105.

[7] MCCULLOCH W S, PITTS W. A logical calculus of the ideas immanent in nervous activity [J]. Biol
math Biophys, 1943, 5：115-133.

[8] KARNEWAR A, WANG O. MSG-GAN：multi-scale gradients for generative adversarial networks
[C]//2020 IEEE/CVF conference on computer vision and patlern recognition (CVPR). New York：
IEEE, 2020.

[9] MIYATO T, KATAOKA T, KOYAMA M, et al. Spectral normalization for generative adversarial net-
works [C]//Proceedings of international conference on learning representations. Vancourer：Interna-
tional conference on learning representations, 2018.

[10] ZHANG H, XU T, LI H. StackGAN：text to photo-realistic image synthesis with stacked generative

adversarial networks［C］// 2017 IEEE International Conference on Computer Vision（ICCV）. New York：IEEE，2017.

［11］方滨兴，许进，李建华，等. 在线社交网络分析［M］. 北京：电子工业出版社，2014.

［12］HOFMANN T. Probabilistic latent semantic indexing［C］//Proceedings of the 22nd annual international ACM SIGIR conference on research and development in information retrieval. Berkeley：The 22nd annual international ACM SIGIR conference on research and development in information retrieval，1999.

［13］BLEI D M，NG A Y，JORDAN M I. Latent dirichlet allocation［J］. The Journal of Machine Learning Research，2003，3(1)：993-1022.

［14］吴信东，李毅，李磊. 在线社交网络影响力分析［J］. 计算机学报，2014，37(4)：735-752.

［15］FREEMAN L C. Centrality in social networks conceptualclarification［J］. Social networks，1978，1(3)：215-239.

［16］SABIDUSSI G. The centrality index of a graph［J］. Psychometrika，1966，31(4)：581-603.

［17］LIU Q，ZHU Y X，JIA Y，et al. Leveraging local h-index to identify and rank influentialspreaders in networks［J］. Physica A：Statistical Mechanics and its Applications，2018，512：379-391.

［18］XING W，GHORBANI A. Weighted pagerank algorithm［C］//Proceedings of the second annual conference on communication networks and services research. Fredericton：The second annual conference on communication networks and services research，2004.

［19］WENG J，LIM E P，JIANG J，et al. Twitterrank：finding topic-sensitive influential twitterers［C］//Proceedings of the third ACM international conference on Web search and data mining. New York：The third ACM international conference on Web search and data mining，2010.

［20］GOLDENBERG J，LIBAI B，MULLER E. Talk of the network：a complex systems look at the underlying process of word-of-mouth［J］. Marketing letters，2001，12(3)：211-223.

［21］GOLDENBERG J，LIBAI B，MULLER E. Using complex systems analysis to advance marketing theory development：Modeling heterogeneity effects on new product growth through stochastic cellular automata［J］. Academy of Marketing Science Review，2001，9(3)：1-18.

［22］KEMPE D，KLEINBERG J，TARDOS É. Maximizing the spread of influence through a social network［C］//Proceedings of the ninth ACM SIGKDD international conference on knowledge discovery and data mining. Washington：The ninth ACM SIGKDD international conference on knowledge discovery and data mining，2003.

［23］LI Y，CHEN W，WANG Y，et al. Influence diffusion dynamics and influence maximization in social networks with friend and foe relationships [C]//Proceedings of the sixth ACM international conference on Web search and data mining. Rome: The sixth ACM international conference on Web search and data mining, 2013.

[24] GRANOVETTER M. Threshold models of collective behavior [J]. American journal of sociology, 1978, 83(6): 1420-1443.

[25] SCHELLING T C. Micromotives and macrobehavior [M]. New York: W. W. Norton & Company, 1978.

[26] KERMACK W O, MCKENDRICK A G. A contribution to the mathematical theory of epidemics [J]. Proceedings of the royal society of london, 1927, 115(772): 700-721.

[27] RICHARDSON M, DOMINGOS P. Markov logicnetworks [J]. Machine learning, 2006, 62(1-2): 107-136.

[28] LESKOVEC J, KRAUSE A, GUESTRIN C, et al. Cost–effective outbreak detection in networks [C]//Proceedings of the 13th ACM SIGKDD international conference on knowledge discovery and data mining. San Jose: The 13th ACM SIGKDD international conference on knowledge discovery and data mining, 2007.

[29] 梁南元. 书面汉语自动分词综述 [J]. 计算机应用与软件, 1987(3): 44-50.

[30] 孙茂松, 邹嘉彦. 汉语自动分词研究评述 [J]. 当代语言学, 2001, 3(1): 22-32.